高职高专煤化工专业规划教材编审委员会

主 任 委 员 郝临山

副主任委员 薛金辉　　薛利平　　朱银惠　　池永庆

委　　　员 （按姓氏汉语拼音排序）

白保平　陈启文　池永庆　崔晓立　段秀琴
付长亮　谷丽琴　郭玉梅　郝临山　何建平
李　刚　李聪敏　李建锁　李云兰　李赞忠
刘　军　穆念孔　彭建喜　冉隆文　田海玲
王翠萍　王家蓉　王荣青　王胜春　王晓琴
王中慧　乌　云　谢全安　许祥静　薛金辉
薛利平　薛士科　薛新科　闫建新　于晓荣
曾凡桂　张爱民　张现林　张星明　张子锋
赵发宝　赵晓霞　赵雪卿　周长丽　朱银惠

教育部高职高专规划教材
煤化工系列教材

洁净煤技术
第二版

郝临山　彭建喜　主编

曾凡桂　主审

化学工业出版社
·北京·

本书结合中国能源化工基地发展循环型经济的实际,较系统地介绍了煤炭加工利用与环境问题;煤炭加工转化主要新技术、新工艺;煤炭洁净燃烧新技术与工艺;煤炭清洁开采新技术、新方法;煤炭共伴生资源综合利用技术;适当介绍了洁净煤技术领域的发展趋势。书中引入了典型的洁净煤技术工程示例,反映了当前洁净煤技术的最新成果。

本书是煤化工类专业的系列教材之一,内容选取突出实用性。可供高职高专煤炭深加工与利用、选煤技术、煤质分析、洁净煤技术等煤化工相关专业和应用性本科有关专业使用,可作培训教材及从事洁净煤技术的工程技术人员参考用书。

图书在版编目(CIP)数据

洁净煤技术/郝临山,彭建喜主编. 2版. —北京:化学工业出版社,2010.7(2024.2重印)
教育部高职高专规划教材　煤化工系列教材
ISBN 978-7-122-08798-0

Ⅰ. 洁… Ⅱ. ①郝… ②彭… Ⅲ. 煤-燃烧-净化-技术-高等学校;技术学院-教材　Ⅳ. ①TK227.1②TQ53

中国版本图书馆CIP数据核字(2010)第106606号

责任编辑:张双进　　　　　　　　　　　　　装帧设计:王晓宇
责任校对:陶燕华

出版发行:化学工业出版社(北京市东城区青年湖南街13号　邮政编码100011)
印　　装:北京科印技术咨询服务有限公司数码印刷分部
787mm×1092mm　1/16　印张15¼　字数370千字　2024年2月北京第2版第10次印刷

购书咨询:010-64518888　　　　　　　　　售后服务:010-64518899
网　　址:http://www.cip.com.cn
凡购买本书,如有缺损质量问题,本社销售中心负责调换。

定　价:47.00元　　　　　　　　　　　　　　　　　　版权所有　违者必究

出版说明

高职高专教材建设工作是整个高职高专教学工作中的重要组成部分。改革开放以来，在各级教育行政部门、有关学校和出版社的共同努力下，各地先后出版了一些高职高专教育教材。但从整体上看，具有高职高专教育特色的教材极其匮乏，不少院校尚在借用本科或中专教材，教材建设落后于高职高专教育的发展需要。为此，1999年教育部组织制定了《高职高专教育专门课课程基本要求》（以下简称《基本要求》）和《高职高专教育专业人才培养目标及规格》（以下简称《培养规格》），通过推荐、招标及遴选，组织了一批学术水平高、教学经验丰富、实践能力强的教师，成立了"教育部高职高专规划教材"编写队伍，并在有关出版社的积极配合下，推出一批"教育部高职高专规划教材"。

"教育部高职高专规划教材"计划出版500种，用5年左右时间完成。这500种教材中，专门课（专业基础课、专业理论与专业能力课）教材将占很高的比例。专门课教材建设在很大程度上影响着高职高专教学质量。专门课教材是按照《培养规格》的要求，在对有关专业的人才培养模式和教学内容体系改革进行充分调查研究和论证的基础上，充分吸取高职、高专和成人高等学校在探索培养技术应用性专门人才方面取得的成功经验和教学成果编写而成的。这套教材充分体现了高等职业教育的应用特色和能力本位，调整了新世纪人才必须具备的文化基础和技术基础，突出了人才的创新素质和创新能力的培养。在有关课程开发委员会组织下，专门课教材建设得到了举办高职高专教育的广大院校的积极支持。我们计划先用2~3年的时间，在继承原有高职高专和成人高等学校教材建设成果的基础上，充分汲取近几年来各类学校在探索培养技术应用性专门人才方面取得的成功经验，解决新形势下高职高专教育教材的有无问题；然后再用2~3年的时间，在《新世纪高职高专教育人才培养模式和教学内容体系改革与建设项目计划》立项研究的基础上，通过研究、改革和建设，推出一大批教育部高职高专规划教材，从而形成优化配套的高职高专教育教材体系。

本套教材适用于各级各类举办高职高专教育的院校使用。希望各用书学校积极选用这批经过系统论证、严格审查、正式出版的规划教材，并组织本校教师以对事业的责任感对教材教学开展研究工作，不断推动规划教材建设工作的发展与提高。

教育部高等教育司

第二版前言

《中国国民经济和社会发展第"十一五"计划纲要》指出:"坚持节约优先、立足国内、煤为基础、多元发展,优化生产和消费结构,构筑稳定、经济、清洁、安全的能源供应体系。加强煤炭清洁生产和利用,鼓励发展煤炭洗选及低热值煤、煤矸石发电等综合利用,开发推广高效洁净燃烧、烟气脱硫等技术。发展煤化工,开发煤基液体燃料,有序推进煤炭液化示范工程建设,促进煤炭深度加工转化"。《煤炭工业"十一五"规划》提出:"大力发展煤炭洗选加工,提高煤炭利用和运输效率。发展煤化工,开发煤基液体燃料,推进煤炭气化、液化示范工程建设,弥补油气供应不足,提高国家能源安全保障程度。开展煤层气、矿井水、煤矸石、煤泥以及与煤共伴生资源的综合开发与利用,大力发展循环经济。推行清洁生产,减少对环境和生态的影响"。《煤化工产业中长期发展规划》(讨论稿)显示:我国将在煤制甲醇和二甲醚及煤制油、煤制烯烃等煤化工行业快速发展,为高油价环境下的替代能源和化工原料提供新的选择,保障国家能源安全和经济发展。

我国正处在工业化快速发展阶段,对能源的需求不断增加。我国富煤贫油,煤炭产量和消费量位居世界第一,以煤为主的能源状况在未来相当长时间内不会改变。因此,应该大力发展洁净煤技术,提高煤炭资源的合理开发、洁净、高效利用,减少因煤炭开发利用造成的污染。

本书结合我国发展循环经济型能源化工的实际,介绍了煤炭开发利用与环境问题,系统阐述了煤炭清洁生产、加工转化的主要技术方法,反映了洁净煤技术领域的新技术、新工艺,以求促进我国洁净煤技术的发展和大面积推广应用。内容包括煤炭加工技术、煤炭转化技术、洁净燃烧技术、煤的非燃料利用技术、与煤共伴生资源的综合利用与清洁开采等新技术。本次再版增加了煤制甲醇等转化技术的内容。按照高职高专和应用型本科教育的职业针对性和技术实用性特点,引入了典型的煤炭洁净利用和加工转化的工程示例,以求培养学生的创新精神、创业能力和环保意识。

本书由郝临山、彭建喜主编,太原理工大学曾凡桂教授主审,张子锋副主编。编写人员及分工是:山西大同大学郝临山(绪论、第一章、第五章、第十四章、第十五章、第十六章),山西大同大学彭建喜(第四章、第七章、第八章、第九章、第十章、第十二章),山西煤炭职业技术学院郭玉梅(第二章、第三章),吕梁高等专科学校张子锋、田海玲(第六章、第十一章、第十三章)。

由于洁净煤技术发展日新月异,涉及的专业面宽、跨度大,限于作者的学识水平和能力,书中难免存在不妥之处,恳请读者批评、指正。

编者
2010 年 4 月

第一版前言

中国国民经济和社会发展"十五"计划纲要指出："加大洁净煤技术研究开发力度，通过示范广泛推广应用"。煤炭工业"十五"规划提出："发展和推广洁净煤技术是保证我国能源安全和可持续发展的战略选择。在大力推广成熟技术的基础上，积极开发与引进先进技术，加快推动洁净煤技术产业化。改造和建设选煤厂；发展配煤一条龙服务体系；完善水煤浆制备和应用技术；大力发展煤层气产业；推进煤炭液化和气化技术的开发应用。实施综合经营战略，促进矿区可持续发展。"

当前，中国正处在工业化快速发展阶段，中国制造业的兴起，对能源的需求不断增加。中国富煤贫油，煤炭产量位居世界第一，以煤为主的能源状况在未来相当长时间内不会改变。煤炭开发利用造成的环境污染日趋严重，尤其是产煤大省更显突出；另外，随着煤炭超强开采，优质煤炭资源逐渐减少。因此，大力发展洁净煤技术，提高煤炭资源的合理开发、洁净、高效利用，减少因燃煤造成的污染，受到社会各界越来越多的关注。

本书根据洁净煤技术的发展现状和推广应用实际，按照高职高专和应用性本科教育的职业针对性和技术实用性特点编写，内容包括煤炭加工技术、煤炭转化技术、洁净燃烧技术、煤的非燃料利用技术、与煤共伴生资源的综合利用与清洁开采等新技术，并引入了典型的煤炭洁净利用和加工转化的工程示例，以培养学生的创新精神、创业能力和环保意识。

本书由郝临山教授主编，太原理工大学曾凡桂教授主审，彭建喜、张子锋任副主编。编写人员及分工是：山西工业职业技术学院郝临山（绪论、第一章、第五章、第十四章、第十五章、第十六章），山西工业职业技术学院彭建喜（第四章、第六章、第八章、第九章、第十章、第十二章、第十三章），山西省煤炭职业技术学院郭玉梅（第二章、第三章），吕梁高等专科学校张子锋、田海玲（第七章、第十一章）。

由于洁净煤技术涉及的专业面宽、跨度大，发展日新月异，限于作者的学识水平和能力，书中不足之处，恳请读者批评指正。

编者
2004 年 10 月

目 录

绪论 ·· 1
   一、中国洁净煤技术的发展现状及方向 ·· 1
   二、发展洁净煤技术是中国能源结构调整的战略重点 ································· 2
   三、中国发展洁净煤技术的作用 ·· 2
  思考题 ·· 3

第一章　中国能源构成与环境问题 ·· 4
  第一节　能源分类与构成 ·· 4
   一、能源分类 ·· 4
   二、能源构成 ·· 5
   三、中国煤炭资源概况 ··· 7
  第二节　煤炭开发与利用中的环境问题 ·· 9
   一、煤炭开发加工利用与环境污染 ··· 9
   二、煤燃烧利用与大气污染 ·· 10
  思考题 ·· 11

第二章　煤炭洗选技术 ··· 12
  第一节　煤炭洗选的意义 ·· 12
  第二节　煤炭洗选分类 ··· 13
  第三节　煤炭的可选性 ··· 14
   一、可选性曲线 ·· 14
   二、煤的可选性评定方法与标准 ··· 15
  第四节　煤炭洗选工艺 ··· 16
   一、跳汰选煤 ··· 16
   二、重介质选煤 ·· 22
   三、浮游选煤 ··· 29
   四、其他选煤方法 ··· 32
  思考题 ·· 33

第三章　煤的配合加工利用技术 ··· 34
  第一节　配煤意义 ··· 34
  第二节　配煤原理 ··· 35
   一、提出约束条件 ··· 35
   二、确定目标函数 ··· 36
   三、建立数学模型 ··· 36
   四、优化配方求解 ··· 37

第三节　动力配煤的质量标准与工艺流程 ································ 38
　　　一、动力配煤的质量标准 ·· 38
　　　二、动力配煤工艺流程 ·· 38
　　思考题 ··· 40

第四章　型煤生产技术 ·· 41
　　第一节　型煤的分类 ··· 41
　　第二节　型煤原料的选择 ··· 42
　　第三节　民用型煤 ··· 43
　　　一、煤球 ··· 43
　　　二、普通蜂窝煤 ··· 43
　　　三、上点火蜂窝煤 ··· 44
　　　四、特种民用型煤 ··· 47
　　　五、民用型煤的质量指标 ·· 47
　　第四节　工业型煤 ··· 48
　　　一、工业锅炉型煤 ··· 48
　　　二、工业燃气用气化型煤 ·· 49
　　　三、合成氨用气化型煤 ·· 49
　　　四、型焦及配型煤炼焦 ·· 51
　　　五、其他特殊用途型煤 ·· 53
　　思考题 ··· 53

第五章　水煤浆制备技术 ··· 54
　　第一节　水煤浆产品及分类 ··· 54
　　　一、高浓度水煤浆 CWM ·· 54
　　　二、中浓度水煤浆 CWS ·· 54
　　　三、精细水煤浆 ··· 54
　　　四、煤泥浆 CWS ··· 54
　　第二节　水煤浆的主要特征及制浆用煤的选择 ································· 55
　　　一、水煤浆的成浆性 ··· 55
　　　二、水煤浆的燃烧性 ··· 58
　　　三、水煤浆的稳定性 ··· 59
　　　四、制浆用煤的选择 ··· 60
　　　五、难制浆煤种成浆性的提高途径 ·· 60
　　第三节　典型水煤浆制浆工艺 ··· 61
　　　一、制浆工艺的主要环节及功能 ·· 61
　　　二、干法制浆工艺 ··· 62
　　　三、干、湿法联合制浆工艺 ·· 63
　　　四、高浓度磨矿制浆工艺 ·· 63
　　　五、中浓度磨矿制浆工艺 ·· 64
　　　六、高、中浓度磨矿级配制浆工艺 ·· 65

七、浮选精煤或煤泥制浆 ································ 66
　　八、浮选精煤、水洗精煤联合制浆 ······················ 67
　　九、超净煤精细高热值水煤浆 ·························· 67
　　十、褐煤水煤浆 ······································ 68
　第四节　水煤浆添加剂 ··································· 69
　　一、水煤浆分散剂 ···································· 69
　　二、水煤浆稳定剂 ···································· 72
　　三、其他辅助添加剂 ·································· 73
　工程示例：大同汇海水煤浆厂生产工艺 ···················· 74
　思考题 ·· 76

第六章　煤的热解与气化技术 ································ 77
　第一节　煤热解分类和过程 ······························· 77
　　一、煤的热解分类 ···································· 77
　　二、煤的热解过程 ···································· 77
　第二节　煤炭热解技术与工艺 ····························· 78
　　一、干馏方法 ·· 78
　　二、加氢热解法 ······································ 83
　工程示例：内蒙古多段回转炉（MRF）低温热解褐煤示范工艺 ··· 86
　第三节　煤炭气化技术 ··································· 86
　　一、煤气化技术主要工艺 ······························ 86
　　二、煤气化技术的主要应用领域 ························ 87
　第四节　煤炭地下气化技术 ······························· 87
　　一、煤炭地下气化基本原理 ···························· 88
　　二、煤炭地下气化方法及工艺 ·························· 88
　工程示例：唐山刘庄煤矿地下气化工程 ···················· 89
　思考题 ·· 91

第七章　煤气化联合循环发电与多联产技术 ···················· 92
　第一节　煤气化联合循环发电技术 ························· 92
　　一、IGCC 的主要特点 ································· 92
　　二、IGCC 工艺流程 ··································· 93
　　三、我国 IGCC 发展现状 ······························ 96
　第二节　煤气化多联产技术 ······························· 96
　　一、以煤部分气化为基础的多联产技术 ·················· 96
　　二、以煤完全气化为基础的多联产技术 ·················· 97
　思考题 ·· 98

第八章　煤炭液化转化技术 ·································· 99
　第一节　煤炭液化制油机理 ······························· 99
　　一、煤的化学结构与石油化学结构的区别 ················ 99
　　二、煤加氢液化的反应机理 ··························· 100

第二节　煤直接加氢液化制油 …… 102
一、原料煤的选择 …… 102
二、加氢液化溶剂的选择 …… 103
三、加氢液化催化剂的选择 …… 103

第三节　煤炭直接液化制油工艺 …… 105
一、氢-煤法 …… 105
二、I·G 法 …… 106
三、溶剂萃取法 …… 106
四、Borrop 煤加氢液化工艺 …… 107
五、合成油法 …… 107
六、煤两段催化剂液化——CTSL 工艺 …… 108
七、煤炭溶剂萃取加氢液化 …… 109
八、煤油共炼技术 …… 111
九、煤超临界萃取 …… 112

第四节　国内煤炭直接液化制油发展现状 …… 113

第五节　煤炭间接液化制油 …… 113
一、煤炭间接液化的一般加工过程 …… 114
二、F-T 合成的基本原理 …… 117
三、F-T 合成催化剂 …… 117

第六节　F-T 合成过程的工艺参数 …… 119
一、原料气组成 …… 119
二、反应温度 …… 119
三、反应压力 …… 119
四、空间速度 …… 120

第七节　F-T 合成工艺 …… 120
一、气相固定床合成工艺 …… 120
二、气流床 Synthol 合成工艺 …… 121
三、三相浆态床 F-T 合成——Kolbel 工艺 …… 122
四、流化床 F-T 合成工艺 …… 123

工程示例：中国科学院山西煤炭化学研究所两段法合成（MFT）工艺 …… 124

思考题 …… 125

第九章　煤的洁净燃烧技术 …… 126

第一节　粉煤燃烧 …… 126
一、粉煤的燃烧过程 …… 126
二、粉煤燃烧器 …… 128

第二节　先进粉煤燃烧器 …… 130
一、SGR 型低 NO_x 燃烧器 …… 130
二、PM 型低 NO_x 燃烧器 …… 130
三、双调风型低 NO_x 燃烧器 …… 130

四、旋流式粉煤预燃室燃烧器和火焰稳定船式直流型燃烧器 …………………… 130
　　五、液态排渣炉的 SM 型低 NO_x 燃烧器 ……………………………………………… 132
　　六、逆向复式射流预燃烧器 ……………………………………………………………… 133
　　七、TRW 燃烧器 ………………………………………………………………………… 133
　　八、浓淡燃烧 ……………………………………………………………………………… 134
　第三节　煤的流化床和循环流化床燃烧 ………………………………………………… 134
　　一、鼓泡流化床燃烧 ……………………………………………………………………… 134
　　二、循环流化床燃烧 ……………………………………………………………………… 137
　第四节　劣质煤和煤矸石洁净燃烧 ……………………………………………………… 139
　　一、劣质煤的鼓泡流化床燃烧 …………………………………………………………… 139
　　二、劣质煤的循环流化床燃烧 …………………………………………………………… 140
　　三、煤泥流化床燃烧技术的发展 ………………………………………………………… 140
　　四、低热值煤电站的发展 ………………………………………………………………… 140
　工程示例 ……………………………………………………………………………………… 141
　　一、兖州煤业集团煤泥流化床发电工程 ………………………………………………… 141
　　二、开滦矿务局煤矸石循环流化床燃烧工程 …………………………………………… 142
　思考题 ………………………………………………………………………………………… 143

第十章　烟道气净化技术 ……………………………………………………………… 144
　第一节　烟气除尘技术 …………………………………………………………………… 144
　　一、旋风除尘器 …………………………………………………………………………… 144
　　二、湿式除尘器 …………………………………………………………………………… 144
　　三、袋式除尘器 …………………………………………………………………………… 145
　　四、电除尘器 ……………………………………………………………………………… 145
　第二节　烟气脱硫技术 …………………………………………………………………… 145
　　一、烟气脱硫方法的分类与原理 ………………………………………………………… 145
　　二、D.B.A 湿式石灰石/石膏法烟气脱硫技术 ………………………………………… 146
　　三、喷雾干燥法 …………………………………………………………………………… 148
　　四、循环流化床干法烟气脱硫技术 ……………………………………………………… 149
　　五、磷铵肥法烟气脱硫技术 ……………………………………………………………… 150
　　六、海水脱硫技术 ………………………………………………………………………… 150
　　七、电子束法脱硫技术 …………………………………………………………………… 151
　　八、活性炭吸附干法脱硫技术 …………………………………………………………… 152
　第三节　烟气脱硝技术 …………………………………………………………………… 152
　　一、选择性催化还原法（SCR）烟气脱硝技术 ………………………………………… 152
　　二、选择性非催化还原法（SNCR）烟气脱硝技术 …………………………………… 153
　　三、烟气联合脱硫、脱硝技术 …………………………………………………………… 153
　思考题 ………………………………………………………………………………………… 156

第十一章　燃料电池 …………………………………………………………………… 157
　第一节　燃料电池的基本原理及特点 …………………………………………………… 157

一、燃料电池的基本原理 ································· 157
　　二、燃料电池的特点 ··································· 158
第二节　燃料电池的分类 ··································· 159
第三节　磷酸型燃料电池（PAFC）···························· 159
　　一、基本原理 ······································· 159
　　二、工作条件 ······································· 160
　　三、PAFC构造 ······································ 160
　　四、PAFC的特点 ···································· 161
第四节　质子交换膜燃料电池（PEMFC）······················· 161
第五节　固体氧化物燃料电池（SOFC）························· 162
　　一、基本原理 ······································· 162
　　二、SOFC的特点 ···································· 163
第六节　熔融碳酸盐燃料电池（MCFC）························ 163
　　一、基本原理 ······································· 163
　　二、MCFC的特点 ···································· 164
第七节　碱性燃料电池（AFC）······························· 164
　　一、基本原理 ······································· 164
　　二、AFC的特点 ····································· 164
第八节　中国燃料电池发展现状及今后发展方向 ···················· 164
　　一、中国燃料电池发展现状 ······························ 164
　　二、中国燃料电池发展方向 ······························ 165
　思考题 ··· 166

第十二章　煤制活性炭技术 ································· 167
　第一节　活性炭的分类 ··································· 167
　第二节　煤质活性炭的结构 ································ 168
　　一、活性炭的孔隙 ···································· 168
　　二、活性炭的化学组成 ································· 169
　第三节　原料煤的选择 ··································· 169
　　一、煤种 ·· 169
　　二、煤的显微组分 ···································· 170
　　三、煤中的杂原子——O、N、S ·························· 170
　　四、煤中矿物质 ····································· 170
　第四节　煤质活性炭生产的基本原理 ·························· 171
　　一、炭化原理 ······································· 171
　　二、影响炭化的主要因素 ······························· 171
　　三、活化原理 ······································· 172
　　四、气体活化指标 ···································· 172
　第五节　煤质活性炭的生产工艺 ····························· 172
　　一、无定形炭（破碎炭）生产工艺 ························· 172

二、颗粒活性炭生产工艺 … 173
　　三、对原料或成品的一些处理工艺 … 174
　第六节　煤质活性炭的生产设备 … 174
　　一、雷蒙磨 … 175
　　二、混捏设备 … 175
　　三、炭化炉 … 175
　　四、活化炉 … 175
　　五、后处理 … 178
　第七节　煤质活性炭的应用 … 178
　工程示例：大同惠宝活性炭厂生产工艺 … 179
　　一、生产工艺 … 179
　　二、产品规格及性能指标 … 179
　思考题 … 181

第十三章　煤制其他碳素材料 … 182
　第一节　碳素材料的分类和特性 … 182
　第二节　炭和石墨电极 … 183
　　一、炭电极 … 183
　　二、石墨电极 … 183
　第三节　碳素糊类制品 … 184
　　一、电极糊 … 184
　　二、底部糊 … 185
　　三、粗缝糊和细缝糊 … 185
　第四节　炭质耐火材料 … 186
　　一、铝电解槽用炭块 … 186
　　二、高炉炭块 … 187
　　三、电炉炭块 … 187
　第五节　炭黑 … 187
　　一、炭黑的分类 … 188
　　二、生产炭黑的原料 … 188
　　三、炭黑的生产工艺 … 189
　第六节　碳纤维 … 189
　思考题 … 190

第十四章　煤层气资源开发利用技术 … 191
　　一、煤层气的生成与赋存 … 191
　　二、煤层气的开采 … 192
　　三、煤层气的利用 … 193
　思考题 … 195

第十五章　煤中共伴生资源的综合利用技术 … 196
　第一节　煤矸石及其综合利用 … 196

  一、煤矸石的物理化学性质 …………………………………………………… 196
  二、煤矸石在建材中的利用 …………………………………………………… 197
  三、高岭岩煤矸石的综合利用 ………………………………………………… 199
  四、煤系其他伴生矿产资源的利用 …………………………………………… 203
 第二节 粉煤灰综合利用 …………………………………………………………… 206
  一、粉煤灰主要成分及性质 …………………………………………………… 206
  二、粉煤灰提取化工原料 ……………………………………………………… 207
  三、粉煤灰的建材利用 ………………………………………………………… 208
  四、粉煤灰的农业利用 ………………………………………………………… 213
 工程示例 ………………………………………………………………………………… 214
  一、煤矸石生产烧结砖 ………………………………………………………… 214
  二、煤矸石做水泥配料 ………………………………………………………… 215
  三、利用炉渣生产空心砌块 …………………………………………………… 216
  四、利用粉煤灰做水泥混合材料 ……………………………………………… 217
 思考题 …………………………………………………………………………………… 218

第十六章 煤炭清洁开采技术 ……………………………………………………… 219

 第一节 煤炭清洁开采概念 ………………………………………………………… 219
  一、概念 ………………………………………………………………………… 219
  二、煤炭开采活动对环境造成的污染及破坏 ………………………………… 219
 第二节 煤炭清洁开采技术的途径与措施 ………………………………………… 220
  一、减少煤炭开采时的排矸量 ………………………………………………… 220
  二、减少矿井废气和粉尘排放措施 …………………………………………… 221
  三、矿井水资源化利用 ………………………………………………………… 222
  四、减轻地表沉陷的开采技术 ………………………………………………… 224
  五、塌陷矿坑回填复垦 ………………………………………………………… 225
 思考题 …………………………………………………………………………………… 225

参考文献 ………………………………………………………………………………… 226

绪　论

能源是推动经济和社会发展的重要物质基础。纵观人类社会发展史，从钻木取火、燃薪柴，到燃用煤炭、燃用石油和寻找替代能源，经历了三次大的能源利用技术变革。能源技术的变革，推动了能源结构的演变和人类社会的进步，提高了人类的生活质量。18世纪末，蒸汽机的发明和使用，煤炭成为蒸汽机的动力能源，受到全世界的重视，推动了煤炭工业的发展，世界进入煤炭时代；20世纪以后，石油的开发逐步代替煤炭，推动了石油化工和内燃机、柴油机的发展，带来能源利用的新时代——石油时代；20世纪的中后期，世界多次发生石油危机，使得石油所维持的以石油为主体的世界能源发生了变化。人们对石油趋于枯竭的担忧和燃烧煤炭引起的人类生存环境不断恶化，促使全世界又开始寻找洁净、高效的新能源和可再生能源，即面临摆脱化石燃料的第三次能源变革的开端。

1972年6月，联合国在瑞典召开第一次"人类与环境"会议，通过著名的《人类环境宣言》，提出"人类只有一个地球"和"既要满足当代人的需要，又要对后人满足其需要的能力不构成危害的发展"的可持续发展理念。

煤炭、石油、天然气均称为化石能源。世界化石能源的地域分布极不均匀，开采条件千差万别。鉴于开采技术条件和环境保护，2002年1月30日，日本太平洋炭矿公司关闭了国内最后一座煤矿；法国也于2004年4月23日关闭了最后一座煤矿，停止采煤业。近20年，为了抑制因燃煤造成的煤烟型环境污染，世界天然气生产和消费快速增长，在北美、欧洲等发达国家，已替代了相当部分的煤炭，并采用天然气进行联合循环发电。国际石油之争及日益加剧的环境污染促使各国对世界能源安全问题的考虑，由担忧能源枯竭和对中东石油过多依赖更多地转向对能源洁净性、经济性和安全性的忧虑。解决化石能源的高效洁净利用已成为世界各国面临的共同挑战。

洁净煤（Clean Coal）一词是20世纪80年代初期，美国和加拿大关于解决两国边境酸雨问题谈判的特使德鲁·刘易斯（Drew lewis）和威廉姆·戴维斯（William Davis）提出的。洁净煤技术（Clean Coal Technology，简称CCT）的含义是：旨在减少污染和提高效率的煤炭加工、燃烧、转化和污染控制等新技术的总称。当前已成为世界各国解决环境问题主导技术之一，也是高技术国际竞争的一个重要领域。煤炭是中国的主要化石能源，也是许多重要化工品的主要原料。中国富煤贫油少气，丰富的煤炭资源与洁净煤技术的结合，成为石油、天然气和可再生能源的竞争对手。因此，中国更需要以本国能源资源为基础，大力推广应用煤炭清洁利用技术，是中国目前和未来相当一段时期内能源战略和能源技术的发展重点。

一、中国洁净煤技术的发展现状及方向

按照国务院批准的《中国洁净煤技术九五计划和2010年发展纲要》，中国洁净煤技术包括煤炭加工、煤炭高效洁净燃烧、煤炭转化和污染排放控制与废弃物处理四大领域。煤炭加工（选煤、配煤、型煤、水煤浆）是实现提供优质煤炭或加工产品，大范围提高效率和减少污染的途径；煤炭高效洁净燃烧及先进发电技术（循环流化床发电技术、联合循环发电技术）是提高煤炭燃烧效率和减少污染并提供电力的有效途径；煤炭转化（煤炭气化、液化、多联产、燃料电池）是将煤炭转化为洁净的、使用方便的气体、液体或其他化工产品的过

程；污染控制与废物资源化利用（烟气净化、粉煤灰和煤矸石综合利用、矿井水利用、煤层气开发利用等）是洁净煤的终端技术，是实现国家环保目标以及变废为宝的重要途径。

二、发展洁净煤技术是中国能源结构调整的战略重点

当前中国能源领域面临能源安全，国际竞争和能源环境三大问题的严峻挑战，进行能源结构的调整势在必行。中国富煤贫油，以煤为主的能源结构带来不断严重的环境污染，已成为中国许多地区经济发展和社会进步的严重障碍，影响到社会经济的可持续发展，尽管相当长时期内难以改变中国一次能源以煤为主的格局，但通过转化使终端能源结构实现高效洁净利用是大有可为的。为确保未来大气污染排放量不超标，必须强化节能和大力发展以煤炭高效洁净利用为宗旨的洁净煤技术。根据中国资源条件及现阶段能源科技水平，采用洁净煤技术实施煤炭开采与利用全过程减灰、脱硫和改善终端能源消费结构，保护生态环境、发展洁净能源、建立现代能源系统，是实现中国社会与经济可持续发展的现实选择。

煤炭是中国的基础能源，洁净煤技术是实现煤炭可靠、廉价和洁净利用的重要技术。在中国能源资源、经济水平等决定以煤为主的能源消费结构在未来20~30年内不会发生根本性改变的情况下，大力发展洁净煤技术，实行全过程污染控制，是保证社会经济快速发展，大气环境得到有效改善，能源效率得到有效提高，保证国家能源安全和实现环保目标的唯一选择。

三、中国发展洁净煤技术的作用

1. 有利于提高煤炭利用效率，减少粉尘和 SO_2 污染

采用煤炭加工技术，可有效减少原料煤的含灰和含硫量，实现燃烧前脱硫降灰。如采用先进选煤技术可降低原煤灰分50%~80%，脱除黄铁矿硫60%~85%，可大量减少煤炭无效运输；电厂和工业锅炉燃用洗选煤，可提高热效率3%~8%；用户燃用固硫型煤，不仅可减少30%~40%的 SO_2 排放，减少70%~90%的烟尘，还可节煤15%~27%；采用先进的煤炭燃烧技术，可有效提高燃烧效率，实现燃烧中脱硫，超临界机组效率可达42%以上，先进的工业锅炉技术，可提高锅炉热效率20%；用循环流化床燃烧劣质煤，效率可达95%以上，炉内脱硫率可达85%以上；采用煤炭气化和液化等转化技术，可将煤炭转化为清洁的气体和液化燃料；采用烟气净化技术可实现燃烧后脱硫，脱硫率达90%以上；采用矿区生态环境技术，可有效减少煤炭开采带来的矸石和水、气等污染，有效改善矿区环境，实现资源洁净、高效综合利用。

2. 有利于保障能源安全

中国能源资源条件和现有经济条件还不足以支撑大规模用油、气作为一次能源。发展洁净煤技术，在充分利用中国丰富的煤炭资源的前提下，解决环境污染问题，还可将煤炭转化为清洁的油、气，在相当程度上可以缓和中国石油、天然气供应的不足，保障能源安全。煤炭价格及各项煤炭利用技术的运行成本大大低于石油和天然气，有利于中国清洁能源技术的发展及长远的能源安全。

3. 有利于调整产业结构

技术及装备水平相对落后、生产规模小、大量低水平用煤，是中国工业部门严重环境污染的主要原因。改变传统用煤方式，用洁净煤技术替代现有用煤技术，提高产品质量，提高能效、减少污染，是技术发展的必然趋势。

煤炭行业调整产业结构，可通过大力发展先进的煤炭加工技术和加大煤炭就地转化，增加企业经济效益；主要用煤行业，如电力、冶金、建材、化工、机械等，通过广泛采用先进

的燃煤技术和煤炭转化技术，将有效提高能源效率，降低污染，提高企业整体技术水平。发展洁净煤技术还可以带动设备制造、后续服务等相关产业链的发展与形成，促进行业及区域经济的发展。

4. 有利于应对加入世贸组织后的挑战与机遇

中国加入世贸组织后，国内能源市场已开始逐步开放。国际跨国能源公司以其产品的低成本和高质量优势，其先进的生产技术和现代化企业管理水平，正在全力抢占中国市场，这必然会对国内能源企业的生产和经营造成冲击，对中国能源发展产生很大影响。如煤炭、石油、天然气等价格将随国际价格涨落而波动，能源产品及生产受到冲击等。目前国内石油石化产品成本较高，约有40％的石油和化工产品将面临国外同类产品的冲击。相比较而言，煤炭及洁净煤技术所受到的冲击较小。另外，加入世贸组织后，外国投资者进入国内市场，带动国外先进技术的引入。面对行业垄断的打破和激烈的市场竞争的机遇，发展先进技术，提高市场占有率和经济效益，十分有利于洁净煤技术的快速发展。目前中国多数洁净煤技术已成熟，煤炭气化、液化、烟气脱硫等关键技术正处于自主知识产权技术开发阶段，通过国际合作，有可能实现新技术的突破。

5. 有利于国民经济可持续发展

今后20年将是中国国民经济发展的重要时期。发展洁净煤技术对于改善终端能源结构，实现能源、经济、环境协调发展将起到积极的促进作用。西北地区是中国的重要产煤区，发展洁净煤技术有利于西部大开发战略的实施；东南沿海发达地区采用先进的洁净煤技术，可保证清洁能源的安全供应，使经济和环境得到良性发展。洁净煤技术立足于中国能源资源特点，贯穿于煤炭开发、加工、转化、终端利用全过程。发展洁净煤技术，不仅可获得良好的环境效益和社会效益，还可获得显著的宏观经济效益。大力发展洁净煤技术，对于保障高效、清洁的能源供应将起到相当重要的作用，是现实经济条件下实现可持续发展的必然选择。

本书内容侧重洁净煤技术的基本理论，典型工艺流程及技术方法的概括性阐述。各校可根据办学特色、专业定位及区域经济实际，侧重相关内容；有条件的学校，可到洁净煤技术企业及研发单位现场教学。教学中，既要突出实用性，又要兼顾拓宽知识面，了解洁净煤技术发展趋势，注重培养创新精神、创业能力及环保意识，适应洁净煤技术发展对人才的知识结构，能力素质的需求。

思 考 题

1. 洁净煤技术包括哪些内容？
2. 中国洁净煤技术的现状及发展趋势是什么？
3. 中国发展洁净煤技术的意义是什么？

第一章

中国能源构成与环境问题

能源是指人类可利用以获取有用能量的各种资源。如煤、石油、天然气、水力、风力、电力、太阳能、核能等。能源是支持社会发展和经济增长的重要物质基础和生产要素,其利用效率是实施可持续发展战略的最重要问题之一。实现工业、农业、国防、科学技术的现代化都离不开优质丰富的能源;充足稳定的能源供应是国家经济安全的保障,不仅促进人民生活质量的不断改善,而且促进人类社会的发展和进步。

随着社会经济的发展和人民生活水平的不断提高,能源的需求量会愈来愈多,总消耗愈来愈大,必然对环境产生极大的影响。高效洁净利用能源,保护人类赖以生存发展的自然环境,是全世界关注的重大问题。尽量减少或避免能源开发利用中可能造成的环境污染,最大限度地高效洁净利用能源资源,降低能源消耗,实现可持续发展,是人类共同的责任和义务。

第一节 能源分类与构成

一、能源分类

能源按开发和制取方式,可分为一次能源和二次能源,常规能源和新能源,可再生能源和不可再生能源等。能源分类见表1-1。

表1-1 能源分类

一次能源	常规能源	可再生能源:水力
		不可再生能源:煤、石油、天然气、核裂变燃料
	新能源	可再生能源:太阳能、生物能、风能、潮汐能
		不可再生能源:核聚变能
二次能源	电能、氢能、汽油、煤油、重油、焦炭、沼气、丙烷、甲醇等	

一次能源是指从自然界直接取得而不改变其基本形态的能源,有时也称初级能源;二次能源是指经过加工,转换成另一种形态的便于输送和使用、提高能源效率及环保的能源。常规能源是指当前被广泛利用的一次能源,新能源是指目前尚未被广泛利用,而正在积极研究以便推广利用的一次能源。一次能源又分为可再生能源和不可再生能源,可再生能源是能够不断得到补充的一次能源,不可再生能源是指经地质年代才能形成而短期内无法再生的一次能源,但它们又是人类目前主要利用的能源。另外,根据能源消费是否造成环境污染,又可分为污染型能源和清洁型能源。煤和石油类能源是污染型能源,水力、电能、太阳能和沼气能是清洁型能源,为保护环境应大力提倡应用清洁型能源。

在现阶段及今后相当长时间内,世界能源消费主要依靠化石能源,如煤、石油、天然气为主。中国主要还得依靠煤炭资源,并积极推广应用其他能源资源。

二、能源构成

1. 世界能源构成概况

在世界范围内,化石能源的储量是丰富的,但一次能源的地域分布极不均匀,决定了各国必须依据本国资源条件、经济条件和能源利用技术水平来确定本国的能源消耗能源结构。2008年世界一次能源消费构成见表1-2。

表1-2 2008年世界一次能源消费构成

国家	能源消费总量/亿吨油当量	占消费量的比重/%				
		煤炭	石油	天然气	核电	水电
美国	22.99	24.6	38.5	26.1	8.4	2.4
加拿大	3.30	10	30.9	27.3	6.4	25.4
北美小计	27.99	21.7	38.5	26.8	7.7	5.3
巴西	2.28	6.4	46.2	9.9	1.4	36.1
委内瑞拉	0.81	—	40	35.8	—	24.2
中南美小计	5.80	4	46.6	22.2	0.8	26.4
法国	2.58	4.6	35.7	15.4	38.6	5.6
德国	3.11	26	38	23.7	10.8	1.5
意大利	1.77	9.6	45.8	39.6	—	5
英国	2.12	16.7	37.2	39.9	5.6	0.6
俄罗斯	6.85	14.8	19.1	55.2	5.4	5.5
欧洲和前苏联小计	29.65	17.6	32.2	34.7	9.3	6.2
沙特阿拉伯	1.75	—	59.7	40.3	—	—
中东小计	6.14	1.5	50	48	—	0.5
南非	1.32	77.7	19.9	—	2.3	0.1
非洲小计	3.56	31	38	24	0.8	6.2
澳大利亚	1.18	43.3	35.9	17.9	—	2.9
中国	20.03	70.2	18.8	3.6	0.8	6.6
印度	4.33	53.4	31.2	8.6	0.8	6
日本	5.08	25.4	43.7	16.6	11.2	3.1
韩国	2.40	27.5	43	14.9	14.2	0.4
亚太小计	39.82	51	29.7	11	3	5.3
世界合计	112.95	29.2	34.8	24.1	5.5	6.4

煤炭是世界上储量最多、分布最广的化石能源,其中,煤炭占世界化石能源剩余可采储量的61%,石油占18.1%,天然气占17.8%。据专家预测,按目前世界化石能源的开采量计算,石油可开采约40年,天然气可开采约60年,而煤炭可开采200年以上。煤炭资源分布在世界76个国家和地区,现有60多个国家进行规模化开采。2000年世界一次能源消费中,煤炭消费增长最为强劲,主要是中国煤炭消费增长的拉动,其次是北美地区。据世界能源委员会研究结果认为:未来20年内煤炭的消费量还将增加约32亿吨,煤炭仍保持它在发电方面的核心地位,但是天然气的用量将会有较大增加。预计未来20年内,世界能源需求估计会增长50%以上,工业化国家增长约为23%,发展中国家可能增长一倍以上,其中亚洲占很大部分,但能源结构不会发生大的变化。近20年世界一次能源需求预测如图1-1所示。

随着油、气资源的减少,煤炭液化技术以及洁净煤技术的发展,在煤炭资源丰富而油、气资源较少的国家,煤炭的生产与消费量将会有较大增长。

由于煤炭资源量和储采比大大超过石油和天然气,在未来50年内,煤炭仍是世界范围内的主要能源之一,是世界经济发展的重要动力支柱。2020年以后可再生能源利用技术会

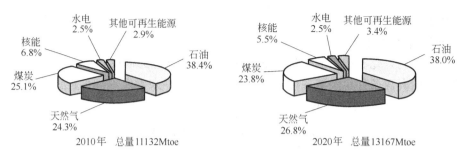

图 1-1　2010 年和 2020 年世界一次能源需求预测

注：Mtoe＝1×10⁶ 吨标准油

有重大进展，世界范围内可再生能源及新能源增长将加快，但在能源消费中所占的比例仍然较小，虽石油产量和消费量可能出现下降趋势，而常规化石能源仍将是全球的主要能源。在 21 世纪中叶，煤炭资源可能将重新成为世界主要能源而受到普遍重视；到 21 世纪中叶及之后，可再生能源才有可能与化石能源形成竞争与互补。

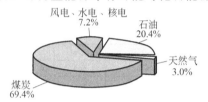

图 1-2　2006 年中国一次能源消费结构

2. 中国能源构成

据 2000 年统计，中国能源消费居世界第二，仅次于美国，但人均能源消费是美国的 11%，仅接近世界平均消费水平的近 1/2。中国煤炭储量居世界第 3 位，石油居第 11 位，天然气居第 21 位；化石能源占目前能源消费总量的 93%，而开发利用程度煤炭为 1%、石油为 7%、天然气为 3%，均高于世界平均水平（煤炭 0.5%、石油 3%、天然气 2%）。近 20 年来，随着中国能源结构调整，煤炭所占比例逐步降低，油气所占比例快速升高，消费总量在增大，但煤炭仍是中国的主要能源。中国一次能源消费结构及人均能耗与世界比较如图 1-2、图 1-3 所示，近 20 年中国一次能源消费结构见表 1-3。

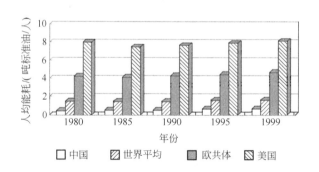

图 1-3　中国人均能耗与世界比较

表 1-3　近 20 年来中国一次能源消费结构

年　份	能源消费总量 /亿吨标准煤	占能源消费总量的比例/%			
		煤　炭	石　油	天然气	水电＋核电＋风电
1985	7.67	75.8	17.1	2.2	4.9
1990	9.87	76.2	16.6	2.1	5.1
1995	13.12	74.6	17.5	1.8	6.1
2000	13.03	67.8	23.2	2.4	6.7
2005	22.20	69.1	21.0	2.8	7.1

中国一次能源生产与消费结构与世界相比，煤炭生产和消费居世界第一位，煤炭消费总量达世界的 1/4。煤炭是中国的基础能源，2002 年全国煤炭产量为 13.95 亿吨，其中 8000 万吨煤炭用于出口，13.15 亿吨用于国内消费。2008 年煤炭产量达到 27.16 亿吨，2009 年我国煤炭产量达到 30.5 亿吨，这是我国煤炭产量历史上第一次超过 30 亿吨，近年来，中国煤炭消费总的趋势是：工业用煤消费快速增长，其中以电力用煤增长最快；居民生活用煤总量基本不变，其中大中城市居民生活用煤逐年下降，城镇及农村居民用煤呈上升趋势，但居民生活用煤所占比例在不断下降。

中国煤炭消费的五大方向为发电、炼焦、化工、工业锅炉及民用。据 2002 年统计，其中 54.7% 的煤炭用于发电，9.5% 的煤炭用于炼焦，3% 的煤炭用于化工生产，30% 以上的煤炭用于锅炉或民用燃烧。动力用煤占煤炭消费量的 85% 以上。

按区域煤炭消费量划分：以华东区最多，其次是中南区。据 2002 年全国煤炭消费统计，华东区占全国煤炭消费总量的 26.1%；中南区占 19%；晋陕蒙占 14.2%；东北占 14%；西南占 12.8%；京津冀占 8.8%，消费量最少的是新甘宁青区，占 5.1%，即煤炭消费主要集中在东部地区。煤炭消费地区与煤炭产区呈逆向分布，大量煤炭靠远距离运输，2002 年煤炭铁路运输超过 8 亿吨。随着煤炭开发规模的进一步增加，环保问题将日益突出。所以，必须加强煤炭的就地转化，在煤产地尽可能多地将煤炭转化为清洁的电力、油品及化工产品。

三、中国煤炭资源概况

1. 区域分布

中国煤炭资源的特点是：已发现的煤炭资源总量大、品种齐全，但分布不均，西多东少，北多南少，煤产地多远离经济发达区和煤炭主要消费区，与国民经济发展布局不协调；优质环保型资源少，勘探程度低，可供开发的经济可采量少。全国第三次煤炭资源分布预测（1999 年）见表 1-4。

表 1-4　全国第三次煤炭资源分布预测

赋存煤区	已发现资源量/亿吨	所占比例/%	资源总量/亿吨	所占比例/%
东北	1311.7	12.88	3940.01	7.07
华北	6656.16	65.39	28114.93	50.47
华南	981.3	9.67	3786.44	6.80
西北	1223.57	12.02	19786.0	35.52
滇藏	0.03	0.00	76.32	0.14
总计	10179.36	100	55703.7	100

从表 1-4 可看出，北部煤多于南部，西部煤多于东部。华北区主要集中在晋陕蒙三省，西南区主要集中在云南、贵州省。中国经济发达的东部十省市（北京、辽宁、天津、河北、山东、江苏、上海、浙江、福建、广东）仅拥有全国煤炭储量的 5.05%，即煤炭资源分布区域经济发展水平和消费需求极不适应；东部经济发达而煤炭能源贫乏，西部煤炭资源丰富，但经济欠发达或不发达。

2. 煤种与煤质分布

（1）煤种分布特点　中国煤炭种类齐全，从褐煤到无烟煤均有。

① 褐煤占全部保有储量的 13.07%。主要分布于内蒙古东部、黑龙江西部和云南东部等地。成煤时代主要为早白垩纪、第三纪。

② 低变质烟煤（长焰煤、不黏煤、弱黏煤、1/2中黏煤）占全部保有储量的32.60%。主要分布于中国新疆、陕西、内蒙古、宁夏等省区，甘肃、辽宁等省低变质烟煤也比较丰富，成煤时代以早、中侏罗纪为主，其次为早白垩纪、石炭二叠纪。低变质烟煤的煤质优良，是优质动力用煤，有的煤还是生产水煤浆和煤炭液化的原料。

③ 中变质烟煤（气煤、气肥煤、肥煤、1/3焦煤和瘦煤）占全部保有储量的26.25%，主要分布于华北石炭二叠纪和华南二叠纪含煤地层中。中变质烟煤主要用于炼焦，但是，肥煤、焦煤和瘦煤等炼焦主要煤种少，仅占全国保有储量的13.73%，优质炼焦用煤则更加短缺。

④ 高变质煤（贫煤、无烟煤）占全部保有储量的16.92%。主要分布于山西、贵州和四川南部等地区。一般赋存于石炭二叠系含煤地层中，大多硫分较高，优质无烟煤比较缺乏。

⑤ 分类不明的煤占11.16%。

煤炭资源从数量和品种上基本可以满足中国经济发展对煤炭品种的需求。

(2) 煤质特点　中国煤炭资源中，煤炭质量以低中灰-中灰煤和低硫煤居多，占一半以上，但低灰且低硫优质煤较少，有相当一部分煤所含的灰分和硫分偏高。即中国有相当一部分煤炭在应用前必须注重洗选加工，在燃烧时必须注重脱硫技术的应用。

① 煤的硫分。中国以特低硫-低硫煤为主，硫分<1.0%的占63.45%，低中硫-中硫煤（硫分为1.0%~2.0%）占24.48%，中高硫煤（硫分为2.0%~3.0%）占7.86%，特高硫煤（硫分>3.0%）占8.54%。硫分高的煤主要集中在西南和中南地区，华东和华北地区含煤地层上部煤层多数硫低，下部多数硫高。中国煤炭资源中全硫分布情况见表1-5。

表1-5　中国煤炭资源中全硫分布情况

地区	平均硫分/%	各煤种所占比例/%					
		特低硫分(≤0.5%)	低硫煤(0.5%~1.0%)	低中硫煤(1.0%~1.5%)	中硫煤(1.5%~2.0%)	中高硫煤(2.0%~3.0%)	高或特高硫煤(>3.0%)
华北	1.03	42.99	14.40	16.94	10.74	8.88	3.57
东北	0.47	51.66	14.04	19.68	1.92	2.05	0.00
华东	1.08	46.67	31.14	3.70	3.20	4.72	9.21
中南	1.17	65.20	12.42	7.66	2.34	5.50	6.71
西南	2.43	13.22	10.71	7.52	2.68	17.40	43.61
西北	1.07	66.23	6.20	2.50	4.01	9.31	9.98

② 煤的灰分。中国煤炭资源中特低灰、低灰煤，灰分<10%的占21.6%，主要分布在晋陕蒙地区；低中灰煤（灰分>10%~20%）占43.9%，中灰煤（灰分>20%~30%）占32.7%，中高和高灰煤占1.8%。

③ 煤的发热量。发热量是动力用煤质量的主要指标。按空气干燥基高位发热量（$Q_{gr,ad}$）分级，中国煤炭资源中91.8%的煤属中高热值煤，低热值和中低热值煤很少，仅占2.3%，主要为东北地区和云南的褐煤。

3. 中国煤炭需求预测

21世纪前期煤炭仍将占据中国一次能源的主导地位。因受国内油气资源量的制约，近10年内中国一次能源消费结构中，煤炭所占的比例降到55%以下的可能性不大。"十一五"煤炭资源开发利用报告预测，未来20年，中国一次能源需求预测量见表1-6。

表 1-6　中国一次能源需求预测

能源品种	一次能源需求预测结果	
	2010 年预测值	2020 年预测值
煤炭/亿吨	17.2	21.2
石油/亿吨	3.0	4.0
天然气/亿立方米	900	2000
水电/亿千瓦时	4350	7000
核电/亿千瓦时	700	2100
合计/亿吨标煤	20.2	23.6

但由于中国工业化步伐加快，能源消费猛增，原煤产量 2008 年已达 27.16 亿吨，2009 年超 30 亿吨。

预计到 2050 年后，中国可再生能源将有较大增长，约占 48.9%，但前提条件是可再生能源技术要取得应用性突破，经济上能与化石能源相当才可行。

目前，从中国的能源条件和能源安全方面考虑，应立足于中国的煤炭资源，积极发展洁净煤技术，以煤代油、煤液化制油，缓解大量进口石油造成的能源压力和风险，是中国能源发展的现实选择。2004 年国务院召开全国大型煤炭基地建设座谈会强调：煤炭是中国的基础能源，尽快建设亿吨级煤炭骨干企业，是缓解煤炭供应紧张局面的治本之策，也是维护国家能源安全的战略举措，对调整煤炭产业结构，优化生产力布局，促进国民经济持续快速协调健康发展具有重要意义；提出加快推广应用洁净煤技术，尽快提高煤炭洗选率，推进煤炭液化工程，为经济发展提供有力的能源保障。

第二节　煤炭开发与利用中的环境问题

煤炭是埋藏在地下的矿产资源，煤炭开采会导致地表沉陷，矿山固体废物、矿井废水及瓦斯气体等排放在地表或大气中造成环境污染。煤炭在洗选加工、转化利用中，要产生粉尘、噪声、废气、废水等污染物质排放。煤炭作为能源，在当前技术条件及今后相当长时期内还得大量使用，但必须解决煤炭在开发与利用中的环境保护问题，做到煤炭工业的可持续发展。

一、煤炭开发加工利用与环境污染

煤炭的大量开发与加工给煤矿区的环境造成严重的影响，主要表现在以下几个方面。

1. 煤炭生产过程中产生的固体废物

煤矸石是煤炭开采过程中排出的主要固体废物，现已积存 30 多亿吨，且每年仍以 1.5 亿~2.0 亿吨排向地面。全国已累计堆积了近万座煤矸石山，其中有 121 座矸石山因自燃而排放大量烟尘和 SO_2、CO、H_2S 等有害气体。另外，煤炭洗选加工还产生了大量的矸石、煤泥及劣质燃料。这些固体废物的排出不仅占用大量土地，而且对煤矿区的环境造成了严重影响。

2. 煤炭生产过程中的废水

中国北方约有 70% 的煤矿严重缺水。然而，全国煤矿区每年因采煤外排矿井水约 22 亿吨，选煤外排煤泥水 0.28 亿吨，外排其他工业废水 0.3 亿吨。另外，还要排放一些矸石山的酸性淋溶水。这些废水的排放不仅严重污染了煤矿区的地下水源，而且也严重污染了煤矿附近的江河水体。

3. 煤炭开采产生的煤层气

据初步测算，中国每年通过煤矿井下通风排放的煤层气（亦称甲烷或瓦斯）约有100亿立方米，占世界因采煤而放出甲烷总量的1/4～1/3，为全国甲烷排放总量的29%。这不仅对区域环境造成严重影响，而且也影响全球大气环境。

4. 煤炭开采对土地的破坏和占用

中国的煤炭开采以井工为主。当然，近年来露天开采也有了较大的发展。井工平均开采每万吨原煤，地表塌陷面积约为0.2公顷，全国累计地表塌陷面积已达40万公顷；露天平均开采每万吨原煤破坏土地约为0.22公顷，其中挖掘破坏0.12公顷；外排压土地占0.10公顷，估计露天开采每年破坏土地面积约为2200公顷；另外，矸石山占用土地现已达到1.2万公顷。

中国的煤炭资源分布较广。全国1349个县有煤矿，其中有100多个矿务局和大型矿区位于或毗邻城市；2/3的煤炭集中在山西、陕西、内蒙古西部和宁夏等生态环境脆弱地区。煤炭开采和加工过程中排放的污染物对大气环境和水体的污染已不仅仅是区域性影响；煤炭开采造成的地面塌陷、水土流失和土地沙漠化对全国生态环境的破坏日益严重。

二、煤燃烧利用与大气污染

煤在燃烧过程中向人类提供了热能，但同时也产生了烟尘、NO_x、SO_2等大量有害污染物，成为大气的主要污染源。中国燃煤产生的粉尘排放量约占粉尘总排放量的70%；而燃烧排放的SO_2约占总排放量的90%；NO_x约占排放量的70%。直接燃烧大量煤炭，使中国大气污染十分严重。

中国北方城市污染较南方严重，这与北方城市冬季取暖大量燃煤有关，与此相关的总悬浮颗粒物（TSP）、降尘量也比南方城市严重；而在夏季中国南方城市SO_2的浓度较北方城市略高，这是由于使用高硫煤所致，见表1-7。总的来说，中国城市冬季大气污染较夏季要严重。西南燃烧高硫煤的地区如贵阳、重庆等城市，SO_x的浓度特别高，这是SO_x污染严重的地区，重庆每年消费800万吨平均含硫为3.24%的高硫煤，出现了严重的大气污染。贵阳每年消费500万吨含硫3%～5%的高硫煤，大气SO_2日均值为0.346～0.384mg/m^3，大大高于国家环境空气质量标准（GB 3095—1996）的三级标准0.25 mg/m^3的水平。

表1-7 中国夏冬季城市大气污染的比较

大气污染物	北 方 城 市		南 方 城 市	
	夏 季	冬 季	夏 季	冬 季
$SO_2/(mg/m^3)$	0.044	0.236	0.061	0.155
$NO_x/(mg/m^3)$	0.036	0.076	0.031	0.047
$TSP/(mg/m^3)$	0.561	1.080	0.381	0.681
降尘≥$(10\mu g/m^3)$	30.11	41.58	15.97	18.67

近20年来，山西超强开采煤炭，大力发展煤炭洗选加工及炼焦工业，造成严重的环境污染，2004年公布的全国十大污染城市，前三名均在山西。随着国民经济的持续发展，煤炭的消费量将继续增长，这将会使中国城市中的烟尘、SO_2、NO_x等大气污染变得更加严峻。

国家环境保护目标根据国务院发布的《关于落实科学发展观加强环境保护的决定》，到2010年，中国重点地区和城市的环境质量得到改善，生态环境恶化趋势基本遏制。到2020年，环境质量和生态状况明显改善。为实现这一目标，国家确定了重点任务，其中包括以饮水安全和重点流域治理为重点，加强水污染防治；以降低二氧化硫排放总量为重点，推进大气污染防治。中国经济正处于高速发展时期,要保证国民经济到 2020 年翻两番的目标,2020 年能源消费总量需求将比 2000 年约翻一番,国内煤炭消费总量将持续增加。因此,必须在能源技术选择和污染控制方面早做工作,以杜绝由能源消费引起环境问题的增长,杜绝先发展、后治理现象的再度发生。煤炭开发利用与环境保护存在矛盾是必然的,要趋利避害、变害为利,力争经济效益、社会效益、环保效益协调发展,立足长远,大力发展洁净煤技术。

思 考 题

1. 一次能源和二次能源的定义是什么?各包括哪些内容?
2. 中国能源的结构特点是什么?
3. 中国煤种分布的特点是什么?

第二章

煤炭洗选技术

煤炭洗选是利用煤炭与其他矿物质物理和化学性质的不同,在选煤厂内用机械方法除去原煤中的杂质,把它分成不同质量、规格的产品,以适应不同用户的要求。

第一节 煤炭洗选的意义

在中国,原煤含矸量一般为20%～30%,有的还更高。特别是随着采煤机械化程度的提高和地质条件的变化,原煤质量将越来越差。煤炭洗选是洁净煤技术的基础,是煤炭加工、燃烧、转化和污染控制的前提。煤炭洗选的主要任务是清除煤中的无机矿物质,降低煤的灰分和硫分,提高煤炭质量和使用价值,达到洁净、高效利用的目的。其中炼焦煤的洗选主要是降低精煤灰分、硫分、水分和提高回收率。而动力煤的洗选主要是排除矸石、降低灰分、提高发热量和增加产品的品种,生产符合用户要求的不同规格的粒级煤。煤炭经洗选后,可减少无效运输,大大提高动力燃烧效率,减少污染物排放,保护环境。入洗1亿吨原煤一般可排除2000万吨矸石,减少燃煤SO_2排放量100万～150万吨,而其成本仅为烟气脱硫的1/10。对于炼焦洗煤,精煤灰分每降低1%,焦炭灰分可降低1.33%,而焦炭灰分每降低1%,炼铁焦比可降低2%,高炉利用系数可提高3%,同时还可提高生铁质量。煤中硫60%以上转入焦炭里,焦炭中硫分每增加0.1%,高炉用焦就多消耗2%,石灰多消耗2%,生铁产量降低2%～5%,生铁质量变差。

中国动力用煤的特点是难选煤多,高灰、高硫煤的比例大。其赋存特点如下。

① 煤层的内在灰分较高,多为中、高灰分煤,内在灰分一般在10%～20%。

② 煤矿多为中等厚度煤层和薄煤层,煤层中的夹带矸石层较多,开采时混入矸石的比例较大,使生产的原煤的外在灰分含量显著增加。

③ 硫分分布不均匀。只有东北、内蒙古东部及新疆、青海等少数地区属低硫和特低硫煤产区,其他地区煤矿的硫分普遍偏高,如山西煤的硫分在低硫和中硫之间,河北、山东、河南等地的煤也主要为低硫、中硫煤,贵州、四川等地的煤为中、高硫煤。

④ 硫分赋存的另一个特点是浅部煤层低,深部煤层高,将来开采的深部煤的硫分将有继续升高的趋势。

选煤的主要目的如下。

① 除去原煤中的杂质,降低灰分和硫分,提高煤炭质量,适应用户的需要。

② 把煤炭分成不同质量、规格的产品,适应用户需要,以便有效合理地利用煤炭,节约用煤。

③ 煤炭经过洗选,矸石可以就地废弃,可以减少无效运输,同时为综合利用煤矸石创

造条件。

④ 煤炭洗选可以除去大部分的灰分和50%～70%的黄铁矿硫，减少燃煤对大气的污染。它是洁净煤技术的前提。

目前，中国原煤入洗率很低，平均不足35%，发达国家在90%以上。洗选工艺落后，先进的重介质选比例小，选煤厂规模及单机处理能力小，选煤设备的可靠性低，自动化水平也低，选煤产品品种少，精煤质量差。特别是动力煤洗选率更低，洗选质量差，由动力燃煤造成的环境污染不仅影响人民的正常生活，而且抑制国民经济的健康发展。发展中国的煤炭洗选工业，是洁净煤技术产业乃至国民经济可持续发展的保障。"十一五"期间，中国煤炭洗选的重点是动力煤，入洗率将提高到50%以上。总之，煤炭洗选的经济效益和社会效益十分明显，它已成为煤炭工业现代化水平的重要标志之一。大力发展中国煤炭洗选，任务艰巨，意义重大。

第二节 煤炭洗选分类

洗煤方法有多种，按照分选过程是否用水（或重悬浮液）作介质，可划分为湿法与干法两大类。

按照分选原理的不同，又划分为重力选、离心力选、浮游选、特殊选等几大类。

按照分选设备工作机理又细分为跳汰选、重介质选、溜槽选、摇床选等。

属于重力选煤法的有跳汰选煤、重介质选煤、溜槽选煤、摇床选煤等，均是比较成熟的选煤工艺，其中跳汰选煤法始终居各种选煤方法之首，全世界每年入选的原煤中，50%以上是采用跳汰机处理的；重介质选煤是分选效果最高的选煤方法，已广为应用；溜槽选煤法是古老的选煤方法，近年较少应用；20世纪70年代出现的斜槽选煤法和20世纪80年代推出的滚筒分选机作为简易分选设备得到应用；螺旋分选机和旋流器可用于分选粗煤泥。

浮游选中泡沫浮选法应用最广，迄今为止它是分选细煤泥最为有效的方法。

干法的风力分选具有不使用水的优点，但其应用条件严格，且分选效率常不及湿法。中国自主开发的空气重介质流化床干法分选法和复合式干法分选机，为干法选煤开辟出新的途径。

在常用选煤方法之外，一些应用不广或尚未工业化的分选方法列为特殊选煤法。

选煤方法的分类见表2-1。

各种选煤方法都有一定的给料粒度范围，且分选效率也有所不同。跳汰在处理易选和中等可选性的煤炭时，可获得较高的分选效率。动筛跳汰可处理400～13mm的块煤，定筛跳汰可分选100～0.5mm宽分级或不分级原料煤。重介质选煤法常用于块煤排矸和处理难选煤。重介质分选机的给料粒度可达400～13mm；重介质旋流器适于处理13～0.5mm级末煤，但近年有将给料粒度扩大至50mm的实例。浮选法适于处理0.5～0mm较细的煤泥。在重力选与浮选之间，可用水介质旋流器、螺旋分选机或摇床连接，处理3～0.3mm级粗煤泥。

在中国，早期的选煤以跳汰法为主，20世纪70年代以来重介质分选法得到发展。当前中国选煤方法构成中，跳汰选仍占据首位，重介质选居次。表2-2列出了中国及世界主要产煤国家选煤方法的构成情况。

表 2-1 选煤方法分类

选煤方法			适用粒度/mm	工艺流程	适用可选性	分选效果	附 注
湿法	重力选	跳汰选 定筛跳汰	100~0.5(0.3)	较复杂	各种煤	较好	用水较多
		动筛跳汰	400~50,100~13	简单	各种煤	好	用水极少
		重介质选	400~13(6)	复杂	各种煤		用重介质
		自生介质选煤	100~0.5	简单	易选至中等	较好	自身介质
		溜槽选	100~6,6~0.5	简单	易选煤	中	
		斜槽选	100~0.5	较简单	易选	中	耗水特大
		摇床选	13~0.1	简单	易选	中	脱硫效果好
		滚筒选	100~6	较简单	易选	好	用水电少
	离心力选	重介质旋流器选	13(50)~0.5	简单	各种煤	好	用重介质
		水介质旋流器选	3(25)~0.1	简单	易选	较低	固液比 1:5
		螺旋槽选	3~0.1	简单	易选	中	入料质量分数 27%~35%
		离心摇床选	13~0.1	简单	易选	较好	处理量小
	浮选		<1	复杂	适合煤泥	好	
	特殊选——油团选、高梯度磁选		<1	复杂	高度脱灰、脱硫	好	
干法		复合式风选	50~25,25~13	简单	易选至较难	中	自身介质、外在水分低
		空气重介质流化床选	50~6	较复杂	易选至难选	好	加重介质
		选择性破碎选	>50	简单	煤、矸可碎性差异大	低	
	特殊选	电力拣矸、摩擦选、放射线拣矸、弹力选	>50	简单	排矸	中	外在水分低
		静电选	<0.5	简单	外在水分低	好	外在水分低

表 2-2 几个主要产煤国家各种选煤方法所占比例   单位:%

国 家	跳汰选	重介质选	浮 选	摇床及其他	合 计
中国	60	23	14	3	100
美国	46.3	32	4.4	17.3	100
俄罗斯	48.8	23.6	9.9	17.7	100
澳大利亚	16	57	15	12	100
德国	69.9	22.9	7.2		100
波兰	50.7	38.4	5.7	5.2	100

第三节 煤炭的可选性

一、可选性曲线

煤的可选性是一个概略的定性概念,它表示从原煤中分选出精煤的难易程度。由于重力选煤是最主要的选煤方法,因此煤的可选性一般指重力选煤的难易程度。

对精煤产品的质量要求是影响和决定可选性难易程度的一个重要的因素,它是反映煤炭加工要求的。显然,同一原煤,要求的精煤灰分越低,也就是分选密度越低,则可选性越难,反之,可选性较易。从这方面理解,煤的可选性又是一个相对的概念。

可选性曲线是根据浮沉试验结果绘制的表示煤可选性的一组曲线，也可以说是煤密度组成的图示。

根据表 2-3 规格的原煤浮沉试验综合表，绘制出如图 2-1 所示的 5 条可选性曲线。λ 曲线表示各密度级产率与其分界灰分的关系，β 曲线表示浮物累计产率与其灰分的关系，θ 曲线表示各密度级沉物累计产率与其灰分的关系，δ 曲线表示产率与密度的关系，ε 曲线表示分选密度±0.1 之邻近密度物产率与密度的关系。

表 2-3　50～0.5mm 粒级原煤浮沉试验综合表

密度级/(kg/L)	产率/%	灰分/%	浮物		沉物		分选密度±0.1/(kg/L)	
			产率/%	灰分/%	产率/%	灰分/%	密度/(kg/L)	产率/%
<1.30	10.69	3.46	10.69	3.46	100.00	20.50	1.30	56.84
1.30～1.40	46.15	8.23	56.84	7.33	89.31	22.54	1.40	66.29
1.40～1.50	20.14	15.50	76.98	9.47	43.16	37.85	1.50	25.31
1.50～1.60	5.17	25.50	82.15	10.48	23.02	57.40	1.60	7.72
1.60～1.70	2.55	34.28	84.70	11.19	17.85	66.64	1.70	4.17
1.70～1.80	1.62	42.94	86.32	11.79	15.30	72.04	1.80	2.69
1.80～2.00	2.13	52.91	88.45	12.78	13.68	75.48	1.90	2.13
>2.00	11.55	79.64	100.0	20.50	11.55	79.64		
合计(加权平均值)	100.00	20.50						

利用可选性曲线，可以确定选煤产品数量和质量的理论指标。

当原煤分选为精煤和尾煤两种产品时，如已确定一产品的一个数量或质量指标，便可利用可选性曲线查出全部理论指标。例如在图 2-1 中，当确定精煤灰分为 7.5% 时，在灰分横坐标 7.5% 处向上引垂线与 β 线相交于 a 点，由 a 点引水平线分别交 λ、θ、δ 曲线于 b、c、d 点。a 点的左纵坐标值为精煤产率（62.5%），b 点的灰分横坐标值为分界灰分（14.0%）；c 点的右纵坐标值为尾煤产率（37.5%）；c 点的灰分横坐标值为尾煤灰分（42.3%）；d 点的密度横坐标值为分选密度（1.415kg/L）。

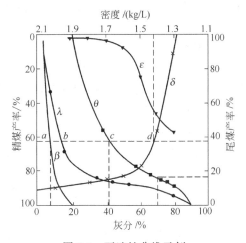

图 2-1　可选性曲线示例

对于分选三产品的情况，当要求精煤灰分为 7.5%，尾煤灰分为 70% 时，求其他分选指标。先在 β 曲线上的 a 点查出精煤灰分 7.5% 时的精煤产率为 62.5%，在 θ 曲线上查出尾煤灰分为 70% 时的尾煤产率为 16.5%，而 β 曲线与下横坐标的交点 c 处就是原煤的灰分 20.5%，通过计算可以得出：

$$中煤理论产率 = 100\% - 精煤理论产率 - 尾煤理论产率$$
$$= 100\% - 62.5\% - 16.5\% = 21.0\%$$

中煤灰分 = [100×原煤灰分 − (精煤产率×精煤灰分 + 尾煤产率×尾煤灰分)]/中煤产率
　　　　= [100×20.5 − (62.5×7.5 + 16.5×70)]/21.0 = 20.3%

二、煤的可选性评定方法与标准

根据 GB/T 16417—1996《煤炭可选性评定方法》国家标准，煤炭可选性评定采用"分选密度±0.1含量法"（简称δ±0.1含量法）。

按照分选的难易程度，把煤炭可选性划分为5个等级，各等级的名称及δ±0.1含量指标见表2-4。

表 2-4　煤炭可选性等级的划分指标

（δ±0.1含量）/%	可选性等级	（δ±0.1含量）/%	可选性等级
≤10.0	易选	30.1～40.0	难选
10.1～20.0	中等可选	>40.0	极难选
20.1～30.0	较难选		

第四节　煤炭洗选工艺

中国最广泛采用的选煤方法是跳汰选煤，其次是重介质选煤和浮游选煤，还有用得较少的特殊选煤法。

一、跳汰选煤

跳汰选煤分为水力跳汰选煤和风力跳汰选煤两种。

水力跳汰选煤是指物料主要在垂直升降的变速水流中按密度分选的过程。水力跳汰选煤是目前应用最广的一种选煤方法。它具有设备简单、分选效率高、生产能力大等优点。

风力跳汰选煤的原理与水力跳汰选煤的原理大致相同，只是煤的分选是在脉动空气流中进行。因风力跳汰选煤效率低，只在极端缺乏水源的地区和对产品质量要求不高的条件下采用。

1. 跳汰选煤的一般原理

(1) 床层松散　床层松散是煤粒按密度分层的基本条件。只有床层松散，不同密度的煤粒才有可能在床层在中获得相互转换位置所必需的空间和时间。

上升水流的速度和加速度对床层松散起决定性作用。速度和加速度配合不当，可能使床层不松散或整起整落，只有上升水流的速度与加速度适宜才可获得良好的松散。

从试验情况看，在上升水流初期床层整个被托起之后，上层和下层首先松散，然后中间层松散，这时整个床层松散快，分选效果好。

在跳汰过程中，不同时间床层松散度不同；上升水流末期松散度最大，下降水流末期松散度最小。

通常，跳汰粗粒煤所需的松散度比跳汰细粒煤要大，因而跳汰粗粒煤时水流振幅要大些。增大风量、筛下顶水量，可使松散度增加；提高频率，则使松散度减小。床层厚、矿粒密度大，床层松散度降低。

床层松散度用床层中水的体积与水和矿粒总体积之比表示。对于不分级煤，松散度约为0.4～0.55；对于分级煤，松散度约为0.5～0.55。

(2) 分层原理　图2-2表示床层分层前后的位能状态。分层前，两种密度不同的矿粒均匀混杂，可以看成是一个密度均匀的整体，床层的重心位于床层的几何中心（h_1处）。分层后，密度大的颗粒集中在下层，密度小的颗粒集中在上层，床层的重心降低（h_2处）。

分层前床层的位能 E_1 为：

$$E_1 = (G_a + G_b) \times \frac{1}{2}(h_a + h_b) \qquad (2-1)$$

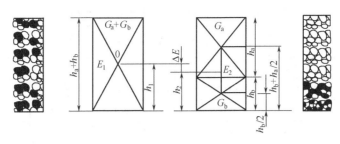

图 2-2 床层分层前后位能的状态

G_a—床层中低密度物料质量;G_b—床层中高密度物料质量;h_1—分选前床层重心高度;
h_2—分选后床层重心高度;h_a—分层后低密度物料的高度;h_b—分层后高密度物料的高度

分层后床层的位能 E_2 为:

$$E_2=G_a\left(\frac{1}{2}h_a+h_b\right)+G_b\times\frac{1}{2}h_b \tag{2-2}$$

分层前后床层位能差 ΔE 为:

$$\Delta E=E_1-E_2=\frac{1}{2}(G_b h_a-G_a h_b) \tag{2-3}$$

因为 $G_a=Sh_a\lambda\delta_a$,$G_b=Sh_b\lambda\delta_b$,所以 ΔE 为:

$$\Delta E=\frac{1}{2}Sh_a h_b\lambda(\delta_b-\delta_a) \tag{2-4}$$

式中 λ——床层的体积分数,%;
 S——分层容器的横截面积,m^2;
 δ_a——轻矿物的密度,kg/m^3;
 δ_b——重矿物的密度,kg/m^3。

由于 δ_b 大于 δ_a,所以 ΔE 大于零,即混合物料按密度分层后床层的位能低于分层前床层的位能。不同密度矿粒均匀混合的松散床层是一个不稳定体系,可在运动过程中向稳定的低能状态转换。因此,矿物分层的原因是能量降低。

从式 (2-4) 还可以看出:两种矿粒的密度差越大,ΔE 越大,分层效果越好。显然,分层前后床层重心降低得越多,分层的效果越好;床层位能降低得越快,分层的速度越快。

2. 跳汰机

跳汰机的种类繁多,适用的场合和用途也有所不同。按产生脉动水流的动力源的不同,可分为活塞跳汰机、无活塞跳汰机和隔膜跳汰机。

活塞跳汰机是依靠偏心轮带动的活塞做上下往复的周期运动,无活塞跳汰机中水流的脉动是依靠压缩空气交替进入和排出空气室来完成的。在无活塞跳汰机中,按压缩空气进出的风阀形式,分为立式风阀跳汰机和卧式风阀跳汰机;按风室的布置位置,分为筛侧空气室式与筛下空气室式跳汰机;按筛板是否移动,又分为定筛跳汰机和动筛跳汰机。定筛跳汰是传统的跳汰选煤法,定筛跳汰机是中国跳汰选煤的主要设备,目前工业上应用最多的是筛侧空气室式跳汰机和筛下空气室式跳汰机。

(1) 筛侧空气式跳汰机 筛侧空气式跳汰机是目前中国选煤厂中使用最多的跳汰机。根据结构和用途的不同,可分为不分级煤用跳汰机、块煤跳汰机和末煤跳汰机三种系列。WT系列有块煤跳汰机(WT-8K、WT-10K)和末煤跳汰机(WT-10M、WT-16M)各两种,末煤跳汰机也可用作不分级煤(50~0mm)混合入选用。LTW 系列中有 LTW-M12.6 和 LTW-15 两种型号,都是末煤跳汰机。LTG 系列目前只有一种 LTG-15 型,是混合入选的跳汰机。它们的主要技术特征见表 2-5。

表 2-5 国产筛侧空气室跳汰机主要技术特征

名称\型号		WT-8K	WT-10K	WT-10M	WT-16M	LTW-M12.6	LTW-15	LTG-15
入料粒度/mm		13~125	12~125	0.5~13	0.5~13	0~13	0~10	0~50
处理量/(t/h)		80~110	100~140	100~120	160~190	~120	~200	135~195
筛板面积/m²	矸石段	3	4.32	3.96	8.12	5.72	7.6	6
	中煤段	5	6.50	6.06	8.12	5.72	7.6	9
筛板长度/mm	矸石段	2000	2020	2122	2668	2200	3300	2400
	中煤段	3000	3044	3187	3044	2200	3300	3600
筛板宽度/mm	一段	1500	2138	2038	3668	2600	2300	2500
	二段	1700						
筛板孔径/mm	矸石段	条缝12	条缝12	条缝6	条缝12	12.8	12	15
	中煤段	筛板10	筛板12	筛板6	筛板12	18	10	12
筛板倾角	矸石段	1°30′	1°30′	0	0	3.5°	2°	3°
	中煤段	0	1°30′	0	0	0	0	0
风阀特性	进气面积/cm²					650		
	排气面积/cm²					650		
	进气期/(°)					120~180		110~180
	膨胀期/(°)					120~0		0~140
	排气期/(°)					120~180		110~180
	压缩期/(°)					0		0
跳汰频率/(次/min)		61	41~68	91	59~105	52,59,69,80,87	40,45,53,60.5,66.5	41,46,55,61,68
空气压力/×10⁵Pa		0.14~0.16	0.19~0.21	0.14~0.16	0.18	0.18~0.24	0.20~0.25	0.20~0.25
空气耗量/(m³/min)		36	50	32	96			
排料方式		立式闸门	立式闸门	立式闸门		排料轮	排料轮	排料轮
电动机						直流电机	直流电机	直流电机
功率/kW						0.7	1.5	1.5
外形尺寸(长×宽×高)/mm		6166×3878×5743	6412×4510×6335	6610×3712×5743	7434×4510×6335	5937×4422×6695	7434×5441×6335	7406×5894×6980
机器质量/kg		23400	38200	23500	45400	25876	43560	40000

筛侧空气室跳汰机的基本结构如图 2-3 所示。跳汰机的机体 1 被纵向隔板分为相互连通的空气室 12 和跳汰室 11 两部分。在右侧跳汰室中铺有筛板,煤就在筛板上进行分选。左侧是一个密闭的空气室。在它上部装有风阀 2,风阀由管子与供风系统相连,它能够交替地进入和排出压缩空气。当压缩空气进入空气室时,空气室内的水被压向跳汰室,因而跳汰室中形成上升水流;当压缩空气被排出时,水自然往回流动,此时跳汰室中形成下降水流。由于风阀连续不断交替地向空气室导入和排出压缩空气,因此在跳汰室中就产生透过筛板上下跳动的脉动水流。顶水从空气室下部的筛下水管进入,补充洗水并改变跳汰机水流特性,使物料在跳汰室中进行松散、分层。

入选原煤和水(冲水)一齐进入跳汰机,均匀地分布在跳汰室的筛板上,形成一定厚度

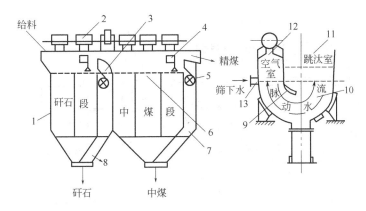

图 2-3 筛侧空气室跳汰机结构
1—机体；2—风阀；3—溢流堰；4—自动排矸装置的浮标传感器；5—排矸轮；6—筛板；7—排中煤道；
8—排矸道；9—分隔板；10—脉动水流；11—跳汰室；12—空气室；13—顶水进水管

的床层。当压缩空气进入空气室时，在跳汰室产生上升水流，在上升水流的作用下，筛板上的床层逐渐松散，并随之上升。这时床层中的煤和矸石按照本身的特性（密度和粒度）彼此作相对运动而进行分层，煤的密度小，上升得快，冲得较高；而矸石的密度大，上升得慢，冲得较低。使得原来压在矸石下面的煤块，其中一些就可能越过矸石而上升到上层。当压缩空气被排出时，即下降水流期间，各种颗粒随之下降，床层逐渐紧密，并继续进行分层，密度较大的矸石最先下沉，最早落到筛板上；煤的密度小，下降得慢，落在矸石层上面。下降水流结束后，分层即告终止，完成了第一个跳汰循环。在每一个跳汰循环中，煤和矸石混合物都受到一定的分选作用，经过多次反复后，分层逐渐完善。最后，低密度煤集中在最上层，高密度矸石将集中在最低层，而中间密度的颗粒（中煤）则自然分布在煤和矸石层中间。在上升水流阶段，细粒矸石比大块煤上升得快，因而升得高；在下降水流阶段，大块煤却又比细粒矸石下降快，因而沉得低。当全部煤和矸石都沉降到筛面以后，床层紧密，这时大部分煤和矸石混合物彼此间已丧失相对运动的可能性，分层作用几乎全部停止，只有那些极细粒矸石和细粒煤才能穿过床层缝隙继续向下运动，并按密度分层。煤和矸石的粒度和形状也影响分选过程，故使跳汰分层变得复杂，但是，总的结果仍然不改变在跳汰过程中煤和矸石按密度分层的实质。在跳汰室中，各密度层的分布如图 2-4 所示。

在筛板上已经按密度分层的煤和矸石，受到冲水的作用，逐渐移向跳汰机的排料端，到达矸石段的排料闸门，矸石就经闸门排入机箱内，由矸石提升斗排到机外。上层的精煤和中煤则越过溢流堰，进入跳汰机的第二段（中煤段）。在中煤段，中煤和精煤在脉动水流作用下继续分层，并不断向排料端移动，到达中煤的排料闸门，中煤又经闸门排入中煤段的机箱内，由中煤提升斗排到机外，而精煤则越过中煤段的溢流堰随水流排出跳汰机，经溜槽送脱水筛脱水。

筛侧空气式跳汰机还有 CT 型和 BM 型，它们处理量小，适合中、小型选煤厂配套使用。

(2) 筛下空气室跳汰机　图 2-5 为筛下空气室跳汰机机构。筛下空气室跳汰机除了把空气室移到筛板下面外，其他部分与筛侧空气室跳汰机结构基本相同。二者相比，筛下空气室跳汰机具有以下几个特点：

① 筛下空气室跳汰机的空气室在跳汰室筛下，

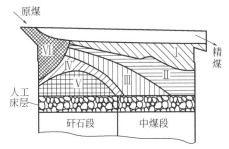

图 2-4　各密度层在跳汰室中的分布
Ⅰ—精煤；Ⅱ—精煤与中煤；Ⅲ—中煤；
Ⅳ—中煤和矸石；Ⅴ—矸石；Ⅵ—原煤

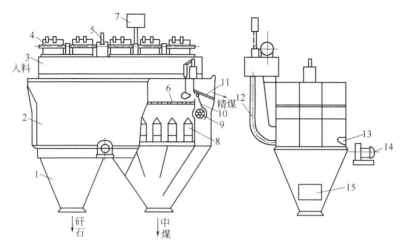

图 2-5 筛下空气室跳汰机

1—下机体；2—上机体；3—风水包；4—风阀；5—风阀传动装置；6—筛板；7—水位灯光指标器；
8—空气室；9—排料装置；10—中煤段护板；11—溢流堰盖板；12—水管；13—水位接点；
14—排料装置电动机；15—检查孔

结构紧凑、质量轻、占地面积小。

② 筛下空气室跳汰机的空气室沿跳汰室的宽度布置，能使跳汰室内沿宽度各点的波高相同，有利于物料均匀分选，适于跳汰机大型化。是筛下空气室跳汰机的主要优点。

③ 筛下空气室跳汰机的空气室的面积为跳汰室面积的1/2，即空气室内水面脉动高度为200mm时，跳汰室水面脉动高度为100mm。

④ 筛下空气室跳汰机的脉动水流没有横向冲动力。

表 2-6 为部分国产筛下空气室式跳汰机主要技术特征。

表 2-6 国产筛下空气室式跳汰机主要技术特征

名称		型号	LTX-6	LTX-8	LTX-10	LTX-12	LTX-14	LTX-16	LTX-35
入料粒度/mm			0～100	0～100	0～100	0～100	0～100	0～100	0～100
处理量/(t/h)			50～80	70～110	90～140	110～170	130～200	150～230	350～490
筛板面积/m²			6.5	8	10	12	14	16	35
筛板长度/mm	矸石段		1.7	1.8	1.9	2.0	2.0	2.3	
	中煤段		2.55	2.7	2.8	3.0	3.3	3.45	
筛板宽度/mm			1.55	1.8	2.2	2.4	2.6	2.8	
筛孔直径/mm	矸石段		15	15	15	15	15	15	15
	中煤段		12	12	12	12	12	12	12
筛板倾角/(°)	矸石段		2.5	2.5	2.5	2.5	2.5	2.5	4.5
	中煤段		1.5	1.5	1.5	1.5	1.5	1.5	1.5
跳汰频率/(次/min)			68	38	38	49	55	61	40～80
振幅/mm			80～120			100～150			80～130
风阀电机			均为 JO241-6						
排矸轮电机	型号		JCH56Z	JZT31-4		JCH562		JZT31-4	
	功率/kW		2.6	2.2		2.6		2.2	

续表

名称 \ 型号		LTX-6	LTX-8	LTX-10	LTX-12	LTX-14	LTX-16	LTX-35
外形尺寸(长×宽×高)/mm		5659×3869×5550	5910×4119×5650	6260×4219×5405	6909×4850×6323	6404×4572×6420	7422×4756×5700	8190×7730×7500
质量/t	机器质量	17.3	19.7	25	27.9	30.3	30.5	38.5
	容水质量	22.5	31.6	32.8	47	54	56	270
风压/MPa		0.025	0.025	0.025	0.025	0.025	0.025	0.034

(3) 动筛跳汰机 动筛跳汰选煤是一种古老的选煤方法，近年来随着生产技术的发展和块煤排矸的需要，又重新得到开发利用，代替人工拣矸和块煤分选。

动筛跳汰机由盛水的机体、带筛板的筛箱、驱动机构和排料机构等组成，如图2-6所示。筛板装在筛箱底部，筛箱的排料端铰接在固定轴上，入料端与驱动机构（液压缸或曲柄杆）相连接。驱动机构是作往复运动的液压油缸活塞杆，它安装在机体上，通过外接电控系统及液压站上的液压阀来调节其运动特性。溢流堰下前方安有可调闸门，调节溢流堰和筛板之间开口的大小。溢流堰下方筛板末端装有排矸轮，由液压马达通过链条使其转动，控制排矸量。提升轮用隔板分为前后两段，每段用筛板分成若干小格，以捞取煤和矸石，卸入溜槽。动筛跳汰机的技术特征见表2-7。

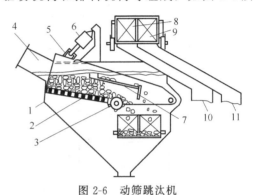

图2-6 动筛跳汰机
1—机体；2—筛板；3—排矸轮；4—入料溜槽；5—颚板；6—液压缸；7—溢流堰；8,9—矸石和煤提升轮；10,11—矸石和煤溜槽

动筛跳汰机在分选过程中，机体内充满一定高度的水。位于水中的筛箱在液压缸的驱动下，绕销轴作上下摆动。原料煤给入筛箱后，在筛板上形成床层。筛箱上升，水介质相对于颗粒向下运动；筛箱下降时，水介质相对于颗粒形成上升流，颗粒在水介质作干涉沉降，实现按密度分层。在分选过程中，松散度是由动筛的运动特性决定，而不是风水制度。分层后的轻产物越过溢流堰，落入提升轮的后段，由提升轮提起倒入煤溜槽，排出机外。重产物经排矸轮落入提升轮前段，倒入矸石溜槽排出机外。透筛的细粒物料由机体底部排料口排出。

表2-7 动筛跳汰机的技术特征

名称 \ 型号	ROMJIG10.500.800	TD14/2.8	TD16/3.2	GDT14/2.5
入料特征	块原煤	块原煤	块原煤	块原煤
入料粒度/mm	50～300	50～300	25～300	25～150
处理能力/(t/h)	70～150	60～150	120～190	70～100
筛板面积/m²	2	2.8	3.2	2.5
跳汰振幅/mm	0～500	100～400	100～400	200～400
跳汰频率/(次/min)	30～50	30～50	30～50	20～60
提升轮转数/(r/min)	0.7	1.24	—	1.56
提升轮功率/kW	11	7.5	7.5	11
驱动机构总功率/kW	64.5	22×3	22×3	37

3. 跳汰选煤的工艺流程

跳汰选煤流程分为两种：分级入选和不分级入选流程。在中国多数采用不分级入选流程。分级跳汰入选范围是块煤100（80）～13（10）mm；末煤是13（10）～0.5mm。分别采用块煤跳汰机和末煤跳汰机进行分选。工艺流程如图2-7所示。

不分级跳汰入选粒度一般为50～0mm，也可将入选范围加宽，如80～0mm或150～0mm等，工艺流程如图2-8所示，主选跳汰机出矸石和精煤，将中煤进入再选跳汰机再次分选。再选跳汰可出精煤、中煤、矸石三种产品。主、再选精煤可混合作最终精煤，也可分别成为低灰精煤和高灰精煤产品；再选跳汰机矸石和中煤合起来作最终中煤产品；再选跳汰机中煤也可以循环回选。主选跳汰机中煤也可以破碎至13mm以下进入再选机，这要根据中煤破碎后解离情况作技术经济比较来决定。主、再选跳汰流程适应性强，对易选、中等可选性煤以至较难选煤都可以获得较好的效果。操作简单、流程灵活，可以出多种产品，故在中国被广泛采用。

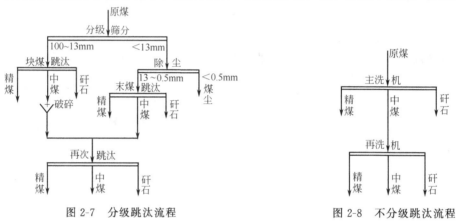

图2-7　分级跳汰流程　　　　　图2-8　不分级跳汰流程

二、重介质选煤

重介质选煤是当前最先进的一种重力选煤方法。其特点是用密度介于煤和矸石之间的液体作为分选介质。所用分选介质有重液和悬浮液两种。重液多采用无机盐水溶液或有机溶液，由于价格高，回收困难，多数还有毒性或腐蚀性，所以工业上很少采用。目前国内外重介质选煤普遍采用磁铁矿粉和水配制的悬浮液作为分选介质。这种悬浮液密度调节灵活，而且容易净化回收。重介质选煤具有很多优点：可以严格地按密度分选，分选效率高；能有效地分选难选煤和极难选煤；对原煤的适应性强，生产中受给煤量和原煤质量波动的影响较小；入选粒度范围宽，入料上限大，其上限可达500～1000mm，因此可代替人工手选，使选煤过程全部机械化；分选设备构造简单，生产操作和工艺过程的调整比较方便；脱硫效率高，利用黄铁矿的顺磁性（煤具有反磁性），通过重力（或离心力）和磁铁矿粉的磁力亲和作用将黄铁矿从煤中分离出来，脱硫率达30%～50%。但重介质选煤也存在工艺复杂，生产费用较高，设备磨损严重，维修工作量大等缺点。

1. 重介质选煤基本原理

重介质选煤的基本原理是阿基米德原理，即浸没在重介质中的颗粒受到的浮力等于颗粒所排开的同体积的介质重量。

重介质选煤一般都分级入选。分选块煤在重力作用下用重介质分选机进行；分选末煤在离心力作用下用重介质旋流器进行。

（1）重介质分选机分选原理　在静止的悬浮液中，作用在颗粒上的力有重力G和浮力

G_0。因此,悬浮液中颗粒所受的合力 F 为:

$$F=G-G_0$$

因为 $G=V\delta g$,$G_0=V\rho g$,所以

$$F=V\delta g-V\rho g=V(\delta-\rho)g \tag{2-5}$$

式中 V ——颗粒的体积,m³;
      δ ——颗粒的密度,kg/m³;
      ρ ——悬浮液密度,kg/m³;
      g ——重力加速度,m/s²。

当 $\delta>\rho$ 时,颗粒下沉;$\delta<\rho$ 时,颗粒上浮;$\delta=\rho$ 时,颗粒处于悬浮状态。在重介质分选机中,用悬浮液流和刮板或提升轮分别把浮物和沉物排出,完成分选工作,分选过程见图 2-9。

(2) 重介质旋流器分选原理 重介质旋流器的选煤过程如图 2-10 所示。物料和悬浮液以一定压力沿切线方向进入旋流器形成强有力的旋涡流。液流从入料口开始沿旋流器内壁形成一个下降的外螺旋流;在旋流器轴心附近形成一股上升的内螺旋流。由于内螺流具有负压而吸入空气,在旋流器轴心形成空气柱。入料中的精煤随内螺旋流向上,从溢流口排出;矸石随外螺旋流向下,从底流口排出。

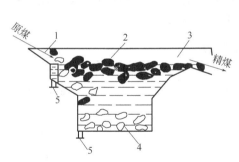

图 2-9 重介质分选机选煤示意
1—分选槽给料部分;2—分选槽流动区;
3—浮物排出区;4—沉物排出区;
5—水平液流和上升液流给入口

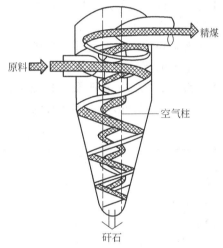

图 2-10 重介质旋流器选煤示意

重介质旋流器选煤是利用阿基米德原理在离心力场中完成的。在离心力场中,质量为 m 的颗粒所受的离心力 F_c 为:

$$F_c=m\frac{v^2}{r} \tag{2-6}$$

式中 v ——颗粒的切向速度,m/s;
      r ——颗粒的旋转半径,m。

在重介质旋流器中,颗粒所受离心力为:

$$F_c=V\delta\frac{v^2}{r} \tag{2-7}$$

式中 V ——颗粒的体积,m³。

悬浮液给物料的向心拖力 F_0 为:

$$F_0 = V\rho \frac{v^2}{r} \tag{2-8}$$

颗粒在悬浮液中半径为 r 处所受的合力 F 为：

$$F = F_c - F_0 = V(\delta - \rho) \frac{v^2}{r} \tag{2-9}$$

式（2-9）表明，当 $\delta > \rho$ 时，F 为正值，颗粒被甩向外螺旋流；当 $\delta < \rho$ 时，F 为负值，颗粒移向内螺旋流。从而把密度大于介质的颗粒和密度小于介质的颗粒分开。

在旋流器中，离心力可比重力大几倍到几十倍，因而大大加快了末煤的分选速度并改善了分选效果。

2. 重介质悬浮液

（1）加重质的选择　重介质选煤用的重悬浮液是细磨的高密度固体微粒与水的混合物。高密度固体微粒起加大介质密度的作用，所以叫加重质。

选择加重质时，应注意其粒度和密度的综合要求。既要达到重悬浮液的分选密度及其稳定性，又要保证较好的流动性（黏度不能高，体积分数应控制在一定范围内）。其次，要无毒、无腐蚀性，不污染精煤，价廉，来源广，易回收。

工业上可以采用的加重质有磁铁矿、重晶石、黄铁矿、沙子、黄土、浮选尾煤等。选煤生产中用得最多的是磁铁矿粉。

以磁铁矿粉作为加重质时，对其粒度的组成有特定的要求，依据国内现有的设备及磁铁矿粉生产基地的情况，定为 4 级，见表 2-8。表中细粒及特细粒级的磁铁矿粉分别适用于悬浮液密度为 $1.3 \sim 1.7 \text{g/cm}^3$ 及 $<1.3 \text{g/cm}^3$ 的重介质旋流器，粗粒及特粗粒级分别适用于悬浮液密度为 $1.3 \sim 1.9 \text{g/cm}^3$ 和 $>1.9 \text{g/cm}^3$ 的块煤重介质分选机。

表 2-8　选煤用磁铁矿粉规格

国内级别		1（特粗）	2（粗）	3（细）	4（特细）
国外级别		德国第Ⅰ大类	前苏联 K. M. T 类	美国 E 级	美国 F 级
真密度/(g/cm³)		>4.7	>4.3	>4.3	>4.3
磁性物含量/%		>95	>90	>90	>90
粒度组成/%	>150μm	<15	<10	6	0
	<40μm	>40	<40~70	80~90	90~100
	<5μm			10	15~20
应用范围		①分选介质密度>1.9g/cm³；分选粒度>13mm 的重介质分选②下降流块煤分选机	①分选介质密度 1.3~1.9g/cm³；分选粒度大于 8mm 的重介质分选②三产品重介质旋流器	分选介质密度为 1.3~1.7g/cm³ 的 DSM 旋流器	①悬浮液密度<1.3g/cm³；分选粒度大于 0.5mm 重介质旋流器②不脱泥的重介质旋流器

中国设计规范也作了相应的规定，用磁铁矿粉作加重质时，其磁性物含量应在 95% 以上，密度在 4.5g/cm^3 左右。对加重质粒度的要求是：分选块煤（用于斜轮或立轮重介质分选机）时，小于 0.074mm（−200 目）粒级的含量应占 80% 以上；用于重介质旋流器分选末煤时，小于 0.044mm 粒级（−325 目）含量应占 90% 以上。

表 2-9 为中国一些选矿厂生产的磁铁矿粉的性质。中国选矿厂生产的磁铁矿粉粒度普遍较粗，应进一步加工磨细才能保证悬浮液的稳定性，并可减少设备、管路的磨损和加重质的消耗。生产实践证明，一些选煤厂采用球磨机再磨 60~90min 后可达到粒度要求。

表 2-9　选矿厂生产的磁铁矿粉性质

使用厂家		宁夏大武口	贵州汪家寨	河北吕家坨	山西安太堡	河南田庄
供应厂家		甘肃酒泉	四川渡口	河北迁安	山西太原	湖北大冶
粒度组成/%	<200目		21.65	42.31		>70
	<325目	21.39			>75	
磁性物含量/%		93.60		95.23	95.0	96.0
密度/(t/m³)		4.30	4.30	4.30		4.73

(2) 悬浮液的制备　外购的磁铁矿粉运至选煤厂室内堆放场后,用抓斗或料车送入储液桶(或介质桶),加水配成一定密度的悬浮液,用泵或空气提升器输送到合格介质桶内。每班加一次时,加入量等于全班的介耗量。在选煤系统中用浓介质桶循环来控制合格悬浮液密度时,也可直接输送到浓介质桶内。这样,每班可加若干次。

磁铁矿粉需要厂内再磨细时,应单独设置磨矿车间或系统。图 2-11 为间断式球磨系统。球磨机的处理能力为磁铁矿粉每小时消耗量的 3 倍;漏斗应能容纳 3h 的介耗量;清水量随磨矿浓度而定,可按混合后悬浮液的浓度为 2000~2100kg/m³ 算出。漏斗内的磁铁矿粉与一定量的清水加入球磨机后,磨 1.5~2h,磨好的悬浮液可直接加入浓介质桶或合格介质桶。

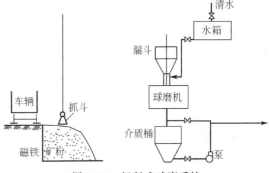

图 2-11　间断式球磨系统

3. 重介质选煤设备

在重力场中实现重介质选煤的设备称为重介质分选机。重介质分选机主要有斜轮分选机、立轮分选机和筒形分选机等。在离心力场中实现重介质选煤的设备称为重介质旋流器。重介质旋流器根据机体形状分为圆锥形和圆筒形重介质旋流器;根据给料压力分为有压给料和无压给料重介质旋流器;根据产品数量可分为两产品和三产品重介质旋流器。下面将中国应用较广的几种重介质分选设备的主要性能介绍如下。

(1) 斜轮重介质分选机　斜轮重介质分选机是目前中国分选块煤应用最广的一种设备,技术特征见表 2-10。斜轮分选机的优点是分选精度高,分选机的可能偏差 E_p 值可达 0.02~0.03;

表 2-10　LZX 型斜轮重介质分选机的技术规格

名称	型号	LZX-1.0	LZX-1.2	LZX-1.6	LZX-1.6(双边给料)	LZX-2.0	LZX-2.6	LZX-3.2	LZX-4.0
槽宽/mm		1000	1200	1600	1600	2000	2600	3200	4000
入料粒度/mm		6~200	6~200	13~300	10~300	13~300	8~300	6~400	13~450
处理量/(t/h)		50~80	65~95	100~150	250~300	180~230	200~300	250~350	350~500
分选槽容积/m³		1.5	2	5.5	17	8	13	20	30
排研轮	直径/mm	3000	3200	4000	5350	4500	4500	5350	6550
	转速/(r/min)	5	5	2.3	1.14	2.3	1.18	2.5	1.6
	主轴倾角/(°)	40	40	40	40	40	40	40	40

续表

名称	型号	LZX-1.0	LZX-1.2	LZX-1.6	LZX-1.6（双边给料）	LZX-2.0	LZX-2.6	LZX-3.2	LZX-4.0
排煤轮转速/(r/min)		9	9	7	8.8	7	6	5.8	5.3
排矸轮电机	型号	$JO_2 61$-8	$JO_2 61$-8	$JO_2 61$-8	$JO_2 42$-4	$JO_2 62$-8	$JO_2 62$-8	$JO_2 62$-8	$JO_2 62$-8
	功率/kW	7	7	7.5	5.5	7.5	10	10	10
	转速/(r/min)	720	720	720	1440	720	720	720	720
排煤轮电机	型号	$JO_2 32$-6	$JO_2 32$-6	$JO_2 32$-6	$JO_2 31$-4	$JO_2 32$-6	$JO_2 31$-4	$JO_2 51$-8	$JO_2 51$-8
	功率/kW	2.8	2.8	2.8	2.2+2.2	2.8	2.2	4	4
	转速/(r/min)	960	960	935	1435	935	1435	1500	770
外形尺寸	长/mm	4315	4435	5127	5200	5768	5574	6718	6986
	宽/mm	3112	3365	4358	6400	4987	5590	6453	7730
	高/mm	3500	3596	4460	5240	4762	5430	5775	6690
设备质量/kg		9870	11570	20280	24700	22780	21690	33500	43000

分选粒度范围宽，分选粒度上限为200～300mm，最大可达1000mm，下限为6～8mm；处理量最大，槽宽1m的分选机，处理量为50～8t/h；所需悬浮液循环量少，约0.7～1.0 m^3/t入料；分选槽内介质比较稳定，分选效果良好。其缺点是外形尺寸大，占地面积大，出两种产品。

斜轮重介质分选机的结构如图2-12所示。原料煤进入分选机后，按密度分为浮物和沉物两部分。浮物被水平流运送至溢流堰，由排煤轮刮出，经条缝式固定筛初步脱介后进入下一个脱介作业。沉物沉到分选槽底部，由提升轮上的叶板提升至排料口排出。提升轮及叶板上的孔眼将沉物携带的悬浮液脱出。

（2）立轮重介质分选机　立轮重介质分选机也是目前应用较广泛的重介质分选机。立轮重介质分选机的优点是：入选上限大，分选效果好，设备结构简单运转可靠；缺点是立轮高

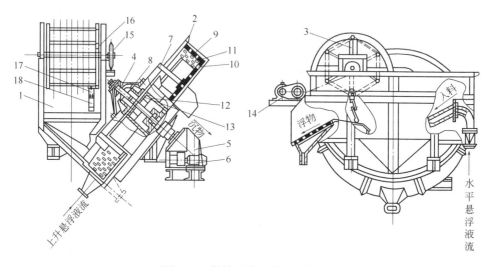

图2-12　斜轮重介质分选机结构

1—分选槽；2—提升轮；3—排煤轮；4—提升轮轴；5—减速装置；6—电动机；7—提升轮骨架；
8—转轮盖；9—立筛板；10—筛底；11—叶板；12—支座；13—轴承座；14—电动机；
15—链轮；16—骨架；17—橡胶带；18—重锤

度较大,当采用下降介质流和上升介质流时,悬浮液的循环量较大。立轮重介质分选机类型较多,其主要部件的结构大体相同,区别在于提升轮的传动方式不同,如太司卡分选机采用圆圈链条链轮传动;迪萨分选机采用悬挂式胶带传动;中国自行设计的JL型分选机采用棒齿圈传动。

国产JLT型立轮分选机系列产品的技术特征见表2-11。

表 2-11 JLT系列立轮重介质分选机主要技术特征

立轮分选机型号	1630	1636	2040	2545	3253	3555	4060	4565
分选槽宽/mm	1600	1600	2000	2500	3200	3500	4000	4500
提升轮有效直径/mm	3000	3600	4000	4500	5300	5500	6000	6500
入料粒度范围/mm	13~150	13~300	13~300	13~300	13~300	13~300	13~300	13~300
处理能力/(t/h)	80~120	100~180	40~240	180~300	230~380	250~420	300~480	450~500
提升轮外径/mm	3400	4210	4680	5180	6040	6050	6750	7124
提升轮电机功率/kW	3.5	5.5	7.5	11	15	15	18.5	22
分选槽容积/m³	4.22	6	9	12	16	19	23	30
机器质量/kg	17060	22000	29000	32000	47000	50000	56000	78000

图2-13为国产JLT型三轮重介质分选机,主要由分选槽体、重产品提升轮及其传动装置、轻产品排料装置、溜槽、集料槽、托轮、挡轮、机座等部件组成。提升轮由托轮支撑,由安装在提升轮一侧的拨动轮拨动棒齿使立轮转动。棒齿轴由螺栓固定在棒齿架上,在棒齿轴上装有棒齿套与拨动轮啮合。

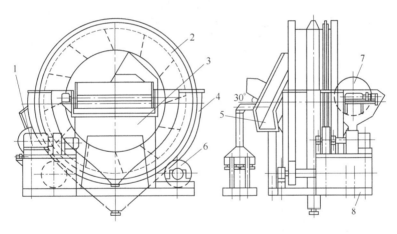

图 2-13 JLT型重介质分选机结构
1—提升轮传动装置;2—提升轮;3—槽体;4—集料槽;5—重产物溜槽;
6—托轮装置;7—轻产物排料装置;8—机座

JLT型立轮重介质分选机主要用于重介质选煤厂作块原煤及中煤的分选,特别适用于处理难选及极难选煤,可获得较好的技术指标。山西晋城莒山煤矿选煤厂使用JLT1630型立轮重介质分选机,分选100~13mm粒级的无烟煤。分选密度为1.81~1.82g/cm³,处理量为96~110t/h时,可能偏差E_p值为0.015~0.022,分选效率为98.95%~98.98%。

(3) 刮板式(浅槽)重介质分选机 刮板式重介质分选机也称槽式重介质分选机,种类较多。山西平朔安太堡露天矿选煤厂使用的丹尼尔重介质分选机,就是利用纵向悬浮液流排精煤、横向刮板排矸石的槽式分选机,其技术规格见表2-12。

表 2-12　丹尼尔重介质分选机技术规格

名　称	入料粒度 /mm	设计能力 /(t/h)	分选密度 /(kg/m³)	槽宽 /m	矸石刮板宽 /m	刮板链轮转速 /(r/min)	刮板电机功率 /kW	循环悬浮液量 /(m³/h)	每米槽宽循环悬浮液 /[m³/(m·h)]
主选(4台)	157～13	427～474	1640	6.7	1.37	38～68	14.9	1294	193.1
再选(4台)	157～13	185	1750	3.6	1.37	38～68	14.9	712.5	197.7

（4）重介质旋流器　重介质旋流器是目前重介质选煤应用最广的一种分选设备。重介质旋流器的优点是结构简单，处理量大，分选效率高，适合于处理难选煤，分选下限低，其有效分选下限可达 0.5～0.3mm。其缺点是入料上限一般只在 25～13mm。粒度太大会造成堵卡现象，影响生产；同时悬浮液的循环量大，每吨煤需要 3～5m³ 的悬浮液，因而动力消耗大。

重介质旋流器主要有圆锥形重介质旋流器、圆筒形重介质旋流器和三产品重介质旋流器。其中圆锥形和圆筒形重介质旋流器只出两种产品（精煤和尾煤），前者为有压给料，后者为无压给料，其结构分别如图 2-14 和图 2-15 所示。三产品重介质旋流器能出三种产品（精煤、中煤和尾煤），也分有压给料和无压给料两种形式，其结构分别如图 2-16 和图 2-17 所示。

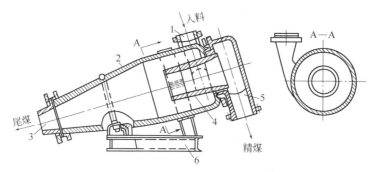

图 2-14　圆锥形重介质旋流器
1—入料管；2—锥体；3—底流口；4—溢流管；5—溢流室；6—基架

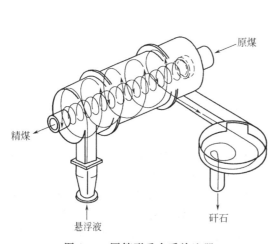

图 2-15　圆筒形重介质旋流器

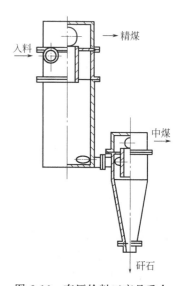

图 2-16　有压给料三产品重介质旋流器示意

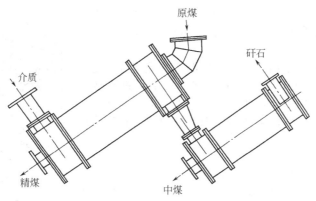

图 2-17　无压给料三产品重介质旋流器结构示意

4. 重介质选煤工艺流程

重介质选煤流程可分为三类。第一类是块煤、末煤全部重介质选，块煤（>13mm）用斜轮或立轮分选机分选，末煤（13~0.5mm）用重介质旋流器分选，煤泥（<0.5mm）用浮选精选，如图 2-18（a）所示。该流程分选效率高，适于分选难选煤。缺点是工艺流程复杂。

第二类是块煤重介、末煤跳汰联合流程如图 2-18（b）所示。该流程可以充分发挥重介质选的优点，可以避免用其他选煤方法处理末煤时碰到的一系列困难，但分选效率不如块煤高，介质回收与再生系统复杂。适合于处理中等可选或难选煤。

第三类是中煤重介质选流程，是将重介质选作为辅助性的再选作业，如图 2-18（c）所示。即用重介质选跳汰出的中煤，适用于处理难选或极难选煤。

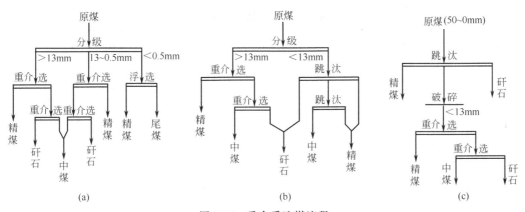

图 2-18　重介质选煤流程

三、浮游选煤

浮游选煤是依据煤和矸石表面的润湿性差异而进行分选的一种选煤方法。主要用于处理小于 0.5mm 级的煤炭，简称浮选，如图 2-19 所示。浮选是一种物理化学选煤方法，适用处理的粒级范围，恰好是一般重力选煤方法效率低，分选速度慢，甚至无效果的粒度范围，因此，在各种选煤工艺中具有不可取代的地位。

由于煤的表面是非极性的，而其他大部分矿物质的表面是有极性的，因此，矿浆中煤颗粒和矿物质颗粒的表面与强极性水分子作用的程度不同。所以，导致了矿浆中煤和矿物质各自的润湿特性不同，即煤和水的亲和性较弱，而其他矿物质与水的亲和性较强。

为了利用润湿性的差别，使煤颗粒与矿物质分离开来，在浮游选煤工艺中，需要在矿浆中产生大量的气泡。当煤颗粒与气泡发生碰撞时，气泡易排开其表面薄、且容易破裂的水化膜，使煤粒黏附到气泡的表面，从而进入泡沫层；而矿物质颗粒与气泡发生碰撞时，颗粒表面的水化膜很难破裂，气泡很难附着到矿物质颗粒的表面上，因此，矿物质则留在矿浆中，从而实现了煤粒与矿物质的分离。

由浮游选煤的基本原理可知，实现浮选的关键技术是要产生大量小而稳定、且不易兼并的气泡，为了促进形成泡沫，除了通过搅拌等措施外，通常还需要加入促进起泡的添加剂，扩大煤与矿物质的湿润性的差别，促使空气在矿浆中弥散。

1. 浮选药剂

浮选药剂按用途可分为三大类。

（1）捕收剂　主要作用在固、液界面上，能选择性地吸附在煤粒表面，提高其表面疏水性和可浮性，并促使煤与气泡附着，增强附着的牢固性。

（2）起泡剂　主要作用在气、液界面上，使其表面张力降低，促使气泡在矿浆中弥散，形成小气泡，并防止气泡兼并，提高气泡在矿化和上浮过程中的稳定性。

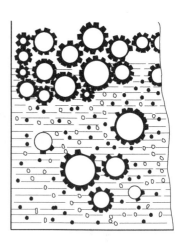

图 2-19　浮选示意
圆圈—气泡；黑色—煤粒；
白色—矸石

（3）调整剂　主要用于调节其他药剂与矿物表面之间的作用，还可以调节矿浆的性质，提高浮选过程的选择性，按其作用可分为活化剂、抑制剂、介质 pH 调整剂、分散剂及絮凝剂。煤泥浮选中所涉及的调整剂主要有后三种。

① 介质 pH 调整剂。主要用于调整矿浆的 pH 值和矿物表面的电性，以改善浮选效果。

② 分散剂与絮凝剂。主要用于调节矿浆中细泥的分散与团聚，减少细泥对分选的影响。

浮选药剂的分类见表 2-13。

表 2-13　浮选药剂的分类

名　称	系　列	种　类	典　型　物　质
捕收剂	非离子型	烃类油	煤油、柴油
		酯类	黄原酸酯、烃基硫代氨基甲酸酯
	阴离子型	巯基类	黄药、黑药
		羟基酸及皂	油酸、羟基硫酸钠
	阳离子型	胺类衍生物	混合胺、月桂胺
起泡剂	表面活性剂	醚类	丁醚油
		醇类	松醇油、混合醇
		醚醇类	醚醇油
	非表面活性剂	酮醇类	双丙酮醇油
调整剂	活化剂	无机盐类	硫酸铜、硫化钠
	抑制剂	无机盐类	硫化钠、水玻璃
		有机物	单宁、淀粉
	pH 调整剂	电解质	酸、碱
	絮凝剂	无机电解质	石灰、明矾
		天然高分子	淀粉、骨胶
		合成高分子	聚丙烯酰胺、聚氧乙烯
	分散剂	无机盐	水玻璃、苏打
		高分子化合物	各类聚磷酸盐

2. 煤泥浮选工艺流程

煤泥浮选工艺流程主要包括煤泥浮选原则和浮选流程内部结构两个方面。

(1) 煤泥浮选的原则流程　煤泥浮选的原则流程是指浮选与前续作业的连接形式，从对浮选原料的准备考虑，目前主要有三种典型流程。

① 浓缩浮选流程。浓缩浮选流程是指重选过程中所产生的煤泥水，经浓缩后，再进行浮选的流程，如图 2-20 所示。这种流程的特点是：浓缩机底流浓度较高为 300~400 g/L，在煤浆预处理装置中要用清水稀释到 100~200g/L，再进入浮选。同时因浮选浓度偏高，当浮选入料中细泥含量高时影响分选效果，降低精煤质量；大量细泥集聚在洗水系统中，造成循环水浓度高，不仅影响重选作业效果，也影响浮选效果。这种流程因有容量很大的浓缩机，作为一个缓冲器，适合于煤质变化大而频繁和细泥含量少的选煤厂。

② 直接浮选流程。直接浮选流程是指主选过程中产生的煤泥水，不经浓缩，直接进入浮选的流程，如图 2-21 所示。

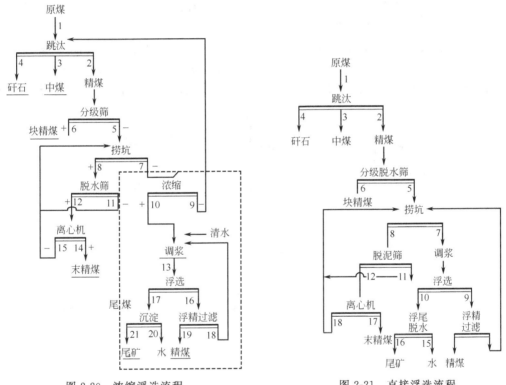

图 2-20　浓缩浮选流程　　　　图 2-21　直接浮选流程

中国新设计的煤炭炼焦煤选煤厂大多采用直接浮选流程，直接浮选降低了浮选入料的浓度，消除了浮选滞后于水洗的现象，可缩短煤在水中的浸泡时间，增强煤泥的可浮性和选择性，提高浮选效果。同时，选煤所用循环水由浮选尾煤经彻底澄清后返回使用，循环水浓度一般在 0.5g/L，大大提高了跳汰分选效果。

直接浮选适合于煤泥含量大，细煤泥含量高的选煤厂。

③ 半直接浮选。半直接浮选流程有两种形式：一种是斗子捞坑分出一部分溢流不进浓缩机，直接作为浮选入料的稀释水，其他部分仍经浓缩，既可保证浮选入料浓度不致过低，同时减轻了浓缩机负荷，提高浓缩机的沉降效果。另一种是主选和再选分设捞坑，主选捞坑的溢流水可作为浮选入料，再选捞坑溢流水直接作为循环水。

(2) 浮选流程内部结构　浮选流程内部结构的制定与煤泥的性质、可浮性、用户对产品质量的要求等有关，几种典型浮选流程内部结构如下。

① 一次浮选流程。浮选入料从浮选机第一室给入，各室泡沫作为最终精煤，最后一室流出的是尾煤。

该流程的特点是结构简单，操作方便，处理量大，但用于难浮煤时，精煤灰分高，不易同时得到合格的精煤和尾煤。适用于可浮性好或对精煤质量要求不太严格的煤泥。

② 中煤再选流程。中煤再选可采用中煤返回再选或单独再选。中煤返回再选流程是将浮选机后几室灰分较高的泡沫返回第二室或第三室再选，目的是提高浮选精煤产率或降低精煤灰分。中煤单独再选是将中煤送到另外的浮选室再选来达到相同的目的，但需增加浮选机台数。

中煤返回再选流程适合于可浮性中等的煤泥，对煤质变化有较强的适应性。

③ 精煤再选流程。对粗选精煤再设浮选机进行再选，也可在同一组浮机里实现，即前室的泡沫引到后室再次分选。该流程适用于可浮性差、煤泥灰分高、细煤含量大、氧化程度高以及对精煤质量要求比较高的煤泥。

④ 三产品流程。三产品流程可产出精、中、尾三个产品，如图2-22所示。该流程可得到较低灰分的精煤和高灰分的尾煤，当中煤基本上是煤和矸石的连生体时，采用这种流程是合适的。但由于需要一套浮选中煤脱水回收和相应的输送设施，使全厂的生产系统复杂化。

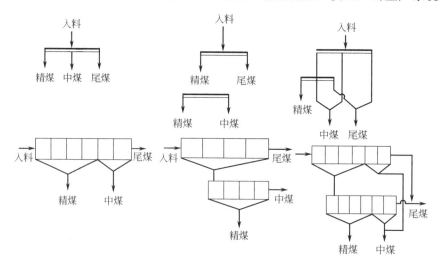

图 2-22　三产品流程

四、其他选煤方法

1. 摇床选煤

利用机械往复差动运动和水流冲洗的联合作用，使煤按密度差分选称为摇床选煤。它是一种处理13（或6）mm以下末煤和煤泥的选煤方法，分选下限可达120目，脱硫效果明显（尤其对含黄铁矿高的高硫煤）。缺点是单位面积处理能力低，占地面积大。近年来，由于双层、三层以及四层摇床的出现，处理量成倍增加。

2. 水介质旋流器选煤

水介质旋流器选煤是在旋流器中用水作介质，按颗粒密度差别进行选煤。目前，水介旋流器主要用于处理易选末煤和粗煤泥，以及脱除煤中的黄铁矿。其优点是工艺流程简单，占地面积少，建厂投资和生产费用较低；缺点是分选效率低，设备易磨损。

中国研制的 WOC 型水介质旋流器由筒体、锥体和溢流箱组成，采用切线或螺线入料。在一定的压力下，入料以切线方式进入旋流器的圆筒体，形成螺旋运动。在离心力场内，高密度颗粒离心沉降速度大，集中在旋流器外层，随外螺旋流向底流口运动；低密度颗粒离心沉降速度小，集中在旋流器内层，随内螺旋流向溢流管运动，形成按密度分层。

在分选过程中，锥体部分有一个悬浮旋转层，可起到类似重介质的作用。当颗粒进入锥体部分时，由于锥体角度的影响，锥壁对颗粒产生一向上的推力，使颗粒按密度进行二次分选。

3. 斜槽选煤

在封闭的倾斜槽体内，利用逆向上冲水流按颗粒密度差别进行选煤，叫斜槽选煤，所用设备叫斜槽分选机。斜槽分选机是一种粗选设备，主要用于分选动力煤、脏杂煤以及毛煤排矸。

水流以一定压力和流量从槽体底部给入，煤料从槽体中部给入。在逆向上升水流作用下，颗粒运动的方向取决于水流的上升速度和颗粒的下降速度。高密度颗粒下降速度大于水流上升速度，于是向下沉降，由斗式提升机排出；低密度颗粒下降速度小于水流上升速度，于是被水流向上推起，从轻产品口排出。槽体内设置隔板以使水流速度局部增加，在隔板之间产生湍流，以松散物料。由于槽内有多块隔板，所以物料沿槽体长度发生周期性的松散、密实。提高分选效果。

4. 复合式干法选煤

复合式干法选煤是以空气和煤粉作介质，以空气流和机械振动作动力，使物料在床面上松散，并按密度分选的选煤方法。它具有分选不用水、工艺简单、设备少、生产成本低、能耗少等特点，适用于各种煤炭排矸和干旱缺水地区选煤。

思 考 题

1. 中国加强煤炭洗选的意义是什么？主要有哪种洗选方法？各有什么特点？
2. 什么是煤炭的可选性？可选性等级如何划分？
3. 跳汰机的种类有哪些？筛下空气式跳汰机和筛侧空气式跳汰机相比较有何特点？
4. 比较分级与不分级跳汰优缺点？
5. 重介质选煤有哪种工艺流程？各有何特点？
6. 游浮选煤的原理是什么？常用的浮选药剂有哪些？浮游选煤主要有哪些工艺流程？
7. 空气重介质分选流程有何特点？画出其工艺流程图。

第三章

煤的配合加工利用技术

所谓"配煤",就是根据用户对煤质的要求,将若干单种煤按照一定的比例掺混后得到的配合煤。由于各单一原料煤的成分和性能指标(黏结性、结焦性、发热量、挥发分、硫分、灰分等)在配合过程中存在着线性可加成性,通过优化配比,使各原料煤的各成分和性质间实现取长补短,互为补充,充分发挥各种原料煤的优点和长处,综合性能优于其中任何一种原料煤。因此,它已成了人为加工而成的新"煤种"。配煤既符合煤炭加工、利用要求,又减少污染排放,是国家重点推广和普及的洁净煤技术项目。

第一节 配煤意义

中国的煤炭种类繁多、性质各异。煤的合理、有效利用与煤本身的性质有着十分密切的关系,不同的用户对煤炭的质量都有各自的具体要求。只有使用煤质优良的煤,才能充分发挥各种用煤设备的性能和效率,保证产品质量,降低单位产品煤耗和生产成本。目前,中国煤炭利用效率低,其中最重要的原因之一是绝大多数煤炭用户未能使用质量和用途均十分合理的煤炭。由于每一种煤炭有其独特的性质,而每一种用煤设备对煤质又有其特殊的要求,因而大大增加了单种煤炭合理供应和使用的难度,尤其受到资源分布、运输条件以及地区间平衡等因素的制约。因此,煤的配合加工与利用越来越受到人们的重视。

在炼焦产品中,焦炭要求灰分低、含硫少、强度大、各向异性程度高。在室式炼焦条件下,单种煤炼焦很难满足上述要求。焦煤虽然可以单独炼出强度高、耐磨性能好的焦炭,但是世界各国的优质炼焦煤,其储量有限,并且区域分布也不平衡,化学成分也有优劣,单用焦煤炼焦远远不能满足工业发展的需要。为了节约优质的炼焦煤,必须把部分黏结性好的优质炼焦煤与其他中等的或弱的黏结性煤配合一起炼焦,以扩大不同牌号的烟煤的利用。其他牌号的烟煤在通常炼焦炉内大多不易单独炼出机械强度较高的优质焦炭,个别煤种即使能炼出有一定机械强度的焦炭,但其膨胀压力较大,容易胀坏炉室;还有些炼焦煤因为含灰、硫等有害杂质过高,也不能满足高炉冶炼的要求。此外,大、中、小高炉、铸造及其他工业对焦炭质量也有不同的要求,单种煤炼焦不能满足这些需求。因此,必须把不同牌号的煤进行配合使用,才能互相取长补短,炼出各种质量合格的焦炭,以适应不同用户的需要。

中国地域广大,资源丰富,各地区煤质情况各不相同,灰、硫分含量亦有差别,因此结合各地区的特点,采用不同煤种配合进行炼焦,不但扩大了煤炭资源的有效利用,并且可以降低焦炭中的灰分、硫分含量,以满足各行业对焦炭质量和数量的要求。

动力配煤是将不同类别、不同品质的煤经过筛选、破碎和按比例配合的过程。动力配煤可以改变动力煤的化学组成、物理特性和燃烧特性,使之实现煤质互补、优化产品结构、适应用户燃煤设备对煤质的要求,达到提高燃煤效率和减少污染物排放的目的。动力配煤技术已作为一种比较适合中国国情的洁净煤技术列入了煤炭工业洁净煤技术发展规划,这项技术在中国将会有广阔的发展前景。

中国目前约有 50 万台工业锅炉和窑炉,它们的热效率普遍较低,这不仅浪费了大量的煤炭,而且也造成了严重的环境污染。决定锅炉热效率的因素主要有以下三个方面:炉型是否先进;煤质与炉型是否相符;操作是否得当。中国工业锅炉和窑炉热效率之所以低,这三个方面的原因都存在。但其中主要原因是实际供应的煤质与锅炉设计的煤质不相符,这种状况近年来随着地方小煤矿的快速发展而更加突出,因其所产煤炭质量波动很大,煤质与炉型不相符。过去一直采取以"改炉"去适应煤质,甚至新炉到位就改,国家每年花大量资金用以改炉。但这种"削足适履"的措施既难以适应多变的煤质,又浪费了大量的资金,因而解决这一问题切实可行的措施应是采用动力配煤技术,使煤质能充分满足锅炉(窑炉)的设计要求,从而达到提高锅炉(窑炉)热效率、节约煤炭、减轻环境污染的目的。

任何类型的锅炉和窑炉对煤质均有一定要求,在现有条件下,要提高锅炉热效率,就要保证锅炉正常高效运行,为此必须使燃煤特性与锅炉设计参数相匹配。煤质过高或过低都难以达到最佳效果。煤质过高,属"良材劣用",既浪费了资源又增加了用户的生产成本;煤质过低,锅炉难以正常运行。而采用动力配煤技术则可以通过优化配方取其所长,避其所短,做到物尽其用。在满足燃煤设备对煤质要求的前提下,采用动力配煤技术可最大限度地利用低质煤,或更充分地利用当地现有的煤炭资源。

不同品质的煤相互配合,还可以按不同地区对大气环境、水质的要求,调节燃煤的硫分、含氮量及氯、砷、氟等有害元素含量,减少 SO_2、NO_x 及有害元素的排放,最大限度地满足环境保护要求,达到合理利用煤炭资源的目的。

除燃煤特性要与锅炉设计参数相匹配外,燃煤质量的稳定与否对锅炉(窑炉)的正常运行也有很大影响,而以"均质化"为其核心的动力配煤技术对煤质的波动具有很好的调节与缓冲作用,能够为用户提供质量稳定、均匀、符合燃烧和环境保护要求的煤炭。

第二节 配 煤 原 理

以动力配煤为例。动力配煤的优化设计原则是在一定约束条件下追求目标函数的极值。具体分为四个步骤:提出约束条件、确定目标函数、建立数学模型和解出最优配方。

一、提出约束条件

锅炉对煤质的各项指标都有特定的技术要求,这就是动力配煤的基本约束条件。假设有 n 种单煤,要配制具有 m 个技术指标 T 的动力配煤,若第 j 种单煤($j=1, 2, 3, \cdots, n$)经过化验得出第 i 个技术指标($i=1, 2, 3, \cdots, m$)为 T_{ij},又设第 j 种单煤在配煤中的百分率为 X_j,那么用 n 种单煤配制出的第 i 个技术指标则为:

$$\sum_{j=1}^{n} T_{ij} X_j$$

如适应某一炉型的第 i 个技术指标上限为 A_i,下限为 B_i,则用 n 种单煤配制的第 i 个技术指标就必须在 $A_i \sim B_i$ 之间。

$$\sum_{j=1}^{n} T_{ij} X_j \leqslant A_i$$

(即用 n 种单煤配制的第 i 个技术指标不能大于配煤技术指标的上限)

$$\sum_{j=1}^{n} T_{ij} X_j \geqslant B_i$$

(即用 n 种单煤配制的第 i 个技术指标不能小于配煤技术指标的下限)

由于一个煤场或配煤单位,在一个单位时间内(如一周、一月或一季)配制动力配煤,可能因缺少某种单煤而影响配煤计划的完成,因此就必须有另一个约束条件来限制短缺煤种的配比。若在一定时期计划配煤 S 吨,但第 j 种单煤只有 H_j 吨,为了保证计划的完成,就必须使第 j 种单煤占配煤比 X_j 不能大于其资源量 H_j 在配煤 S 中的比,即:

$$X_j \leqslant H_j/S$$

(配煤计划期间,资源短缺的单煤配比不能大于它占配煤计划量之比)

此外,由 n 种单煤配煤,其配比之和必须正好达到 100%。并且各种单煤的配比均为正值,即:

$$\sum_{j=1}^{n} X_j = 100\%$$
$$X_j > 0$$

二、确定目标函数

目标函数的确定是依据实际情况,针对所要达到的目标而确定,在动力配煤中应追求的目标主要有以下三方面。

(1) 追求成本最低　为提高配煤单位的经济效益,降低配煤成本是配煤单位首先应追求的目标。假设有 n 种单煤进行配煤,第 j 种单煤的成本价为 C_j,其配比为 X_j,则配煤的成本价为 $\sum_{j=1}^{n} C_j X_j$。追求成本最低,就是要使成本价最小,即:

$$\min Z = \sum_{j=1}^{n} C_j X_j$$

(即 n 种单煤相配,成本最低)

(2) 追求优质煤配比最小　在中国煤炭资源中,优质煤比例较小,价格较高,为合理用煤,降低配煤成本,一般应尽量少用优质煤。如第 j 种煤是优质煤,配比为 X_j,则:

$$\min Z = X_j$$

(即 n 种单煤相配,优质煤配比最小)

(3) 追求低质煤配比最大　为了充分利用或就地利用一些质量较差的煤炭,节约优质煤、节约运力、降低成本,在动力配煤中应尽量多用低质煤,追求低质煤配比最大。如第 j 种煤是低质煤,配比为 X_j,则:

$$\max Z = X_j$$

(即 n 种单煤配合,低质煤配比最大)

三、建立数学模型

根据上述的约束条件和目标函数,可将动力配煤优化配方的数学模型归纳如下

约束条件
$$\begin{cases} \sum_{j=1}^{n} T_{ij} X_j \leqslant A_i & \text{(用 } n \text{ 种单煤配置的第 } i \text{ 个技术指标不能大于配煤技术指标的上限)} \\ \sum_{j=1}^{n} T_{ij} X_j \geqslant B_i & \text{(用 } n \text{ 种单煤配置的第 } i \text{ 个技术指标不能小于配煤技术指标的下限)} \\ X_j \leqslant H_j/S & \text{(在配煤计划期内,资源不足的单煤配比不能大于它占配煤量的比)} \\ \sum_{j=1}^{n} X_j = 100\% & \text{(} n \text{ 种单煤相配,配比之和必须为 100%)} \\ X_j > 0 & \text{(各种单煤的配比不能为负值)} \end{cases}$$

$$\begin{matrix} 目\\ 标\\ 函\\ 数 \end{matrix} \begin{cases} \min Z = \sum_{j=1}^{n} C_j X_j & (n \text{ 种单煤相配,其成本最低}) \\ \min Z = X_j & (n \text{ 种单煤相配,优质煤配比最小}) \\ \max Z = X_j & (n \text{ 种单煤相配,优质煤配比最大}) \end{cases}$$

四、优化配方求解

数学模型确定后,如何求解是一个线性规划问题,求解方法较常用的有图解法和单纯形法。对于复杂问题,常用计算机求解。如利用电子表格 Excel 5.0 的线性规划功能,可省去大量编程工作和复杂命令,直观易学,方便快捷。

下面举一例来简要说明动力配煤方案的优化过程,根据表 3-1 给出的 3 种单煤及动力配煤要求的各项技术指标,确定最优配比,使动力配煤的原料成本最低。

表 3-1 3 种单煤及动力配煤要求的各项技术指标

指标 单煤	M_t /%	A_d /%	V_{daf} /%	CRC (1~8)	$W_d(S_t)$ /%	$Q_{net,ar}$ /(kJ/kg)	HGI	ST /℃	原料成本价/(元/t)
潞安煤	7.78	20.43	17.04	4	0.33	25012	85	1400	255.00
黄陵煤	10.87	25.41	33.62	4	2.32	21675	54	1290	244.30
大同煤	3.05	25.63	34.04	3	0.47	23090	50	1450	220.75
动力配煤	≤7.00		≥23.00	≤5	≤0.80	≥23027	≥55	≥1300	最低

设潞安煤的配比为 X_1,黄陵煤的配比为 X_2,大同煤的配比为 X_3,根据动力配煤数学模型列出线性规划方程如下。

1. 约束条件

① 挥发分 (V_{daf}) 下限范围:$17.04X_1+33.62X_2+34.04X_3 \geqslant 23$
② 发热量 ($Q_{net,ar}$) 下限范围:$25012X_1+21675X_2+23090X_3 \geqslant 23027$
③ 焦渣特征 (CRC) 上限范围:$4X_1+4X_2+3X_3 \leqslant 5$
④ 灰熔融性软化温度 (ST) 下限:$1400X_1+1290X_2+1450X_3 \geqslant 1300$
⑤ 全水分 (M_t) 上限范围:$7.78X_1+10.87X_2+3.05X_3 \leqslant 7$
⑥ 哈氏可磨性指数 (HGI) 下限范围:$85X_1+54X_2+50X_3 \geqslant 55$
⑦ 硫分 ($w_d(S_t)$) 上限值:$0.33X_1+2.32X_2+0.47X_3 \leqslant 0.80$
⑧ 配比之和:$X_1+X_2+X_3=100\%$

2. 目标函数

$$\min Z = 255X_1 + 244.3X_2 + 220.75X_3$$

当电子胶带秤的称量精度为 1% 时,采用计算机求得最佳配比为 X_1(潞安煤)$=0.13$;X_2(黄陵煤)$=0.11$;X_3(大同煤)$=0.76$。

根据所得最优配比,验算得到动力配煤的挥发分为 31.78%,发热量为 23182 kJ/kg,焦渣特征为 3,灰熔融性软化温度 ST 为 1426℃,全水分为 4.5%,HGI 为 55,硫分为 0.66%,各项指标均符合动力配煤要求,同时动力配煤的原料成本达到最低,为 227.79 元/t。

第三节 动力配煤的质量标准与工艺流程

一、动力配煤的质量标准

为了保证动力配煤质量,北京、天津、上海和江苏等开发动力配煤较早的地区都先后制定了动力配煤质量标准,对本地区动力配煤的质量稳定起了很好的作用。

各地动力配煤的质量标准基本上都是以挥发分 V_{daf} 和发热量 $Q_{net,ar}$ 为主要指标,有的还辅以灰分、水分、粒度等,各地标准大体一致,但也有差别,因此制定全国统一的动力配煤质量标准并使之系列化,是一件很有意义的工作。因此,国家内贸局有关部门 1999 年提出了全国动力配煤质量标准意见,具体见表 3-2。

表 3-2 全国动力配煤质量标准

类型	品种牌号	质量指标						
		$Q_{net,ar}$/(MJ/kg)	V_{daf}/%	M_{ar}/%	$w_{ar}(S_t)$/%	ST/℃	CRC (1~8)	粒度/mm
工业锅炉用煤	GL-1	≥18.80	≥20	≤10	≤1.5	—	2~5	≤40
	GL-2	≥20.90	≥22	≤10	≤1.5	—	2~5	≤40
	GL-3	≥23.00	≥24	≤10	≤1.5	—	2~5	≤40
电站煤粉锅炉用煤	DF-1	≥15.48	≥27	≤10	≤1.5	1350	—	≤50
	DF-2	≥16.32	≥19	≤10	≤1.5	1350	—	≤50
	DF-3	≥18.41	≥10	≤10	≤1.5	1350	—	≤50
	DF-4	≥20.90	≥6.5	≤10	≤1.5	1350	—	≤50

二、动力配煤工艺流程

动力配煤生产线的工艺流程一般包括原料煤的收卸、按品种堆放、分品种化验、计算和优化配比、配煤原料的取料输送、筛分、破碎、加添加剂、混合掺配、抽取检测、成品煤的存储和外运等。

在实际生产中,由于配煤场场地特点、配煤生产线的规模大小、机械化程度的高低、资金投入的多少等情况不同,生产工艺流程也不尽相同。通常有两类生产工艺流程,一类是简单动力配煤生产工艺流程,另一类为现代化大型动力配煤生产工艺流程。

简单动力配煤生产线的工艺流程如图 3-1 所示,它是用装载机将不同性质的单种原料煤装入不同的储煤斗,通过圆盘给料机或箱式给煤机出煤闸门的调节,控制各单种原料煤出煤

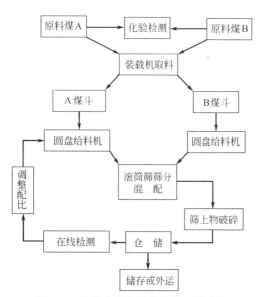

图 3-1 简单动力配煤生产线工艺流程

量的大小，不同的煤经滚筒筛或振动筛等筛分设备进行筛分和混配，筛下物成为动力配煤，筛上物经粉碎后掺入动力配煤中，然后作为成品储存或外运。一般中小型配煤场常用这种简单工艺流程。由于该工艺的配比计量是靠体积比来估算，混合掺配是靠煤在运输带的叠加，再经过滚筒筛的滚转搅拌来实现，因而加工出来的动力配煤质量不大稳定，但一般能满足工业锅炉的燃烧要求。

对于用煤量大的城市，如上海、北京、天津等大城市，简单的配煤工艺不能满足用户对配煤数量和质量的要求。在这些大城市建设的是现代化大型动力配煤生产线，其典型工艺流程如图 3-2 所示。在该类生产线中，机械化和电子化程度较高，取料基本上是专用设备，如滚轮取料机或斗轮取料机等；配比计量是靠电子胶带秤计量，按一定比例调节胶带的速度进行配料；混配是用专用的搅拌机完成，配煤的质量控制由在线分析仪监控等。这类配煤生产线加工量大，原料煤中的优质块煤量也较多，因此在生产工艺流程中应先将优质块煤筛出后再混合，筛出的优质块煤单独存放和销售，以提高经济效益。

当动力配煤场同时向煤粉电站锅炉和层燃工业锅炉供煤时，图 3-2 中的搅拌机可采用振动流化床气力分级机，在同一设备中完成混合和分级。通过分级，将动力配煤分成大于 3mm（或 2mm）的粒煤和小于 3mm（或 2mm）的粉煤。粒煤供层燃锅炉燃烧，可改善煤层通风均匀性，降低灰渣含碳量，减少漏煤和飞灰含碳量，提高燃烧效率，同时减少排烟粉尘污染。煤粉供煤粉锅炉，可减少煤炭粉碎电耗。动力配煤按粒度分级供应，一举两得，经济效益和环保效益显著，很有发展前景。

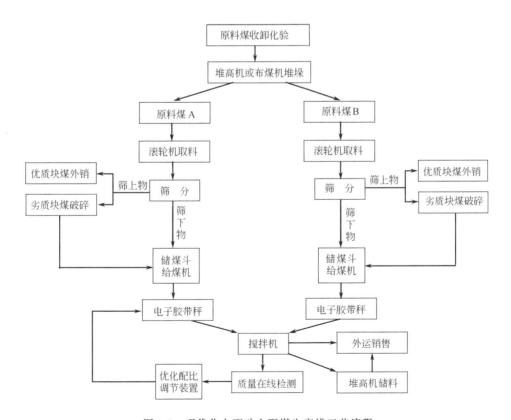

图 3-2　现代化大型动力配煤生产线工艺流程

思 考 题

1. 什么是配煤？配煤的目的是什么？
2. 叙述配煤原理？
3. 动力配煤的主要质量指标有哪些？现使用的动力配煤指标有哪些？
4. 某动力配煤场所用两种单煤及配煤的指标如下表所示。试确定最优配比。

指标 煤种	M_t /%	A_d /%	V_{daf} /%	CRC /%	$w_d(S_t)$ /%	$Q_{net,ar}$ /(kJ/kg)	HGI	ST /℃	原料 成本
A 矿	12.50	8.33	35.63	2	0.53	25.64	52	1240	225
B 矿	12.10	26.30	25.23	6	1.24	21.43	100	1500	153
配煤	≤12.50		≥30.00	≤5	≤0.90	≥23.00	≥70	≥1300	最低

第四章

型煤生产技术

型煤是用一种或数种煤粉与一定比例的黏结剂、固硫剂等加工成一定形状和有一定理化性能（冷机械强度、热强度、热稳定性、防水等）的块状燃料或原料。发展型煤，一是可以节约能源，提高煤炭利用率（燃用型煤与原煤散烧相比，工业锅炉平均节约15%～23%，民用炉灶20%～30%）；二是可以有效地减少环境污染，其中CO排放量减少70%～80%、烟尘减少60%、烟气黑度降到<1/2林格曼级、总固硫率为54%～74%；三是型煤技术投资少，建厂周期短，见效快，是一种适合中国国情的、经济实用的洁净煤技术。

第一节 型煤的分类

根据型煤的分类依据不同，可将型煤进行如下分类。

按用途分类，见表4-1。按形状分类，见表4-2。按成型工艺分类，见表4-3。按黏结剂分类，见表4-4。

表4-1 按用途分类

工业型煤	蒸汽发动机用	铁路蒸汽机车	民用型煤	百姓炊事用	普通蜂窝煤
		船用蒸汽发动机			其他型煤
	煤气发生炉用	工业燃气用造气		百姓取暖用	手炉、被炉取暖煤
		合成氨造气			取暖煤球，普通蜂窝煤
		铸造炉用			
	工业窑炉	锻造炉用		饮食服务行业用	烧烤、火锅
		轧钢加热炉用			上点火蜂窝煤
		倒烟炉用			
	工业锅炉用			机关团体茶炉用	方形蜂窝煤
	块状无烟燃烧				普通蜂窝煤
	型焦（包括配型煤炼焦）				煤球
	硅铁合金碳质还原剂				

表 4-2 按形状分类

型煤	工业型煤	球形	型煤	工业型煤	马赛克形
		卵形			长条形
		印笼形			圆柱,圆管形
		棱柱形		民用型煤	圆蜂窝煤形
		中凹形			方形
		枕形			球形

表 4-3 按成型工艺分类

冷压成型	无黏结剂成型	低压成型(成型压力<50MPa)		
		中压成型(成型压力50~100MPa)		
		高压成型(成型压力>100MPa)		
	黏结剂成型	物理成型	憎水性黏结剂成型	
			亲水性黏结剂成型	
		化学成型	有机热固结	
			无机化学成型	
热压成型	按配煤分	部分强黏结烟煤配无烟煤、焦粉等		
		单种强黏(不黏)烟煤		
	按加热方式分	气体热载体		
		固体热载体		
圆盘球团法				

表 4-4 按黏结剂分类

工业型煤	有机黏结剂类	沥青类	煤焦油	液态喷入
			沥青	
			石油沥青	
			烟煤沥青	固态掺混
		焦油类(包括焦油渣)		
		黏结煤类		
		有机合成物类		
		有机复合黏结类		
		腐殖酸盐类		
		淀粉类		
	无机黏结剂类	膨润土		
		黏土类		
		石灰类		
		无机复合黏结类		
		水泥类		
		氯化镁水泥类		
	无黏结剂成型			
民用型煤	有机黏结剂成型	有机类	有机复合黏结剂	
			淀粉、尿素类	
	无机类	黏土类		
		石灰类		
		无机复合黏结剂		
	无黏结剂成型			

第二节　型煤原料的选择

型煤的原料直接影响型煤的质量,同时影响型煤的成本,型煤原料应当根据不同的地区,不同的用途,不同的工艺进行选择。

煤的水分是型煤工艺的重要因素。对于一定的成型设备,要压出高强度的型煤,其水分有一个最佳范围,如普通蜂窝煤水分一般在14%左右;低压对辊成型机对物料水分一般要求10%左右。如果原料煤水分过高,尤其是外在水分过高,对型煤冷强度不利,影响其他黏结剂或添加剂的加入。另外,水分过高,原料作出的型煤将消耗较多的热量进行干燥。

原料煤的挥发分应当根据型煤用途而定,如低挥发分的无烟煤可用于制作普通下点火蜂窝煤,而较高挥发分的烟煤则不能,它只能用于上点火蜂窝煤中;燃烧烟煤的工业锅炉则要求挥发分较高（大约25%），如果选择低挥发分的无烟煤则影响其燃烧状况，不能产生足够长的火焰，反之，如果无烟煤锅炉燃烧烟煤，会造成高温区前移，后区因固定碳不足而影响锅炉出力。在许多情况下，为了使型煤的挥发分满足质量要求，应将多种原料合理搭配使用。在选择原料时，除了考虑挥发分的数量，还应当考虑挥发分的组成。

灰分基本上是惰性的，一般说来，原料煤的灰分含量应当尽量低。灰分对型煤的影响主要表现在使用过程中，而在一定的工艺过程中灰分有可能提高物料的塑性，并使型煤机械性能提高。在原料煤灰分较高的情况下，有必要采取洗选措施。

原料煤的主要目的是赋予型煤发热量，原料煤的发热量须保证通过一系列加工后，仍能达到型煤的质量要求。例如原料煤中加入无机物质将降低发热量。在实际生产中，往往将发热量高低不等的原料煤按比例配合使用，这样既节约了能源，又提高了经济效益。

有一些型煤，它对反应性要求较高。如气化煤，如果原料煤的反应性高，对甲烷的生成有利，并使蒸汽分解能在较低的温度下进行，从而减少了氧耗，与具有同样灰熔点❶的低反应性煤相比，单位体积的氧或空气可以用较少的蒸汽而不致使灰熔融。又如上点火蜂窝煤，反应性高的原料煤可以使其上火速度快，减少氧化剂的用量。

原料煤固定碳的多少；是致密结构，还是轻质多孔结构；是硬而脆，还是软而易碎；具有高反应性，还是反应性很差等，这些情况都对型煤的使用性能有很大影响。

原料煤的黏结性和结焦性对一些型煤来说十分重要。如型焦的生产，气化煤球的生产等。都对黏结性和结焦性有一定的要求，需要在选择原料煤时加以考虑。

在绝大多数型煤中，都对灰熔点有一定的要求。如锅炉型的灰熔点过低会造成结大块的渣，灰熔点过高会造成烟囱飞灰量增大，熔融排渣的气化炉要求具有较高的灰熔点，因此对原料煤的灰熔点要进行选择和调整。

原料煤弹性、强度、硬度和可磨性对成型工艺过程有很大的影响，应当根据工艺要求选择合适的煤种。

第三节 民 用 型 煤

一、煤球

在大多数情况下，中国制造民用煤球采用无烟煤作原料，黄土作黏结剂，如果原煤硫分高则加入一定量的石灰或电石渣作固硫剂。考虑到加入无机物作黏结剂会降低煤的发热量，因而在一些地方采用了淀粉、羧甲基纤维素（CMC）等有机物作黏结剂。对原煤进行预处理，将使民用煤球所用原料得以扩大。

在煤球生产中首先将原煤进行干燥、粉碎，然后在气流床中用热烟气进行干馏，使之形成半焦；半焦中加入石灰和CMC，通过三次连续轮碾作业成型，然后在干燥窑中干燥，待冷却后装箱入库。最终产品机械强度高，便于长途运输，燃烧无烟无味。

二、普通蜂窝煤

普通蜂窝煤在中国使用相当广泛，现有家庭生活用、饮食服务业用、企事业公共生活用蜂窝煤，加工较为简单，价格便宜，使用方便，热利用率高，排烟中污染物含量低。

普通蜂窝煤所采用煤最多的是无烟煤。低挥发分烟煤也已使用，燃烧时无烟，火焰长，

---

❶ 指灰熔融性软化温度。

因此深受老百姓的欢迎，缺点是强度较低，容易破碎。配煤也是制作蜂窝煤的手段，通过配煤可以改善蜂窝煤的燃烧性质，如无烟煤中加入挥发分稍高的烟煤或褐煤，可以使燃烧火焰增长，高灰熔点的煤制成的蜂窝煤热强度较差，炉渣易粉化、倒塌，如果加入灰熔点低的原煤则使其热强度增加。另外，有些选煤厂煤泥也可以直接制成型煤，而不需要添加任何黏结剂，也有的把煤泥掺入原煤中制成蜂窝煤。

普通蜂窝煤所用的黏结剂最常用的是黏土，其次还有石灰、煤泥、泥质煤矸石等。黏土的加入量一般在12%～20%之间，这要视黏土的塑性及化学成分而定，在能够满足蜂窝煤质量要求的前提下，黏土加入量应当减少，因为黏土的加入使蜂窝煤的发热量降低。如果原煤中硫分过高，则可以适当配入石灰作固硫剂。

国内普通蜂窝煤的典型生产工艺流程分别如图4-1所示。三种工艺的主要区别在于有的生产流程的各道工序是分开作业，有的是几道工序由一台机械设备来完成。另外，黏结剂的配入方法也有所不同，有的将黄泥破碎后加入，有的则配制为泥浆加入。

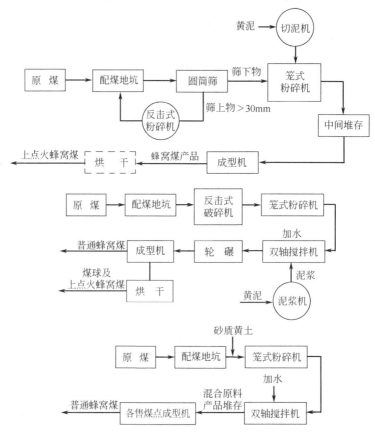

图 4-1　普通蜂窝煤生产工艺流程

三、上点火蜂窝煤

目前，中国普遍使用的炉灶，在下燃式燃烧散煤、煤球和蜂窝煤时，燃烧的各个过程均是从下向上的，处于下方的高温燃烧层，也是由下向上移动的，上部的煤受热分解产生的挥发可燃气体，由于煤层上部温度较低，不能完全燃烧，这就造成化学不完全燃烧，热损失很大，再加上气流带出的碳损失，漏损或未烧尽的碳损失和炉具保温性能不良造成的散热损失，使得这种燃烧方式的热效率很低。

1. 上点火蜂窝煤的特点

上点火蜂窝煤改变了传统的下点火方式，与普通蜂窝煤相比，同样在高效炉具中燃烧，具有如下特点。

① 用火柴或纸从蜂窝煤上部表面可点燃，因为在点火层的配料中采用了氧化剂，如硝酸盐、过氧酸盐等，给居民生活带来了方便。

② 由于点火层有氧化剂分解温度较低，因此火柴点燃后马上分解出大量的游离氧，使点火层产生激烈的氧化燃烧反应，点火层中碳素和煤等有机物质燃烧后放出大量的热，使蜂窝煤表面层迅速形成高温层，所以，上点火蜂窝煤上火速度快，点燃后即可以用火，而且可以达到连续有火焰，火力旺盛。

③ 由于高温层处于上层，下部热分解产生的可燃气体经过高温区，当该区温度超过燃点时，在氧气充足的条件下，就能着火燃烧，从而使煤干馏的有害气体排入量减少，减少了对周围空气的污染，及厨房用具的腐蚀。

④ 由于燃烧充分，热效率比普通蜂窝煤提高 5%～10%。

⑤ 在煤本体层中，可以使用高挥发分烟煤，烟煤添加适当的添加料（如焦末，无烟煤等）后实现烟煤的无烟燃烧。这样使蜂窝煤的原料范围得以扩展。

与普通蜂窝煤相比，成本高，工艺过程复杂是影响推广的主要障碍，随着人民生活水平和质量的提高，这一问题将逐步得到解决。

2. 上点火蜂窝煤的结构

一般的上点火蜂窝煤的形状与普通蜂窝煤相同，有上下面圆形和方形两种，而孔的排列方式却有多种，有的是圆孔，有的采用长方孔与圆孔搭配，有的还采用梅花或"十"字孔搭配，如图 4-2 所示。

目前中国生产的上点火蜂窝煤，其结构可归纳为整体式、嵌入式和分体式，见表 4-5。

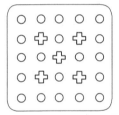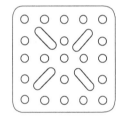

图 4-2 两种上点火蜂窝煤孔的形状和排列方式

3. 上点火蜂窝煤的配料

上点火蜂窝煤的配料包括点火剂的配方、引火剂的配方以及煤本体的配方，分别见表 4-6、表 4-7 和表 4-8。

表 4-5 上点火蜂窝煤的结构

结构	示意图	特　　点
整体式		二层，由引火层和煤本体组成，成本较低
		三层，由点火层、引火层和煤本体组成，点燃后连续有焰
		四层，由点火层、两层引火层和煤本体组成，点燃后连续有焰

续表

结构	示意图	特 点
嵌入式	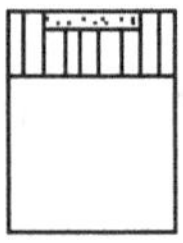	点火层作成下饼,使用时嵌入引火层中,成本较低
嵌入式	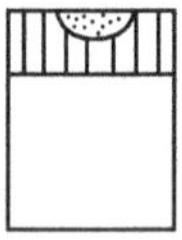	点火层在成型过程中压入引火层中
分体式	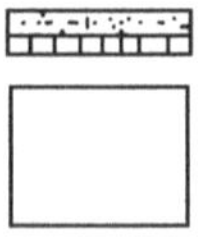	点火层和引火层为一体,和煤本体分开
分体式	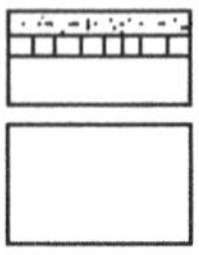	一层为三合一,并和本体分开

表 4-6 点火剂配方

单 位	配 比
日本桥本产业株式会社	过氯酸钾 19%,硝酸钡 3%,碳素 78%,羧甲基纤维素 2%,硬脂酸钙 0.3%
日本桥本产业株式会社	硝酸钡 25%,硝酸钾 6%,过氯酸钾 4%,碳素 55%,褐煤半焦 5%,淀粉 4.6%,硬脂酸钙 0.4%
中国矿业大学	硝酸钡 32%,硝酸钾 4%,锯木炭+褐煤半焦 62%,淀粉 2%
唐山煤炭研究所	硝酸钡 16%,硫酸钾 10%,锯木炭 33%,无烟煤 22%,铝镁粉 17%,淀粉 2%

表 4-7 引火剂配方

单 位	配 比
日本桥本产业株式会社	褐煤半焦 40%,碳素 30%,无烟煤 10%,椰壳炭粉 20%,外加硝酸钾 3%
中国矿业大学	锯木炭+褐煤半焦 25%,烟煤或烟煤煤泥 65%,焦末 10%,外加淀粉 2%
唐山煤炭研究所	无烟煤 38%,煤泥 20%,锯木炭或饮料厂脱色剂 30%,残蜡 12%

表 4-8 煤本体配方

单 位	配 方	
	以无烟煤为主体	以烟煤为主体
中国矿业大学	无烟煤 70%,烟煤(或煤泥)20%,尾矿 10%,外加石灰 3%~5%	不黏烟煤 70%~75%,焦末 15%~25%,尾矿 10%,外加石灰 5%~10%
唐山煤炭研究所	无烟煤 65%,唐山煤泥 35%,外加石灰 5%	开滦气肥煤 35%,开滦煤泥 35%,矸石 10%,焦末 20%,外加石灰 8%

4. 上点火蜂窝煤的典型生产工艺

上点火蜂窝煤的典型生产工艺流程如图 4-3 所示。

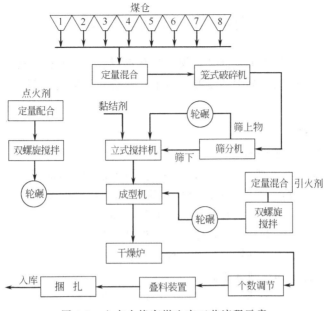

图 4-3 上点火蜂窝煤生产工艺流程示意

四、特种民用型煤

1. 火锅用型煤

火锅是中国人民喜爱的饮食方式，然而火锅用的木炭燃烧时间短，在火锅使用过程中还要不断添加，木炭产生的飞灰影响饮食环境，木炭价格较贵等。针对这一问题，开发了采用无烟煤为主要炭做成的型煤，用少量易燃型煤作为点火剂。火锅型煤特点是：点火容易，一根火柴便可点着，上火快，火力旺，一次投入型煤可供一顿火锅使用，中间无需添加燃料，燃烧后不引起粉尘，价格相对低。

目前，使用的火锅型煤有棒状和球状两种。生产工艺及配方类似上点火蜂窝煤的引火层。

2. 烧烤用型煤

烧烤是人们普遍喜欢的一种饮食方式，因此对烧烤用燃料需求量也很大。目前的烧烤燃料大多是木炭或木炭粉碎后成型的炭球，引燃用液体油。以煤为主要原料的烧烤用型煤，具有比木炭燃烧时间长，可用火柴直接点燃，体积小，价格低等优点。

烧烤型煤有球状、棒状等形式，用少量易燃型煤作点火剂。制造烧烤型煤要求采用挥发分低的无烟煤或焦末，在燃烧过程中不产生异味，无焦油状物质附着于烧烤的食物上；烧烤时，成型所用的有机黏结剂不能产生任何有害成分。

五、民用型煤的质量指标

民用型煤除了进行工业分析、元素分析外，还包括：

发热量：应大于 16.6~20.8MJ/kg，不同地区有所区别。

蜂窝煤端面抗压强度：ϕ102mm，大于 600N/块；ϕ127mm，大于 700N/块。

热稳定性：燃烧时不塌炉、不堵孔、不结渣、不爆裂。

上火速度：大于 1℃/min。

火力强度：大于 15g/min。

热效率：大于 40%。

灰熔点：大于 1100℃。

第四节 工业型煤

工业型煤按用途主要分为工业锅炉型煤、气化型煤、工业窑炉型煤、型焦、铁合金型煤和蒸汽发动机型煤。其中工业窑炉现主要以重油、水煤浆为原料。蒸汽发动机基本上由内燃机所取代。

一、工业锅炉型煤

1. 发展工业锅炉型煤的必要性

① 减少固体热损失,提高热效率。由于采煤机械化程度的提高,末煤(粒度<13mm)的含量越来越高。大多数在55%以上,最高可达80%。这样的粒度组成,进入锅炉燃烧室中,在链条炉排的运转过程中,很容易从链排间隙中漏掉,细小颗粒还会随气流从烟囱中排出,而原煤中较大的块煤没有燃尽就排出,这种混乱的粒度还会造成通风不良,影响锅炉的热效率,造成煤炭的浪费和对环境的污染。使用型煤可以改善原煤反应活性,粒度均匀,燃烧充分,炉渣含碳量低,锅炉热效率高。

② 灰熔点低的原煤、含硫量高的原煤以及洗选后的煤泥,通过添加某些添加剂制成型煤,提高灰熔点,并起固硫作用。扩大锅炉燃烧煤种,起环保作用。

2. 工业锅炉型煤典型工艺

① 煤焦油沥青作为黏结剂。该工艺原料组成:大同煤粉92%,煤焦沥青7%~8%,水分17%~27%(原煤含水量)。工艺流程如图4-4所示。配料采用皮带式连续配料机,破碎用鼠笼式粉碎机,原料粉碎后粒度小于3mm。采用双轴搅拌机混合,煤焦油沥青采用液态喷入工艺。采用直立式捏合机,并用热蒸汽加热。用热油锅炉的热载体汽缸油进行沥青加热保温,温度为160~180℃。用锅炉供给压力为约0.4MPa(4kg/cm²)的饱和蒸汽进行捏合机加热及沥青定量泵的加热。成型机压力为$(1.96\sim2.45)\times10^4$kPa,成型温度<80℃。产品粒度组成:50~25mm约占88.19%,13~6mm约占6.45%。

试烧结果表明:与烧散煤相比,热效率提高11.77%,锅炉热效率提高17.2%,达到了80.22%,节煤率26.23%;减少机械不完全燃烧热损失13.23%,炉渣含碳量减少40%;烟尘排放量减少90%,固硫率达到44.3%,减少了环境污染;其中苯并芘减少0.129~0.216mg/每吨煤(标),NO_x减少1.41~1.36kg/每吨煤(标),SO_2减少2.0%。

② 石灰作为黏结剂和固硫剂。该工艺原料组成:烟煤,石灰5%~10%。工艺流程如图4-5所示。碳酸化温度<100℃,碳酸化时间<8h,碳酸化CO_2质量分数<20%,成品碳酸化

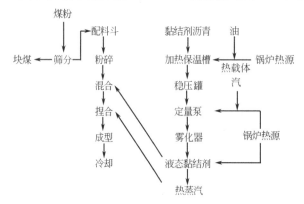

图 4-4 工业锅炉型煤生产工艺流程

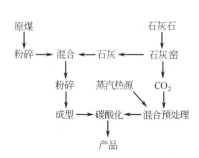

图 4-5 工业锅炉型煤碳酸化工艺流程

程度＞50％，成型水分15％～20％，烘烤时间＜2h。

试烧效果表明：与烧散煤相比，提高热效率8.85％～12.95％；节煤率11.37％～17.91％，排烟粉尘浓度减少37％～52％，排尘量下降36％～66％；SO_2排放浓度减少48％～51％，SO_2排放量减少47％～65％。

二、工业燃气用气化型煤

1. 工业燃气用气化型煤的必要性

① 型煤粒度均匀。固定床气化炉要求原料具有一定的粒度，且粒度均匀。因为细小颗粒会增加气化剂通过燃料层的阻力，并增加带出物损失。而大颗粒又会增加灰渣中可燃组分的含量。另外，粒度范围大，可能产生局部气流短路，也可能产生偏析、烧穿和结渣，不利于气化剂的均匀分布。显然，原煤无法满足这一要求，而型煤粒度大小一致，完全满足气化炉对粒度的要求。

② 型煤孔隙率大，反应活性高。型煤的孔隙率大大高于天然块煤，且在气化过程中由于受热裂解其孔隙率还会增加，致使气化速度加快，反应活性增加，对煤料的完全气化相当有利。

③ 改善原煤理化性质，扩大气化煤种。有的煤种因其黏度较强，或者热稳定性太差，以及灰熔点太低，都不能作为气化块煤用。这些煤种通过配煤或添加某些添加剂制成型煤，可以起到降黏、阻熔、固硫、提高反应活性和改善稳定性等，大大拓宽气化煤种。

2. 典型工业燃气型煤加工工艺

北京金协力应用技术研究所研制成功的SN-1型煤（SN-1是黏结剂名称），工艺流程如图4-6所示。

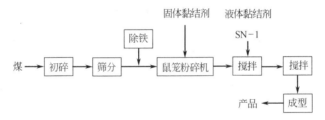

图4-6　SN-1型煤生产工艺示意

该型煤外形尺寸为50mm×50mm×35mm，冷强度超出100N/个，热强度为50～60N/个，无需烘干，自然干燥，防水性能很强，据测试，在水浸2h后，其冷压强度依然可达到80N/个，水浸数月防水性能不变。

三、合成氨用气化型煤

合成氨造气型煤是由无烟末煤与一定的黏结剂形成的。黏结剂的不同，形成的型煤的性质也有差异。

1. 纸浆型煤与纸浆-黏土型煤生产工艺

用纸浆废液作为黏结剂，在高温时黏结剂中有机质会分解燃烧而失去黏结性，此时型煤的热强度一般只有50～80N/个。为了克服这个缺点，可添加一定量的黏土，形成复合黏结剂，提高型煤的热强度和热稳定性。

工艺流程如图4-7所示。

型煤的冷强度达800～1000N/个，热强度达500N/个以上，酸性纸浆废液占4％～7％，黏土比例为7％～10％，孔隙率大，反应活性好，大小均匀。缺点是型煤灰分较原煤大，不防水。

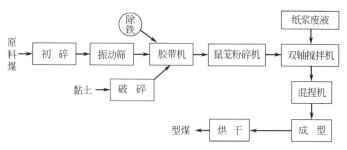

图 4-7 纸浆-黏土废液型煤工艺流程简图

2. 腐殖酸盐型煤

风化煤所含腐殖酸为再生腐殖酸，相对分子质量大；褐煤和泥炭中腐殖酸为原生腐殖酸，相对分子质量小。用风化煤与碱液按 1∶4 的质量比混合，在 90～100℃温度下搅拌 1～1.5h 即可生成腐殖酸盐黏结剂。

腐殖酸盐黏结剂是一种水溶性胶体的黏结剂，对煤有较好的亲和力，能很好地润湿煤的表面。成型时在外加压力的作用下，黏结剂能将煤粒很好黏结在一起；干燥时，随着型煤水分的蒸发，腐殖酸盐溶液不断浓缩成胶体，最后收缩固化，又将煤粒紧密地黏结在一起使型煤具有较高的机械强度。

腐殖酸盐型煤的生产流程与纸浆废液型煤生产流程相类似，腐殖酸盐碱溶液的配比为 8%～10%，若加入黏土（约 8%）作为复合黏结剂，制得型煤的热稳定性和热强度都会提高，实践证明，腐殖酸盐-黏土生产型煤成本低，是合成氨的良好原料。

3. 石灰碳酸化型煤

石灰碳酸化型煤的生产包括成型和生煤球碳酸化两道工序，工艺流程如图 4-8 所示。

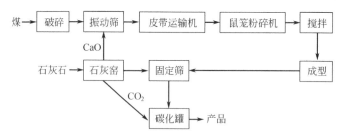

图 4-8 石灰碳酸化型煤工艺流程示意

以石灰作黏结剂的优点是：黏结剂来源广、价格低；型煤防水好，可露天堆放；型煤冷强度高，达 600N/个；并具有较高的热强度；孔隙率达 20% 以上；另外，型煤在气化时，受高温作用 $CaCO_3$ 分解放出 CO_2，孔隙率又进一步提高，再加上型煤中的钙盐有一定的催化作用，使型煤的反应活性显著提高。缺点是：石灰剂量大，占 20%～30%，增加了灰分而降低了发热量；碳酸化时间长，生产工艺复杂，需解决 CO_2 气源；石灰用量过大，灰熔点降低，易结渣。

4. 合成氨气化型煤的新发展

（1）MJ_3 膨润土型煤技术　MJ_3 是一种有机化合物，用于无烟煤成型。当生产不需防水的型煤时，MJ_3 添加量为 0.5%～1%，膨润土添加 2%～5%；当生产防水型煤时，MJ_3 添加量为 1.5%～2%，膨润土添加 1.5%～3%。该工艺具有黏结剂来源广、价格低，冷、热强度满足气化要求，防水性好，灰分增加少等优点。不足之处是必须有烘干工序。

(2) MJ_3 与 MJ_4 复合黏结剂成型技术　MJ_4 是一种含有机质 60%～70%工业废料，价格十分低廉。以朝阳无烟煤为原料，添加 1.5% MJ_3，15% MJ_4 成功生产出气化型煤。其测定结果列于表 4-9。

表 4-9　朝阳型煤的测定结果

M_{ad} /%	A_{ad} /%	灰熔融性/℃			冷强度 /(N/个)	热强度 /(N/个)	热稳定性/% (>13mm)	防水性 （水浸 24h）
		DT	ST	FT				
2.08	28.82	1408	1481	>1500	560	200	90	不碎

(3) 免烘干成型技术　中国在免烘干黏结剂的研究方面已取得重大发展，研制出多种无需烘干的黏结剂，但价格一般较高，在工业上使用还存在一个成本问题，有待进一步解决。

四、型焦及配型煤炼焦

中国煤炭资源虽丰富，但用于炼焦的煤种（气、肥、焦、瘦）很少。炼焦煤种不足已成为抑制炼焦工业可持续发展的主要因素。因此，将非炼焦煤冷压或热压造块，是扩大炼焦煤种，解决炼焦煤资源不足的主要途径。

型焦工艺按成型温度分为冷压成型和热压成型两种，冷压型焦工艺又分为有黏结剂成型和无黏结剂成型两种，后一种是高压成型，适用于软质褐煤，但中国软质褐煤很少，这种工艺开发不多。

1. 有黏结剂冷压型焦工艺

工艺流程如图 4-9 所示。原料煤干燥后水分不超过 4%。细碎至 3mm 以下占 80%，最大粒度不超过 6mm 的占 1%。混捏温度应高于黏结剂软化点 20～25℃，混捏时间 6～8min。成型压力可采用 30MPa 的对辊成型机。型煤冷却硬化时间一般为 0.5～2h。氧化处理时，通入 200～400℃的热空气，使黏结剂受热分解，并与氧进行缩合反应，生成一种似焦物，成为型煤的骨架，使型煤的强度提高。碳化处理也是提高型焦的强度。

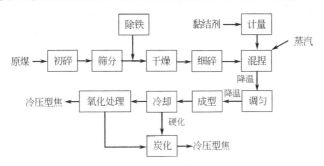

图 4-9　有黏结剂冷压型焦工艺示意

2. 热压型焦工艺

以弱黏煤或黏结性煤和不黏煤的配煤，快速加热到其塑性温度区（400～500℃）加压成型，所得型煤经后处理成型焦的工艺为热压型焦工艺，热压成型工艺又可分为气体载热体和固体载热体两种，其工艺流程分别如图 4-10 和如图 4-11 所示。

3. 配型煤炼焦

配型煤炼焦是把型煤加到炼焦煤里混合装炉炼焦的工艺技术。配型煤后由于煤内部煤颗粒接触紧密，使得在炭化的塑性阶段内提高了黏结组分对惰性组分的黏结作用；型煤密度大于散煤，在混合干馏过程中型煤软化熔融，并热分解，产生大量煤气，发生膨胀挤压周围散煤，促进了型煤与粉煤颗粒间的相互熔融和黏结，也增加了散煤颗粒间的熔融和黏结。常规

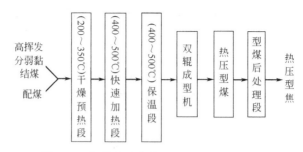

图 4-10 气体载热体热压型焦工艺流程示意

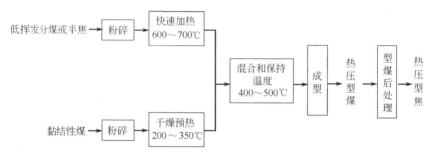

图 4-11 固体载热体热压型焦工艺流程示意

炼焦装炉散煤密度一般为 0.65~0.7t/m³，配型煤后可提高到 0.8~0.85 t/m³，由此可增加焦炭的致密度和减少后期焦炭收缩，焦炭裂纹相应减少，焦炭质量提高。另外，配型煤炼焦合理利用并扩大炼焦煤资源，在保证焦炭质量的情况下，比常规炼焦工艺多用 10%~20% 的弱黏结性煤和不黏结性煤，扩大了炼焦用煤的资源，相应的节约了日渐减少的强黏结性煤。所产焦炭的抗碎强度提高 1%~2%。耐磨强度提高 0.5%~1%，并可提高焦炭粒度的均匀性。中国上海宝山钢铁厂就是引用这种工艺技术。

① 新日铁配型煤炼焦工艺。该工艺是从炼焦配煤中取出约 30% 的煤料，加入 6%~7% 的软沥青黏结剂，用蒸汽加热到 100℃ 左右，充分混捏后成型，制取型煤。热型煤在输送过程中以强制通风方式使其冷却，然后按型煤与散煤 3:7 的质量比相混合后装炉炼焦。工艺流程如图 4-12 所示。

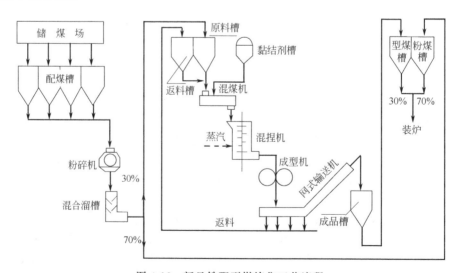

图 4-12 新日铁配型煤炼焦工艺流程

② 日本住友配煤工艺。住友配型炼焦工艺也是从炼焦配煤中抽出占总煤量8%的煤料，配入占总煤量2%的石油系改质沥青ASP黏结剂和占煤量20%的非黏结性煤，通入蒸汽加热混捏后成型，所得型煤与散煤一同装炉炼焦，型煤与散煤的比例也是3：7。

五、其他特殊用途型煤

① 铁炭型煤炼铁。由铁精矿粉和煤粉按一定的碳铁比$m(C)/m(Fe)$制成型煤（俗称料球），可同时替代焦炭和烧结矿（或矿石）用于高炉生产中，直接还原炼铁。

② 炼钢型煤增碳剂。在炼钢过程中，为了弥补废钢中碳含量的不足，以及配料的装料不当和脱碳过量等原因，造成钢中碳含量达不到预想的结果，就要增碳。利用型煤改性技术，将反应性和热稳定性差的无烟煤，加工成型煤增碳剂，用于冶炼效果良好。

思 考 题

1. 什么是型煤？发展型煤技术的意义是什么？
2. 制备型煤的原料如何选择？
3. 上点火蜂窝煤有哪些特点？结构有哪些？其特点是什么？
4. 民用型煤的质量指标有哪些？
5. 合成氨气化用型煤主要有哪几种工艺流程？各有何优缺点？
6. 工业型煤按用途分主要有哪些类型？并说明各自的质量指标。

第五章

水煤浆制备技术

水煤浆 CWM（Coal Water Mixture），又称 CWF（Coal Water Fuel）。是由大约 70％的煤、29％的水和 1％的添加剂通过物理加工得到的一种低污染、高效率、可管道输送的代油煤基流体燃料。具有良好的稳定性及流变性，易于装卸、储存、输送及直接雾化燃烧，可广泛用于工业锅炉、电站锅炉、工业窑炉上代油燃烧，亦可作为气化原料，用于合成氨、合成甲醇、合成尿素等化工项目中。

水煤浆替代煤炭直接在锅炉中燃烧，环保效益好；作为德士古炉气化燃料用于合成氨、合成尿素以及进行煤气化联合循环发电；能够管道输送，运营费用低，是缓冲煤炭运输紧张、降低环境污染的一种有效途径。

第一节 水煤浆产品及分类

一、高浓度水煤浆 CWM❶（Coal Water Mixture）

由平均粒径小于 0.06mm 且有一定级配（不同粒级的配比）细度的煤粉与水混合，浓度在 60％以上，黏度在 1500mPa·s 以下，稳定性在一个月内不产生硬沉淀（沉淀后经搅拌无法复原），可长距离泵送、雾化直接燃烧的浆状煤炭产品。主要用于冶金、化工、发电行业的代油燃料。

需要说明的是：水煤浆的浓度是指浆中含绝对干煤的质量分数。水煤浆浓度中所指水量包括原煤的水分和制浆过程中加入的水量。通常制浆用煤已经含有 5％～8％甚至更多的水分，制浆过程中加入的水量是浆的浓度水量与原煤水分的差值。

二、中浓度水煤浆 CWS（Coal Water Slurry）

由平均粒径小于 0.3mm 且有一定级配细度的煤粉与水混合，煤水比为 1∶1 左右，具有较好的流动性和一定稳定性，可远距离泵送的浆状煤炭产品。主要适用远距离管道输送，可终端脱水浓缩燃烧。

三、精细水煤浆（Ultra-Clean Micronized Coal-Water Fuel）

用超低灰（A_d<1％）精煤经过超细磨碎，粒度上限在 44μm 以下，平均粒度小于 10μm，浓度约 50％，表观黏度在剪切速率为 100s^{-1} 时，小于 400mPa·s。是重柴油的一种代替燃料，可用于低速柴油机、燃气轮机直接代油使用。

四、煤泥浆 CWS（Coal Water Slurry）

利用洗煤厂生产过程中产生的煤泥，保持 55％左右的浓度就地应用的浆状煤炭燃料。多用于工业锅炉掺烧使用。

水煤浆的种类和用途见表 5-1。

---

❶ 水煤浆浓度均指干煤的质量分数。

表 5-1　水煤浆的种类和用途

水煤浆种类	水煤浆特征	使用方式	用途
高浓度水煤浆	煤水比一般大于2∶1或浓度大于60%	泵送、雾化	直接作锅炉燃料（代油、气化原料）
中浓度水煤浆	煤水比约1∶1或浓度约50%，一般不加添加剂	管道输送	终端经脱水供燃煤锅炉，也可终端脱水再制浆
精细水煤浆	粒度上限<44μm，平均粒度<10μm，灰分<1%，浓度50%以上	替代油燃料	内燃机直接燃用
煤泥水煤浆	灰分25%～50%，浓度50%～65%	泵送炉内	燃煤锅炉
超纯水煤浆	灰分0.1%～0.5%	直接作燃料	燃油、燃气锅炉
原煤水煤浆	原煤不经洗选制浆	直接作燃料	燃煤锅炉、工业窑炉
脱硫型水煤浆	煤浆加入CaO或有机碱液固硫	泵送炉内	脱硫率可达50%～60%

第二节　水煤浆的主要特征及制浆用煤的选择

一、水煤浆的成浆性

1. 成浆性的评定

煤的成浆性是指将煤制备成水煤浆的难易程度。煤的成浆性一般可以用所制煤浆在常温下，剪切速率为 $100s^{-1}$ 表观黏度达 1000 mPa·s 时的煤浆浓度来衡量。成浆性好，说明该煤种易制成水煤浆，反之，说明煤种难制成水煤浆。近20年来，经过中国水煤浆科技工作者对煤种成浆性规律的探索研究，在大量煤质和成浆性试验基础上，采用逐步回归分析方法，就影响成浆性的煤炭诸因素，像空气干燥基水分 M_{ad}，干燥基灰分 A_d，干燥无灰基挥发分 V_{daf}，哈氏可磨性指数 HGI，空气干燥基 C、H、O、N 等进行筛选（已有软件），逐步剔除其中不显著的因素，建立了制浆浓度 c 与煤的 M_{ad}、HGI（无含氧量数据时）的最优回归方程；以及制浆浓度 c 与煤的 M_{ad}、HGI、O（有含氧量数据时）的最优回归方程。综合提出了评定煤成浆性难易指标 D 和可制浆浓度 c，并在烟煤范围内建立了成浆性难易分类等级。评定烟煤成浆性难度指标 D 的计算回归式为

无氧模型　　　　$D = 7.5 + 0.5 \times M_{ad} - 0.05 HGI$ 　　　　(5-1)

有氧模型　　　　$D = 7.5 - 0.015 HGI + 0.223 M_{ad} + 0.0257 \times w(O)^2$ 　　　　(5-2)

无含氧量数据时，使用式（5-1），有含氧量数据时，使用式（5-2）。

D 值愈大，表明成浆性愈差。在适量添加剂与合适级配条件下，可制浆浓度 c 与 D 间有下列经验关系

$$c = 77 - 1.2D \qquad (5-3)$$

式中，c 是指水煤浆表观黏度为 $1000 mPa \cdot s$（剪切速率为 $100s^{-1}$）时的质量分数。

根据上述关系，烟煤成浆性难易可按成浆性难易指标 D 分为四个等级，见表5-2。

表 5-2　煤炭成浆性分类

成浆性难易	指标 D	可制浆浓度 c/%	成浆性难易	指标 D	可制浆浓度 c/%
易	<4	>72	难	7～10	68～65
中等	4～7	72～68	很难	>10	<65

必须指出，上述关系是建立在煤粒紧密堆积以及添加剂效能较好基础上的，而实际制浆要受很多因素控制，所得结果肯定和上述关系存在偏差。但上述关系在比较不同煤种成浆性

2. 煤炭成浆性的影响因素

从成浆性的评定可以看出，影响煤炭成浆性的最显著的煤质因素是 M_{ad}、HGI 和氧(O)，其实影响成浆性的煤质因素是多方面，并且它们之间有密切的联系。除此之外，水煤浆的粒度分布（级配）、添加剂的类型和用量、水质、制备条件、温度等都有影响，但最主要的还是受煤质的影响。

（1）内在水分　水煤浆浓度中的水分含量是指水煤浆中的全水分，包括原煤的外在水分和内在水分。内在水分分布在煤粒的内表面上，其分子和煤表面的极性官能团有较强的结合力，因此当煤浆的质量浓度相同时，内在水分高，会减少起流动介质作用的水量，造成煤浆的表观黏度增高，难于得到高浓度的合格煤浆。

（2）孔隙率及比表面积　煤的孔隙率发达，则煤的比表面积大。在潮湿的环境下，煤发达的孔隙是造成其内在水分高的重要原因，同时高比表面积又会导致添加剂的高消耗。另外，发达的孔隙会储存大量的气体。成浆后水要慢慢渗入其中，出现煤浆"鼓包"、"发干"等现象，加剧煤浆的"老化"，给水煤浆的制备、存储、运输等带来困难。

（3）含氧极性官能团　水是典型的极性物质。煤表面的极性官能团越多，煤的亲水性越强，就会在煤表面吸附大量的水分子，增大煤的内在水分含量，这部分内在水分就会在煤粒表面形成坚固的水化膜，减少了自由流动水量。另外，极性官能团还导致表面活性剂分子在煤表面的反吸附，因为分散剂都是一些两亲的表面活性剂，一端是非极性的亲油基，另一端是极性的亲水基，煤表面（主体是非极性的）吸附油基，将另一端亲水基朝外引入水中，亲水基吸附水可在煤表面形成一层水化膜而起到均匀分散、降黏等作用。若煤表面极性官能团含量多，则分散剂的亲水基与煤粒表面吸附，而将亲油基朝外引入水中，起到反作用，从而降低添加剂的药效和增大用量。

（4）灰分和可溶性矿物质　相同浓度时，灰分越高，煤浆黏度越低，流动性越好。灰分高意味着制浆用煤的相对密度大，固体相对密度越大，质量分数一定时，煤浆中固体的体积分数越低，于是，浆的流动性越好。如灰分<4%时，煤的相对密度可能只有1.2，若质量分数为70%，其体积分数必须达到66%；若煤炭灰分为25%，其相对密度大约为1.5，则相同质量分数时，煤的体积分数须达到60.87%，两者相差5%以上。对同容积煤浆，后者多5%的水，在高浓度范围内，即使多1%的水，煤浆的流动性都会有明显的改观。所以，灰分越高，浆的表观黏度越低。

实验证明，不溶或难溶矿物质对煤浆的流动性几乎无影响，而可溶性矿物质则不同。特别是高价金属阳离子，很少量就足以使煤浆失去流动性。这是因为金属阳离子会使颗粒表面的阴离子的电位降低，减少了固体颗粒间的斥力作用，导致水煤浆的黏度升高。

吴家珊等以蒸馏水三次洗涤煤粒，干燥后再制浆，结果表明，清洗除去液相中无机离子后，水煤浆流动性有明显的改善，见表5-3。

表 5-3　相同浓度时煤浆表观黏度与流动速度的关系

煤　样	表观黏度($100s^{-1}$)/mPa·s		流动速度/(cm/s)	
	原　煤	水洗煤	原　煤	水洗煤
A	562	470	7.6	13.3
B	211	154	23.4	29.4
C	358	180	15.2	29.2
D	490	283	9.5	19.1

另外，灰分高会造成对泵、阀、管道及喷嘴的磨损，另外，灰分每升高 1% 可燃质则相应降低 1%，降低锅炉出力。灰分高，一般煤的灰熔点就低，会使炉膛内和炉膛出口结渣和堵塞。一般固态排渣要求煤灰的初始变形温度高于炉膛出口温度 100～150℃，以保证锅炉安全运行。所以灰分的大小主要由用户对水煤浆的要求来选择。

(5) 哈氏可磨性（HGI） 煤的可磨性直接反映磨矿的难易程度，中国目前较普遍采用的是哈特葛罗夫法（简称哈氏法 HGI），该法具有操作简单、再现性好等优点。具体是将事先制备好的粒度为 $-16\sim+30$ 目的煤样，在一台可磨性测试机上按规定破碎回转一定次数，然后将 200 目筛下物称重。测试机必须经过校正，校正时采用已知可磨性指数的一组标准煤样，得到一个线性方程。可磨性指数越高，表示煤越易破碎，换言之，煤越软。表 5-4 为中国 37 个煤种的可磨性指数。可磨性好的煤实际上可以得到更多的微细颗粒，因而提高了堆积效率，易制得高浓度的水煤浆。另外，哈氏可磨性值是决定磨矿过程中能耗高低的重要指标，对磨机的选择，工况条件的确定有重要意义。

(6) 煤岩显微组分 煤中极性官能团主要分布在镜质组分中，因此，镜质组分高的煤成浆性差。另外，丝质组分含碳高，一般是多孔结构，孔隙大，致使煤的比表面积大、最高内在水分含量高，哈氏可磨性指数减小，不易成浆。

(7) 煤化程度 煤阶越低，孔隙率和比表面积越大，内在水分越高，煤中氧碳比 $[m(O)/m(C)]$ 增大，亲水官能团越多，可磨性指数 HGI 值越小，煤中可溶性高价金属离子越多，煤的成浆性越差。随着煤化程度的增加，煤的成浆性逐渐提高。中等变质程度煤的理论成浆性好。当达到一定的煤化程度后，像贫瘦煤、贫煤特别是无烟煤阶段，煤质分子排列整齐，内部裂缝有所增加，内表面积又逐渐增多，内在水分提高，可磨性指数 HGI 降低，煤的成浆性又变差。

表 5-4　中国 37 个煤种可磨性指数

煤种	矿　名	灰分 $A_{ad}/\%$	挥发分 $V_{ad}/\%$	可磨性 HGI	煤种	矿　名	灰分 $A_{ad}/\%$	挥发分 $V_{ad}/\%$	可磨性 HGI
无烟煤	焦作韩王庄矿	22.44	6.08	50.82	烟煤	鹤岗南山矿	20.12	27.23	63.35
无烟煤	焦作李封矿	19.93	5.12	42.62	烟煤	宁夏石嘴山矿	34.78	23.16	63.56
无烟煤	焦作中马村矿	14.00	6.61	37.70	烟煤	徐州夹河矿	8.84	33.26	58.45
无烟煤	宁夏汝箕沟矿	14.50	7.09	47.71	烟煤	开滦荆各庄矿	31.10	28.23	52.71
无烟煤	山西晋城矿	24.35	6.79	48.22	烟煤	抚顺西露天矿	12.40	28.67	43.89
无烟煤	辽宁本溪牛心台矿	34.58	8.68	126.00	烟煤	萍乡高坑矿	60.88	15.62	74.64
无烟煤	四川松藻打通矿	19.25	9.40	65.45	烟煤	肥城杨庄矿	8.30	35.66	58.79
无烟煤	山西阳泉二矿	18.20	8.19	60.76	烟煤	新汶协庄矿	19.97	31.15	61.52
无烟煤	河南新密矿	20.67	8.18	136.80	烟煤	大同四老沟矿	6.99	27.18	56.30
无烟煤	京西门头沟矿	14.14	5.17	51	烟煤	大同马脊梁矿	5.32	27.50	63.86
无烟煤	京西城子矿	23.01	4.82	78	烟煤	大同云岗矿	7.24	24.82	64.05
无烟煤	京西大台矿	19.08	4.61	47	烟煤	江西乐平鸣山矿	4.87	54.35	33.59
无烟煤	京西长沟峪矿	11.76	6.63	55	烟煤	乐平钟家山矿	38.65	23.85	60.14
烟煤	鹤壁三矿	17.18	13.70	92.40	烟煤	乐平桥头矿	12.16	40.24	43.67
烟煤	鹤壁六矿	14.67	13.70	93.06	褐煤	河南义马矿	20.50	27.76	57.32
烟煤	贵州六枝地宗矿	36.84	16.78	88.34	褐煤	内蒙古平庄古山矿	24.06	34.18	56.01
烟煤	河北峰峰五矿	41.60	16.40	79.32	褐煤	广西褐煤	14.66	31.42	64.39
烟煤	四川南桐岩矿	25.96	22.12	92.88	洗中煤	邯郸洗煤厂	23.34	11.00	88.87
烟煤	淮南孔集矿	26.07	29.03	57.58					

除了主要受煤质特性影响外，煤炭的成浆性还与制浆过程中添加剂的种类及用量、制备方法（湿法或干法）、级配工艺（双峰级配、多峰级配或自然级配）等都有关系。表 5-5 列出

表 5-5　部分煤矿煤的成浆特性试验一览表

煤炭产地	成浆指数		成浆性		
	成浆指标 D	难度分类	浓度/%	黏度/mPa·s	测定黏度仪器
山西大同	5～6	中～中上	66～71	1040～1126	NDJ-1 型黏度计
山西潞安	2.7	易	70.78	1352	Haake RV12
山西宁武	5.83	中	71.68	968	NDJ-1
辽宁海州	7.7～9.2	难	67～68	1300～1460	Haake RV12
辽宁老虎台	6.5～6.54	中上	67～68	900	Haake RV12
辽宁胜利	6.69	中上	68.2	1060	NDJ-1
吉林双城	4.7	中	67.02	995	Haake RV12
吉林辽源	4～4.7	中	64～66	820～1050	Haake RV12
吉林梅河	4～5	中	63～66	880～1052	Haake RV12
内蒙古平庄	9.57	难	50.95	1000	NDJ-1
内蒙古包头	4.67	中	74	1000	NDJ-1
山东枣庄八一	4.33	中	68.28	664	NDJ-1
山东兖州	5.86	中	69.15	788	NDJ-1
青海大煤沟	6.2～7.9	中～难	64～65	750～1440	Haake RV12
陕西彬县	8.18	难	66.02	968	NXS-11
河南鹤壁	2.48	易	70.0	611	NDJ-1
江西乐平	5.08	中	69.15	788	—
湖南恩口	2.4	易	73	1000～1450	Haake RV12
陕西神府	10.3～11	极难	63～64	1480～1580	NDJ-1

部分试验过的煤种，其成浆指标 D 从易、中、难以至极难都有，成浆浓度从 50%～73% 不等。

二、水煤浆的燃烧性

1. 煤质对水煤浆燃烧性的影响

水煤浆作为代油燃料，首先要具有高的热值，容易点火，便于排渣，污染小。水煤浆的热值与煤阶、灰分、浓度有关。煤阶越高，灰分越低，热值就越大。对于指定的煤种，水煤浆浓度是影响热值的主要因素。煤浆的高位发热量与浓度的关系如下式所示

$$Q_{\text{gr.ar}} = Q_{\text{gr.d}} \times \frac{c}{100} - 6\left(9 \times w_{\text{d}}(\text{H}) \times \frac{c}{100} + 100 - c\right) \tag{5-4}$$

式中　$Q_{\text{gr.d}}$——煤炭干燥基高位发热量，kJ/kg；

　　　c——水煤浆质量分数，%；

　　　$w_{\text{d}}(\text{H})$——煤炭干燥基氢含量，%。

在水煤浆开发初期，由于考虑追求高热值和解决环保问题，要求煤炭灰分为 6%～10%，硫分低于 1%。随着对煤成浆性研究的深入，对此已有不同的见解。

较高灰分的煤炭，不仅成浆性好，水煤浆的抗老化、抗剪切能力以及稳定性都很好，同时，添加剂用量少，况且灰分高的原料煤价格便宜，可大大降低水煤浆的成本。虽然灰分高，热值低，但在一定程度上，这一损失可通过提高浓度来补偿。因此，近几年来，中国陆续出现以中等灰分（20%～40%）煤泥或原煤制浆，以煤浆代焦炭用于轧钢炉、民用取暖炉的实例。其燃烧效果都很好。但高灰分不仅影响热值，还会增加飞灰和排渣量，并加重对设备的磨损，使燃烧系统复杂化，所以，合理灰分含量的确定，还有待深入的研究。

灰成分也是燃烧中一个主要问题，它直接关系到灰熔点的高低，决定燃烧后灰渣排放方式的选择。

炉渣的排放有固态排渣和液态排渣两种。因固态排渣技术比较成熟，所以一般都采用该

技术。为此，必须避免燃烧过程中煤灰熔化，因此，灰熔点（软化温度 TS）应高于 1300℃。

煤浆的点火温度主要取决于煤的挥发分含量。挥发分越高，煤浆越容易着火燃烧，火焰的稳定性越好。一般要求挥发分最好在 30% 以上。

2. 流变性对水煤浆燃烧性的影响

流变性是指流体的流动特性。牛顿流体流动时，其黏度仅是温度的单值函数，不随剪切速率的变化而变化。水煤浆是一种非牛顿流体，它的黏度不仅随温度的变化而变化，而且随剪切速率的变化而变化。在不同的剪切速率条件下其黏度表现为不同值，故称表观黏度。为了便于使用，水煤浆使用时应有良好的流动性，以利于泵送、雾化和燃烧。作为普通燃料，要求水煤浆在常温及 $100s^{-1}$ 剪切速率下的表观黏度不高于 $1000mPa·s$。长距离管道输送水煤浆则要求在低温及 $10s^{-1}$ 剪切速率下的表观黏度不高于 $800mPa·s$。此外，还要求水煤浆具有"剪切变稀"的流变特性，即处于流动状态时，表现出较低的黏度，便于泵送、雾化和燃烧；处于静止状态时，又可表现出高黏度，便于存放和防止沉淀。

燃烧试验表明，改善雾化效果是成功地使用水煤浆的重要环节。减少水煤浆雾化粒度，可以改善火焰的稳定性，保证较好的负荷调节性和燃尽程度。雾滴粒度受雾化器性能、空气和煤浆的质量比、煤浆和介质的流量等多种因素的影响。仅就水煤浆流变性而言，流变性越好，黏度越低，雾滴直径越小，越有利于燃烧。

三、水煤浆的稳定性

1. 水煤浆稳定性的概念

水煤浆稳定性是表示颗粒抗沉降的能力。水煤浆是粗粒分散悬浮体，重力作用占主导地位，颗粒不可能不发生沉降。在悬浮体中，如果颗粒以缓慢的速度协同下沉，在容器底部形成结构疏松的絮凝物，即所谓"软沉淀"，再通过机械搅拌能恢复原来浓度均匀状态，此时水煤浆就符合稳定性的要求。

稳定性有静态稳定性、动态稳定性和热稳定性之分。静态稳定性是在无其他外力作用时，颗粒抵抗重力作用的能力。动态稳定性是在外力作用下，如在铁路、卡车、轮船运输过程中，煤浆抗振动的能力，此时煤浆承受着加速度大于 $9.8m/s^2$ 的连续振动，因而颗粒更容易沉降。热稳定性是指在不同温度条件下，煤浆的稳定性。一般情况下，温度高时，由于浆体黏度降低，颗粒易沉淀。但是热稳定性在很大程度上和添加剂的耐热性有关。

2. 影响水煤浆稳定性的因素

（1）煤质　大量试验表明，较高含量的黏土矿物会使水煤浆的稳定性提高。这是由于黏土矿物有如前所述的结构特性，颗粒间容易结构化，使水煤浆获得高的静切应力。此外，它还具有良好的水化和膨胀性，使水煤浆黏度增高，进一步促进水煤浆稳定。在这种情况下，只需加分散剂就能制成流动性和稳定性都很理想的浆。

在其他条件相同的情况下，煤阶高的水煤浆，其稳定性好，这是因为高阶煤的表面疏水性好，煤粒容易疏水团聚的缘故。

此外，煤岩组分也影响水煤浆的稳定性，试验表明，丝质组不利于稳定性，壳质组则相反。

（2）浓度　浓度越高，稳定性越好。含煤量低时，颗粒按斯托克斯公式自由沉降。随含煤量增加，颗粒间相互产生了干扰沉降，同时，由于煤是强疏水物质，浓度高时容易产生疏水团聚而形成疏松的团聚物，提高了煤浆的屈服应力和黏度，从而增强了稳定性。

（3）流变特性和温度　与稳定性有关的流变参数主要有表观黏度、屈服应力和触变性。表观黏度越高，水煤浆就越稳定，但同时要有良好的流动性。水煤浆的稳定性是不可能通过提高黏度来获得的。

许多试验表明，高屈服应力的水煤浆有利于静态稳定，因而不少研究者通过屈服值来预测水煤浆的稳定性，但相关性不十分显著。因为有高屈服值的水煤浆，未必有好的触变性，因为这样的水煤浆初成浆时有较高的屈服值，但若充分搅拌，结构破坏后，不一定能恢复原有结构。所以，只有触变性好的水煤浆才有好的静态稳定性。

温度和稳定性关系是升温不利于水煤浆的稳定。因为水煤浆的黏度随温度升高而降低，但在很大程度上依赖于添加剂的耐热性。

四、制浆用煤的选择

仅从煤的成浆性考虑，炼焦用煤是制备水煤浆的最佳原料，但从中国煤炭资源结构看，炼焦煤种资源少，用其制浆，会造成与炼焦工业争原料，影响炼焦工业的发展。煤炭加工利用，必须服从合理利用煤炭资源的原则。中国煤种储量及特性见表5-6。从表5-6可以看出，中国低阶动力煤种资源丰富，其价格大约是中阶煤的一半，特别是中国许多低阶煤（如神木和大同），不入洗就是"三低""两高"（低灰、低硫、低磷、高挥发分、高发热量）的优质动力煤，尽管其成浆性不如炼焦煤种，但也能制备出高浓度浆，并且产品成本低，具有价格优势。大同年产100万吨水煤浆厂的建成投产就是一个成功的典范。所以中国制浆用煤应定位于动力煤，特别是低阶动力煤。

表 5-6 各煤种储量比例和特性

煤 种	无烟煤	贫煤	瘦煤	焦煤	肥煤	气煤	弱黏煤	不黏煤	长焰煤	褐煤
比例/%	8.99	2.23	3.06	3.34	5.71	11.08	3.37	29.98	24.51	7.73
燃烧性	差			中等		良好				
成浆性	好			很好			较差			差

五、难制浆煤种成浆性的提高途径

针对低阶煤高内在水分、孔隙率发达、比表面积大、富含极性官能团、可磨性差、可溶性矿物质含量高的特点，可以从配煤、改善级配、利用压力、热力和物理化学表面处理以及复合用药等方法，来提高其制浆性能。

1. 配煤制浆

低阶动力煤成浆性差，水分高，发热量低，但挥发分高，易点火燃烧，高阶动力煤则相反。为获得浓度高、黏度低、稳定性好和易点火燃烧的优质煤浆，将两种煤按一定比例混合起来，实现配煤制浆是一种扬长避短的好方法。表5-7是两种高低阶煤配合制浆的实验结果。

表 5-7 高低阶煤配合制浆实验结果

煤 种	成浆性	燃烧性	水分/%	灰分/%	挥发分/%	可磨性HGI	煤浆质量分数/%	煤浆黏度($100s^{-1}$)/mPa·s
神木煤	极难	很好	10.10	3.85	38.12	54	64.64	1000
潞安煤	易	差	1.51	9.30	17.78	110	72.32	1000
配煤	中等	好	5.30	6.03	29.00	84.8	68.57	900

因地制宜，根据需要可将制浆性能不同的煤种，或精煤和煤泥混合制浆，既可以提高煤浆性能，又能降低生产成本。

2. 表面改性

表面疏水性越好的煤越容易制浆。低阶煤表面疏水性差，加入一种提高煤表面疏水性的处理剂，可以有效清除分散剂在煤表面的反吸附现象，提高分散剂的效能，增强煤浆的抗剪切、抗温升和抗老化的能力，同时还起着封孔作用，降低低阶煤的比表面积。

3. 热处理

低阶煤的高内在水分是其成浆性差的主要因素之一，因此国内外都把热处理作为提高年轻煤成浆性的有效方法，包括用过热水、热烟道气和直接烘烤等方法对煤进行预处理。通过热力作用使煤的结构、组成和表面性质都发生有利的变化。

吴家珊教授等对神木煤在管式炉中充氮，以 10℃/min 的速度升温，终点时保温 30min，结果见表 5-8。结果表明，通过热处理降低煤的内在水分含量，可有效提高煤浆浓度。

表 5-8 热处理神木煤的制浆结果

指标	常温	200℃	250℃	300℃
最高内在水分/%	9.93	7.62	6.80	4.53
煤浆浓度/%	64.30	66.00	66.30	69.15

4. 添加剂的复配

添加剂的选择是水煤浆技术的关键。水煤浆是一种固液两相混合物，使用单一的添加剂难以保持性态均匀，将几种添加剂按一定比例配合，可提高水煤浆的性态均匀，大大改善水煤浆的流动性和稳定性。

5. 严格级配，提高堆积效率

级配是制备高浓度水煤浆的关键技术之一，对难制浆煤种尤为重要。表 5-9 是神木煤在不同级配条件下的制浆效果。可以看出级配越好，堆积率越高，煤浆浓度越高。所以，通过优化磨矿工艺参数获得良好的级配，是提高难制浆煤成浆性的重要措施。

表 5-9 神木煤堆积效率与制浆结果

堆积率/%	65.86	68.69	79.00
煤浆黏度/mPa·s	1272	1285	820
煤浆浓度/%	58.67	62.12	65.08

第三节 典型水煤浆制浆工艺

一、制浆工艺的主要环节及功能

水煤浆制备工艺通常包括选煤（脱灰、脱硫）、破碎、磨矿、加入添加剂、捏混、搅拌与剪切，以及为剔除最终产品中的超粒与杂物的滤浆等环节。制备工艺取决于原料煤的性质与用户对水煤浆质量的要求。

1. 选煤

当原料煤的质量满足不了用户对水煤浆灰分、硫分与热值的要求时，制浆工艺中应设有选煤环节。除制备超低灰（灰分小于 1%）精细水煤浆外，制浆用煤的洗选采用常规的选煤方法。大多数情况下选煤应设在磨矿前，只有当煤中矿物杂质嵌布很细，需经磨细方可解离杂质选出合格制浆用煤时，才考虑采用磨矿后再选煤的工艺。

2. 破碎与磨矿

在制浆工艺中，破碎与磨矿是为了将煤炭磨碎至水煤浆产品所要求的细度，并使粒度分布具有较高的堆积效率，它是制浆厂中能耗最高的环节。为了减少磨矿功耗，除特殊情况外（如利用粉煤或煤泥制浆），磨矿前必须先经破碎。磨矿可用干法，亦可用湿法。磨矿回路可以是一段磨矿，也可以是由多台磨机构成的多段磨矿。原则上各种类型的磨机，例如雷蒙磨、中速磨、风扇磨、球磨、棒磨、振动磨与搅拌磨都可以用于制浆，应视具体情况通过技术经济比较后确定。

3. 捏混与搅拌

捏混只是在干磨与中浓度湿磨工艺中才采用，它的作用是使干磨所产煤粉或中浓度产品经过滤机脱水所得滤饼能与水和分散剂均匀混合，并初步形成有一定流动性的浆体，便于在下一步搅拌工序中进一步混匀。这种物料如不先经捏混，直接进入搅拌机是无法把浆体混匀的。

搅拌在制浆厂中有多种途径，它不仅是为了使煤浆混匀，还具有在搅拌过程中使煤浆经受强力剪切，加强添加剂与煤粒表面间作用，改善浆体流变性能的功能。在制浆工艺的不同环节，搅拌所起的作用也不完全相同。所以，虽然同样都称之为搅拌，但不同环节上使用的搅拌设备应选择不同的结构和运行参数。

4. 滤浆

制浆过程中会产生一部分超粒和混入某些杂物，它将给储运和燃烧带来困难，所以产品在装入储罐前应有杂物剔除环节，一般用可连续工作的筛网（条）滤浆器。适用于高浓度水煤浆的滤浆器目前还没有通用产品。八一制浆厂、浙江大学热能工程系及中国矿业大学都曾先后研制相应的在线滤浆器。此外，近来煤炭科学院唐山分院选煤研究所为选煤厂研制的高频煤泥筛，可供选用。

为了保证产品质量稳定，制浆过程中还应有煤量、水量、各种添加剂量、煤浆流量、料位与液位的在线检测装置及煤量、水量与添加剂加入量的定量加入与闭路控制系统。

二、干法制浆工艺

典型的干法制浆工艺如图5-1所示。原煤破碎后进行干燥，因为干磨要求入料水分不大于5%，干磨的能耗比湿磨高。干燥后进行捏混，捏混的作用是使煤粉与水和分散剂混合均匀，并初步形成有一定流动性的浆体，以便在下一步搅拌工序中进一步混匀，然后加入稳定剂搅拌混匀、剪切，使浆体进一步熟化。最后滤浆去除杂质，得到产品。干法制浆工艺存在许多缺点，主要缺点如下。

① 常规干法磨煤，如果在磨机前或磨机中没有热力干燥措施，要求入料的水分不大于5%，否则磨机不能正常工作。发电厂因有热风干燥，所以干法磨煤粉没有困难，但这点在制浆厂上很难满足。特别是当原煤需要洗选后制浆时，由于煤炭的洗选大多用湿法，采用湿法磨矿更为方便。

② 干法磨矿的能耗比湿法的高。在产品细度相同的条件下，干法球磨机的能耗大约比湿法球磨机高30%，而且干法磨矿的安全与环境条件不及湿法磨矿。

③ 在一般情况下，干法磨矿制浆的效果不及湿法，这是因为，根据干法磨煤粉的

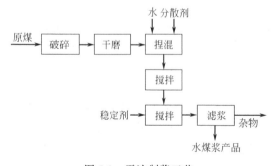

图 5-1 干法制浆工艺

粒度分布资料，其堆积效率远不及湿磨产品高。而且干法磨煤时新生表面积很快被氧化，从而降低了它的成浆性。

可能正是基于上述原因，除了在水煤浆发展初期偶有使用干法制浆工艺外，后来在国内外的工业制浆厂中不再采用该法。

三、干、湿法联合制浆工艺

干、湿法联合制浆工艺与上述干法制浆工艺不同之处，在于从干法磨矿的产品中分出一部分用于湿法细磨的工艺，如图 5-2 所示。中国科学院早期在北京印染厂建设的试验系统就是采用这种制浆工艺。它比干法制浆工艺效果好，可以实现双峰级配，改善最终产品的粒度分布，从而提高制浆效果。但是由于它的主体仍是干法磨矿，所以还存在干法磨矿共同的缺点，在国内外的工业制浆厂中也未见再被采用。

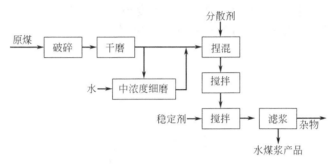

图 5-2　干、湿法联合制浆工艺

四、高浓度磨矿制浆工艺

高浓度磨矿制浆工艺如图 5-3 所示。它的特点是煤炭、分散剂和水一起加入磨机，磨矿产品就是高浓度水煤浆。如果需要进一步提高水煤浆的稳定性，还需要加入适量的稳定剂。加入稳定剂后还需要经搅拌混匀、剪切，使浆体进一步熟化。进入储罐前还必须经过滤浆，去除杂物。

国外采用这种制浆工艺的公司很多，美国的大西洋（ARC）公司、KVS公司，日本的

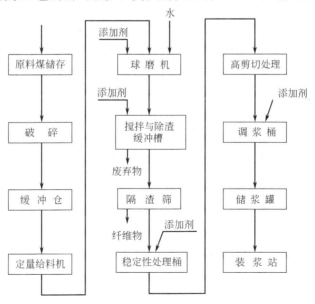

图 5-3　高浓度制浆工艺框图

日立公司与COM公司都采用这种工艺。中国自己建设的制浆厂也都采用这种工艺。高浓度磨矿制浆工艺有许多优点，例如工艺流程简单，在高浓度下磨介表面可黏附较多的煤浆，有利于研磨作用产生较多的细粒改善粒度分布，分散剂直接加入磨机可在磨矿过程中很好地及时与煤粒新生表面接触，从而提高制浆效果，可省去捏混与强力搅拌工序。但高浓度磨矿能力较中浓度磨矿的低，需很好地掌握磨机的结构与运行参数，以免因煤浆黏度过高而丧失磨矿功效。此外，由于只有一台磨机，对水煤浆产品粒度分布的调整有一定的局限性。但在良好的工况下运行时这种工艺的产品粒度分布可以获得72%左右堆积效率，已能满足大多数煤炭制浆的需要，所以是用途最广的一种制浆工艺，中国自己建设的制浆厂都采用这种工艺。

五、中浓度磨矿制浆工艺

所谓中浓度制浆工艺，是指采用50%左右浓度磨矿的制浆工艺。由于中浓度产品粒度分布的堆积效率不高，所以很少采用单一磨机中浓度磨矿工艺。图5-4为二段中浓度磨矿制浆工艺。

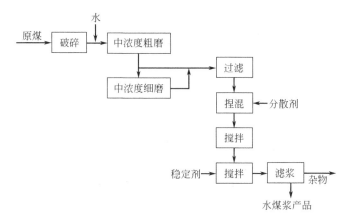

图 5-4 二段中浓度磨矿制浆工艺

该工艺为改善最终产品的粒度分布，先从粗磨产品中分出一部分再进行细磨，然后分别或混合进行过滤、脱水。脱水后的滤饼加入分散剂捏混、搅拌调浆。如果需要进一步提高水煤浆稳定性，还需要加入适量的稳定剂。加入稳定剂后还需要经搅拌混匀、剪切，使浆体进一步熟化。进入储罐前还必须经过滤浆，去除杂物。

由中国煤炭科学研究总院唐山选煤设计分院设计，引进瑞典Fluidcarbon公司的制浆技术和Sala公司的制浆设备的北京水煤浆厂就采用这种工艺。工艺流程如图5-5所示。

瑞典的胶体碳（Carbongel）公司、流体碳（Fluidcarbon）公司及引进胶体碳制浆技术的日本日晖公司原来都采用这种制浆工艺。中浓度磨矿时磨机的能力高，但磨矿产品要经过过滤脱除多余水分，滤饼与分散剂需经捏混和强力搅拌才能均匀混合成浆，工艺流程不如高浓度磨矿的粒度分布宽，虽有二段磨矿调整粒度分布的环节，如果对两部分的细度及配比掌握不当，最终产品的粒度分布也未必会合理。引进瑞典流体碳公司制浆技术的北京水煤浆厂虽然有四磨机（粗磨与细磨各有两台磨机串联组成），而且中间还有控制粒度的若干分级环节，但最终产品的粒度分布仍欠佳。由日晖公司提供技术设计的兖日制浆厂，开始在初步设计中也是采用二段中浓度磨矿制浆工艺，但在实施时则改为高、中浓度磨矿级配制浆工艺，实践证明，更改后的工艺较以前更好。

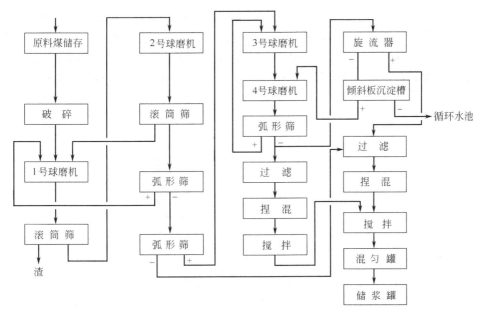

图 5-5 中浓度制浆工艺框图

六、高、中浓度磨矿级配制浆工艺

高、中浓度磨矿级配制浆工艺根据高浓度、中浓度磨矿形式以及磨矿磨机的不同有两种工艺。

(1) 中国山东兖日水煤浆厂采用的高、中浓度磨矿制浆工艺如图 5-6 所示 它的特点是将原来的二段中浓度磨矿级配工艺中的细粒产品改为高浓度磨矿。与此同时，高浓度磨矿磨机的给料不是从中浓度磨矿产品中分流而来，而是直接来自破碎产品，使粗磨与细磨两个系统独立工作，避免了相互干扰。中浓度粗磨产品经过滤脱水后与高浓度产品一起捏混调浆。

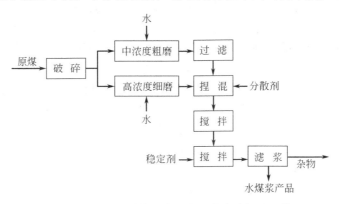

图 5-6 兖日水煤浆厂高、中浓度磨矿级配工艺

兖日水煤浆厂的实践证明，这种制浆工艺所产水煤浆产品的粒度分布达到了比较高的堆积效率（约 74%），有利于制造出质量较好的水煤浆。但它还没有摆脱中浓度磨矿后产品要进一步过滤脱水的环节。此外，所选用的细磨球磨机的磨矿效率很低，该厂 $\phi 4.8m \times 13m$ 球磨机用两台各 1000kW 的电机拖动，处理量不到 14t（干煤）/h，吨煤电耗按装机容量计算高达 143kW·h，所以有待于进一步改进。

(2) 图 5-7 是另一种高、中浓度磨矿级配制浆工艺 它与前一种工艺相反，粗磨是高浓度磨矿，细磨则是中浓度磨矿。此外，细磨的原料是由粗磨产品中分流而来，初磨产品是最终的水煤浆产品，这样就可以除去后续的过滤、脱水及捏混环节，简化了生产工艺。细磨原料不直接来自破碎后的产品而改用粗磨产品，可大大减少细磨中的破碎比，有利于提高细磨的效率。细磨产品返回入粗磨磨机中的目的不是作进一步破碎，而是改善高浓度磨矿的粗磨机中煤浆的粒度分布，从而降低煤浆的黏度，提高磨矿效率。所以这种工艺的优点是十分明显的。

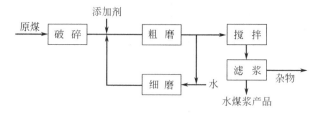

图 5-7　高、中浓度磨矿级配制浆工艺

七、浮选精煤或煤泥制浆

结合选煤厂建制浆厂是中国在发展水煤浆工业中总结出的一项宝贵的经验，至今在其他国家中未见采用。选煤厂是煤炭加工的基地，它可以根据不同用户的需要将煤炭加工成多种质量（热值、灰分、水分、硫分、粒度等）不同的产品，不但便于用户使用，而且可综合有效地充分利用煤炭资源。水煤浆是煤炭加工中的一个新产品，它不但对制浆原料的质量有一定的要求，而且要求供应的原料质量稳定，否则难以保证生产出质量稳定的水煤浆。这一点无论对制浆厂本身或燃烧水煤浆的用户都是十分重要的。如果结合选煤厂建制浆厂，制浆原料的质量就有了可靠的保证，选煤厂还可以根据本矿煤炭资源的特点，合理规划产品结构，从中确定为制浆提供原料的最佳方案。此外，结合选煤厂建制浆厂还可以与选煤厂共用受煤、储煤、铁路专用线及水、电供应等许多公用设施，减少基建投资。

用选煤厂浮选精煤制水煤浆还可以改善选煤厂的产品结构，降低精煤水分和灰分，提高精煤质量，增加企业效益。当前中国大部分选煤厂生产的浮选精煤灰分高、水分大、粒度细，这部分精煤掺混到水洗精煤中，造成综合精煤灰分和水分偏高且不利于储存、运输和使用。若用干燥机将浮选精煤滤饼烘干，降低水分，不仅要增加投资和干燥费用，而且运行不够安全。把这部分细粒精煤制成水煤浆，可以降低综合精煤的水分和灰分，提高产品质量，增加产品的市场竞争力，从而提高了经济效益。以八一矿选煤厂为例，进行浮选精煤制浆与不制浆两种产品结构比较，以年入洗 100 万吨原煤计，精煤灰分降低 1%，水分降低 4%，总产值增加 3098.6 万元，利税增加 402.82 万元。

为了合理利用煤炭资源，减少制浆中磨矿的能耗，结合选煤厂建制浆厂时应尽可能利用其中的细粒煤炭。如果用粒度小于 13mm 或 6mm 的末煤（包括原煤与精煤）制浆，它的制浆工艺与独立的制浆厂工艺基本一致。最佳方法是利用选煤厂或矿区粒度小于 1~0.5mm 的浮选精煤或煤泥制浆，因为这部分煤泥粒度细、水分高（接近高浓度水煤浆中的含水量），不论是作为单独的产品或掺入其他产品，装、储、运都有困难，而且不受用户欢迎，有不少选煤厂往往因为这些煤泥甚至是浮选精煤无法处理而制约了生产，但是如果用它来制浆，因为其粒度细、水分适中，且不需要煤的粗碎设备，简化了流程，磨机磨矿功耗低，制浆成本低。

这种含水量在 30% 左右的煤泥，既不可能干燥后用干法去制浆，也不应稀释至中浓度去制浆，只能采用高浓度制浆工艺。是否还要经过磨矿，应视煤泥的细度与粒度分布而定。在大多数情况下，这种煤泥（包括浮选精煤）的粒度上限都超过常规水煤浆要求的 300μm，而且很难保证它的粒度分布会达到较高的堆积效率，所以对这种煤泥或浮选精煤，合理的制浆工艺如图 5-8 所示。

其中的磨矿环节用以控制粒度上限和调整粒度分布，磨矿设备用振动球磨机最为适用。利用选煤厂或矿区煤泥为原料的这种制浆工艺，不但利用了煤泥，减少了污染，而且生产出高质量的水煤浆，提高了煤炭资源的利用率。

当利用矿区煤泥制备供本矿就地使用的煤浆时，由于对煤浆质量没有严格的要求，只要能满足当地燃烧的需要，为降低

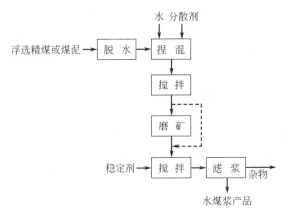

图 5-8 浮选精煤或煤泥制浆工艺

成本往往不使用磨矿环节（如图中虚线途径），甚至不用添加剂。该项技术已在若干矿区应用，并取得了良好的效果。它既可提高煤炭资源的利用率，增加煤炭企业的经济效益，又可改善矿区环保，减少煤泥的污染。据初步统计，中国现有这类煤泥 1000 万吨左右，推广应用将会得到较好的社会经济效益。

八、浮选精煤、水洗精煤联合制浆

浮选精煤灰分高，粒度细，水分适中；水洗精煤灰分低，粒度粗，将二者混合进行制浆，可以改善制浆效果。山东枣庄八一矿水煤浆厂曾采用该工艺，如图5-9所示。由于利用水分和灰分相对较高的浮选精煤，降低了选煤厂总精煤水分和灰分，提高了精煤的质量。从 1998 年向白洋河电厂发运的 42 批水煤浆的检验结果可以看出，水煤浆的主要质量指标：平均浓度为 67.53%，95% 的置信范围为 66.33%～68.27%，合同规定值为 67%±1%，黏度平均值 1069mPa·s，95%的置信范围在 (1069±238) mPa·s，合同规定值小于 1500mPa·s，均符合合同要求。经白杨河电厂 50MW 机组 230t/h 锅炉连续燃烧水煤浆 2000h，锅炉运行稳定，燃烧效率大于 98%，锅炉效率大于 89%，负荷调节范围在 40%～100%，锅炉运行可靠性达到电厂运行要求，污染物排放符合国家标准。后因水洗精煤制浆成本高，经改造后全部采用浮选精煤制浆。

九、超净煤精细高热值水煤浆

超净煤精细水煤浆即超低灰精细水煤浆，可作为内燃机、燃气轮机的燃料直接燃烧。制备超净煤精细高热值水煤浆，首先对煤进行超细磨碎，使其平均粒度能达到小于

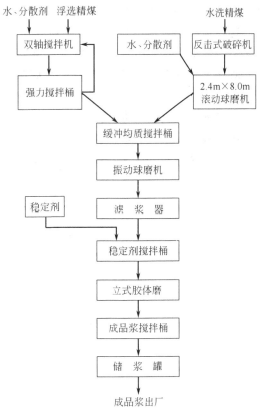

图 5-9 浮选精煤、水洗精煤混合制浆工艺流程

表 5-10　超净精煤的工业分析指标

$M_{ad}/\%$	5.09
$V_d/\%$	37.41
$A_d/\%$	0.77
FC/%	61.82
$Q_{net,ar}/(MJ/kg)$	29.42

$10\mu m$，然后通过采用氢氟酸、苛性钠、油团聚、选择性絮凝、选择性聚团等脱灰方法，把镶嵌于煤炭有机质中的含灰矿物充分分解离，即可将煤中灰分脱至小于1%～2%，制得的超净精煤的工业分析指标见表 5-10。

使用表 5-10 中的超净精煤调制成的超净精细高热值水煤浆，当浓度为 51.03% 和 50.71%，剪切速率为 $100s^{-1}$ 时，其黏度分别为 129.1mPa·s 和 121.2mPa·s，完全符合替代柴油燃料的要求。

十、褐煤水煤浆

目前国内使用的水煤浆都是采用变质程度较高的烟煤磨制而成的，黑龙江科技学院引进和消化国外先进的褐煤热水干燥技术（HWD），开发了适合中国褐煤特点的褐煤水煤浆制浆技术，填补了国内空白。经过干燥后褐煤在储存过程中，可像烟煤那样很少在自然条件下从空气中吸附水分，热水干燥后褐煤脱水不经烘干即可直接制浆，可以制得浓度为 60% 左右的褐煤水煤浆。

褐煤水煤浆与烟煤水煤浆相比，具有以下优点。

① 褐煤热解过程中所产生的少量腐殖酸是优质的添加剂，因此，热水干燥后的褐煤无需添加任何添加剂，即可直接调制成浓度较高的水煤浆。

② 燃烧特性好。烟煤水煤浆燃烧过程中易出现喷射效果不良、固体结块和燃烧不完全。这是因为烟煤水煤浆雾化液滴中煤颗粒受热膨胀，互相黏结在一起，形成较大的团粒。这种颗粒燃烧速度慢，而且颗粒外层已燃烬的煤灰和炭化焦油阻碍了内部碳的进一步燃烧，燃烧效果不好。雾化燃烧不良会生成许多残碳灰团聚物，而这些团聚物会导致燃烧效率下降并对锅炉腐蚀。褐煤水煤浆燃烧时呈分散状燃烧，颗粒不发生黏结，燃烧效率高。

③ 磨损腐蚀小。这是因为褐煤质软，对管道、喷嘴和锅炉内壁磨损小。另外褐煤经热水干燥使煤中的碱金属离子得到洗涤，大大降低了腐蚀性。

④ 环保效果好。与烟煤水煤浆相比，褐煤水煤浆燃烧后的污染物排放量明显减少。如图 5-10 所示。

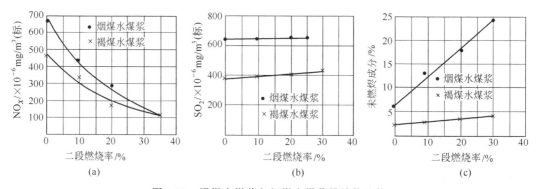

图 5-10　褐煤水煤浆与烟煤水煤浆排放物比较
(a) NO_x 排放量变化；(b) SO_2 排放量变化；(c) 灰中未燃烬成分变化

第四节 水煤浆添加剂

水煤浆添加剂,按其功能不同,有分散剂、稳定剂及其他一些辅助化学药剂,如消泡剂、pH 调整剂、防霉剂、表面改性剂及促进剂等多种。其中不可缺少的是分散剂与稳定剂。添加剂与原煤和水的性质密切相关。合理的添加剂配方必须根据制浆用煤的性质和用户对水煤浆产品质量的要求,经过试验后方可确定。

一、水煤浆分散剂

1. 分散剂的作用机理

(1) 提高煤表面的亲水性　分散剂是一种可促进分散相(水煤浆中的煤粒)在分散介质(水煤浆中的水)中均匀分散的化学药剂。煤炭主体是非极性的碳氢化合物,属疏水性物质。煤炭的润湿性可按水在其表面的接触角大小分成四等。接触角为零者,称强亲水性煤炭;小于 40°者称弱亲水性煤炭;40°~90°者,称疏水性煤炭;超过 90°者称强疏水性煤炭。各种煤炭表面的接触角见表 5-11。从表 5-11 可以看出,各种煤炭的表面均显疏水性。

另外,水的表面张力大,煤炭表面张力小,只有降低水的表面张力,增大煤炭表面张力,减少固液间的界面张力,才能达到充分湿润;煤粒表面即使湿润,其巨大的比表面积也会促使它们聚集到一块,无法分散均匀。

表 5-11　煤炭表面的接触角

煤　种	接触角/(°)	煤　种	接触角/(°)
长焰煤	60~63	瘦煤	79~82
气煤	65~72	贫煤	71~75
肥煤	83~85	无烟煤	≈73
焦煤	86~90	页岩	0~10

制浆用分散剂都是一些两亲的表面活性剂,一端是由碳氢化合物构成的非极性的亲油基,另一端是亲水的极性基,非极性的疏水端极易与碳氢化合物的煤炭表面结合,吸附在煤粒表面上,将另一端亲水基朝外引入水中。极性基的强亲水性使煤粒的表面由疏水转化为亲水,可形成一层水化膜。有效降低水的表面张力和提高煤粒表面的表面张力,使润湿接触角降至 50°以下。借水化膜将煤粒隔离开,减少煤粒间的阻力,从而达到降低黏度的作用。

试验表明,分散剂应有很好的水溶性,但并非对煤的润湿性越好,降黏效果越佳。润湿剂、渗透剂能使煤粒变得极为亲水(接触角等于零),但不能作水煤浆分散剂使用。

(2) 增强煤粒间的静电斥力　著名的 DLVO 理论认为,胶体颗粒稳定分散的先决条件是颗粒间的静电斥力超过颗粒间的范氏引力。离子型分散剂除能改善煤表面的亲水性外,还能增强其静电斥力,进一步促使煤粒分散于水介质中。

尽管人们十分重视静电斥力对煤粒分散悬浮的稳定作用,有些人甚至认为分散剂的主要作用在于改变煤粒的表面电性,认为滑动面与溶液内部间的电位差 ζ,即电动电位达到 -50mV 时,水煤浆就有所希望的流动性和稳定性,但大量的研究表明,提高 ζ 电位值有利于改善水煤浆的流动性,反之则有益于提高其稳定性,但都起不了决定性作用。空间隔离位阻效应更有实际意义。

(3) 空间隔离位阻效应　水化膜中的水与体系中的"自由水"不同,它因受到表面电场的吸引而呈定向排列。当颗粒相互靠近时,水化膜受挤压变形,引力则力图恢复原来的定向,这样就使水化膜表现出一定的弹性,使煤粒均匀分散且颗粒表面的分散剂具有一定的厚度,当两个带吸附层的颗粒相互重叠时,由于吸附层分散剂分子运动的自由度受到阻碍,吸附分子的熵减少,因为体系的熵总是自发地向增加方向发展,所以颗粒有再次分开的倾向,避免颗粒聚集。

当分散剂为大分子时，被吸附分子有长的亲水链，在煤表面形成三维水化膜，当颗粒相互接近时，产生较强的排斥力，导致煤粒分散悬浮。该斥力即为空间隔离位阻或立体障碍。

中国矿大曾凡教授等人用典型的三种分散剂制浆并测定其多项物化性质，发现只有吸附膜厚度和其效能有极好的相关性，详见表5-12。其中1号分散剂的润湿性和静电排斥效应都不如其他两种，而且1号用量也不大，但其吸附膜厚度则遥遥领先于其他药剂。这就是立体障碍的作用。

表 5-12　水煤浆分散剂与物化性质的关系

药　剂	分散剂及效能		分散剂的物化性质			
	用量/%	最大制浆浓度/%	润湿平衡高度/cm	电动电位/$\times 200\times 10^{-6}$mV	最大吸附量/($\times 10^4$mg·g^{-1})	平衡吸附膜厚度/Å[①]
聚醚型分散剂	0.64	69.2	6.82	−7.4	6.43	>200
萘磺酸盐甲醛缩合物	0.73	67.4	8.4	−62	2.74	<40
聚羧酸型分散剂	0.54	66.4	8.1	−73	4.1	<40

① 1Å=0.1nm。

总之，高效水煤浆分散剂的特点是有效地吸附在煤表面，提高煤的亲水性，并能在煤表面形成双电层和立体障碍。

2. 常用分散剂

分散剂按离解与否可分为离子型与非离子型两大类。离子型又可按电荷的属性分为阴离子型、阳离子型和两性型三类。两性型是指当溶液呈碱性时显示阴离子特性，呈酸性时显示阳离子特性。阴离子、非离子、阳离子、及两性分散剂的国际价格比为1∶2∶3∶4。制浆分散剂多选择阴离子型。阴离子型分散剂主要有萘磺酸盐、木质素磺酸盐、磺化腐殖酸盐等。

(1) 萘磺酸盐　典型的是萘磺酸钠甲醛缩合物，易溶于水，1%水溶液的pH值为7~9，适用范围广，并能和各类分散剂混合使用。添加量视煤种不同，大约为干煤量的0.5%~1.5%，特点是减黏作用及流动性好，但通常稳定性差，价格高，所以常和其他类型分散剂共用。

制备时，将萘（精萘或工业萘）在160℃条件下，用硫酸磺化后用甲醛缩合，再用烧碱中和、干燥即可。反应式如下：

$$\text{萘} + H_2SO_4 \xrightarrow{160℃} \text{萘-}SO_3H + H_2O$$

$$n\,\text{萘-}SO_3H + nCH_3O \longrightarrow HSO_3\text{-}[\text{萘-}CH_2\text{-萘-}SO_3H]_n + H_2O$$

$$HSO_3\text{-}[\text{萘-}CH_2\text{-萘-}SO_3H]_n + 2NaOH \longrightarrow$$

$$\text{NaSO}_3\text{—[naphthalene]—CH}_2\text{—[naphthalene]—SO}_3\text{Na}]_n + \text{H}_2\text{O} \xrightarrow{\text{干燥}} \text{产品}$$

(2) **木质素磺酸盐** 木质素磺酸盐主要来自造纸废液。将亚硫酸盐法造纸废液浓缩、干燥后即可直接应用。而由碱法造纸废渣浓缩得到的碱性木质素，还需经磺化、浓缩和干燥。

木质素的结构和组成极为复杂，随造纸原料而异，目前尚无统一认识，其基本结构单元可用下式表示

[结构式图：苯环带 R、R_1、R_2 取代基，连接 C—C—C 侧链带 R_3、R_4、R_5 及 H]

其中 R 表示 H 或 $\overset{|}{\underset{|}{C}}$—；$R_1$ 表示 H 或 OCH_3；R_2 表示 H 或 OCH_3 或 $\overset{|}{\underset{|}{C}}$—；$R_3$ 表示 OH 或 OR 或 C=O；R_4 表示 [苯氧基] 或 $\overset{|}{\underset{|}{C}}$— 或 C=O 等；$R_5$ 表示 OH 或 CHO 等。

木质素结构单元由芳香族的苯环及脂肪族侧链所组成。

水煤浆分散剂可用木质素磺酸盐，还有经甲醛缩合而成的木质素磺酸盐甲醛缩合物，其结构为：

$$\begin{array}{c}[\text{RO}-\text{Ar}(R_1,R_2)-\overset{R_3}{\underset{H}{C}}-\overset{R_4}{\underset{H}{C}}-\overset{R_5}{\underset{SO_3M}{C}}]_n\\|\\ CH_2\\|\\ [\text{RO}-\text{Ar}(R_1,R_2)-\overset{R_3}{\underset{H}{C}}-\overset{R_4}{\underset{H}{C}}-\overset{R_5}{\underset{SO_3M}{C}}]_n\end{array}$$

结构式中 M 表示 Na^+ 或 Mg^{2+} 或 Ca^{2+}，其他含义同上。

大量试验表明，以木料为原料的磺化木质素的效能优于草类原料木质素，原因可能是前者有效成分含量更高。此类分散剂的最大优点是原料丰富，易于加工，价格便宜而且浆的稳定性好。一般用量为干煤的1%~2%。缺点是杂质含量大，因此，除易制浆煤种外，通常都不能单独应用。

(3) **磺化腐殖酸盐** 将草炭、褐煤或风化烟煤等用碱在1500℃温度下抽提，再用硫酸亚铁或硫酸等进行磺化，必要时用甲醛缩合。反应物经沉淀、过滤除渣后，再浓缩、干燥即可得棕黑色的固体产物。和木质素一样，所得固体产物不是单一化合物，而是分子量和结构不同的许多化合物的混合物。其组成和结构至今尚无统一的认识。

大量试验证明，越年轻的原料煤，其产物的降黏效果好。初步看法是年轻的原料煤中含有更丰富的活性基团—COOH、—OH、—O—等，有利于化学反应，同时，年轻煤基本结构单元分子量小，有利于起分散剂减黏作用。

此类分散剂的许多特点和木质素相似。但其分散性能更佳，可单独使用，添加量约1%～1.5%。其主要缺点是浆的稳定性较差。

(4) 烯烃磺酸盐　烯烃磺酸盐属聚电解质，是以苯乙烯磺酸、α-甲基苯乙烯磺酸或苯乙烯、丁二烯、乙烯等为原料共聚而成的。另一方法是以各种烯烃（如苯乙烯、乙烯基甲苯、丙烯、丁二烯等）为单体聚合，再经无水硫酸或氯磺酸磺化而成。聚合时以水或有机溶剂为介质，在100℃左右的条件下，以偶氢双异丁基腈或过氧化苯甲酰等为引发剂进行反应。产物相对分子质量为1万～2万。用量为煤重的0.5%左右。

Hinto Arai等人研究表明，聚苯乙烯磺酸盐（PSS）比萘磺酸盐缩合物更优越。对低灰CWM同时具有良好的减黏以及稳定作用。前者随分子量增加而减弱，后者则相反。因此，通过控制分子量可以同时兼顾CWM的流变性和稳定性，甚至可以不用稳定剂。这是高聚物分散剂的主要优点之一。

(5) 非离子型分散剂　水煤浆用的非离子型分散剂分子的亲水端，是聚氧乙烯链或少许磺酸基。亲水端是烷基、烷基苯或烷基苯酚等。可以用通式 $R(CH_2CH_2O)_nH$ 来表示。

这类分散剂的另一特点是分子量较大，上式中的 n 值应大于50～100才有良好的效果。

此类分散剂属聚乙二醇型，即它是以含活泼氢的憎水原料同环氧乙烷（EO）加成反应而得。所谓活泼氢，系指羟基（—OH）、羧基（—COOH）、氨基（—NH$_2$）和酰氨基（—CONH$_2$）等集团中氢原子。其性质活泼，易反应。CWM用此类分散剂，以含上述基团并和煤大分子相近的物质作起始剂同EO进行反应的产物最好。通常将定量起始剂和催化剂先加热至150～180℃，在良好搅拌下逐渐通入EO。反应开始即注意冷却。例如：

$$ROH + H_2C\underset{O}{-\!-\!-}CH_2 \xrightarrow[\text{冷却}]{\text{催化剂}} ROCH_2CH_2OH \xrightarrow[\text{催化剂，冷却}]{H_2C\underset{O}{-\!-\!-}CH_2}$$

$$ROCH_2CH_2CH_2CH_2OH \cdots \xrightarrow[\text{催化剂，冷却}]{H_2C\underset{O}{-\!-\!-}CH_2} RO(CH_2CH_2O)_nH$$

这类产物主要优点是亲水亲油性和分子量易调节、控制，不受水质及煤中可溶性物影响，但价格昂贵。用量一般在0.5%以上。

二、水煤浆稳定剂

水煤浆的稳定性是指煤浆在储存与运输期间保持性态均匀的特性。水煤浆稳定性的破坏来源于固体颗粒的沉淀。由于水煤浆为粗粒悬浮体，属动力不稳定体系，使其稳定的主要方法是使它成为触变体。即煤浆静置时产生结构化，具有高的剪切应力，应用时，一经外力作用，黏度能迅速降低，有良好的流动性，再静止时又能恢复原来的结构状态，流变学上称此种流体为触变体或与时间有关的流体。稳定剂应具有使煤浆中已分散的煤粒能与周围其他煤粒及水结合成一种较弱但又有一定强度的三维空间结构的作用。稳定剂的加入，能使已分散的固体颗粒相互交联，形成空间结构，从而有效地阻止颗粒沉淀，防止固液间的分离。能起这种作用的稳定剂有无机盐、高分子有机化合物，如常见的聚丙烯酰胺絮凝剂、羧甲基纤维素以及一些微细胶体粒子（如有机膨润土）等。

无机电解质，特别是含高价阳离子盐类的作用，一是压缩双电层，降低静电排斥力，促进颗粒聚结；二是对已吸附有阴离子表面活性剂分子的颗粒起"搭桥"作用，从而起到稳定的作用。

聚结物的特点是分子的线形长度大，而且每个分子都有许多极性官能团，通过氢键或其他键合作用，在煤颗粒间架桥，从而起到稳定的作用。

当有分散剂时,煤粒表面有较厚的水化膜,与没有分散剂时相比,形成结构的速度要慢得多。此外,这些极性官能团和水分子有较强的亲和力,因而浆体不易析水沉淀。结构形成后,水被包裹在结构的空隙内,浆的黏度升高,尤其有高的静切应力,有利于稳定。但在外力作用下,结构破坏放出水,黏度明显下降。同样,当外力去除后,结构恢复也要有个过程,因而显示出触变性。该性质对水煤浆的储存、输送、雾化有十分重要的意义。分散剂的用量视煤炭性质及所需稳定期长短而定,一般为煤量的万分之几至千分之几。

三、其他辅助添加剂

1. 消泡剂

消泡剂常见于两种情况下使用,一是分散剂为非离子型时,因它常常同时有很好的起泡性能,水煤浆中含过多气泡,特别是微泡时,流动性大受影响。二是制浆用煤为浮选精煤,当其表面残留起泡剂较多时,经搅拌充气也会产生大量气泡。

许多阴离子型分散剂,如萘磺酸盐类,同时有很好的消泡作用。和非离子型分散剂联合使用,不仅能消泡,而且可降低价格昂贵的非离子型分散剂的用量。

消泡剂用量大约是分散剂的十分之一。两者可同时加入。制浆时常用的起泡剂有醇类及磷酸酯类。

2. 调整剂

添加剂的作用还与溶液的酸碱度有关。制浆时以弱碱性的溶液环境较好,所以在制浆时往往要加入 pH 调整剂以调整煤浆的 pH 值。

3. 防霉剂

添加剂都是一些有机物质,有的在长期储存中易受细菌的分解而失效,要使用防霉剂进行杀菌。不过这种情况很少见。

4. 表面处理剂

表面处理剂是改变煤粒表面特性以增强其成浆性,特别是对难制浆煤种。江龙教授等人通过对比使用处理剂前后水煤浆的黏度和接触角的变化,见表 5-13。认为表面处理剂对提高难制浆煤种的成浆性作用明显,而对易制浆煤种作用不大或没有作用。

表 5-13　表面处理剂试验结果(煤浆浓度为 70%)

煤 种	成浆性	无 处 理 剂		有 处 理 剂	
		水煤浆黏度/mPa·s	接触角 $\theta/(°)$	水煤浆黏度/mPa·s	接触角 $\theta/(°)$
陕西府谷	极难	2088	10	1428	50.2
陕西柠条塔	难	1080	16.5	176	46.5
山西左云	难	1068	8	652	39.8
湖南恩口	易	528	62.8	532	60.9

5. 促进剂

促进剂在改善水煤浆性能方面具有降低黏度、提高稳定性、改善流变特性、增强抗剪切能力等作用,曾凡教授等人通过促进剂对水煤浆特性影响的试验研究,试验结果见表 5-14 和图 5-11,表中 A、B、C 分别代表萘磺酸盐、磺化腐殖酸盐、磺化木质素,X_1 代表促进剂。结果说明促进剂对水煤浆,特别是对难制浆煤种的成浆性具有显著效果。其作用主要表现在两方面:首先,它和常规三大类阴离子型分散剂有良好的协同作用,尤其对腐殖酸及木质素类更佳。这在降低添加剂费用、扩大添加剂的资源方面有实际意义。其次,是促进剂的应用大大提高了常规分散剂的抗剪切能力,使水煤浆成为真正的触变体。

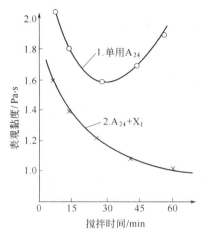

图 5-11 抗剪切试验

表 5-14 促进剂和常规分散剂的制浆试验

煤种	添加剂及用量比		水煤浆浓度/%	水煤浆黏度/mPa·s	水煤浆稳定性/d
神木	A_{24}	1.0	64.30	1270	硬沉淀 110 软沉淀≥16
	$A_{24}+X_1$	0.6+0.4	66.89	1010	
	A_{92}	1.0	64.73	1507	
	$A_{92}+X_1$	0.6+0.4	66.54	1031	
	B_{03}	1.0	64.53	1589	
	$B_{03}+X_1$	0.6+0.4	66.02	1003	
抚顺	A_{24}	1.0	66.71	1202	
	$A_{24}+X_1$	0.6+0.4	66.81	943	
	B_{89}	1.0	66.60	1410	
	$B_{89}+X_1$	0.6+0.4	67.06	1186	
	$C_{207}+A_{24}$	0.7+0.3	66.98	1241	
	$C_{207}+X_1$	0.7+0.3	67.18	898	

工程示例：大同汇海水煤浆厂生产工艺

大同汇海水煤浆有限公司是由大同市焦炭企业总公司和北京贝通源商贸有限公司共同出资组建的水煤浆生产企业。采用高浓度制浆工艺，生产规模 100 万吨/年，一期工程 $30×10^4$ t/a 于 2000 年 12 月投入生产，二期工程 $70×10^4$ t/a 于 2002 年 10 月建成投产，是目前全国最大的水煤浆企业。其工艺流程如图 5-12 所示。

1. 筛分分级

原料煤由汽车运输进厂计量后卸入 2000m² 储煤场，原煤经粗略筛分将大于 8mm 的块煤送入洗选工段进行洗选，小于 8mm 的原煤直接运入主精煤场。因为 8mm 以上的块煤，含矸量较多，必须洗选。8mm 以下的粉煤，含矸量少，所以不经洗选可直接进入精煤场。

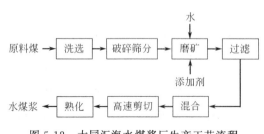

图 5-12 大同汇海水煤浆厂生产工艺流程

2. 洗选

采用分级跳汰流程，跳汰机型号为 XI503，处理量为 100～120t/h。将筛分分级来的大于 8mm 的块煤先进行分级筛分，大于 13mm 的块煤进行块煤跳汰，精煤进入精煤场。0.5～13mm 的经除尘后进入末煤跳汰，洗出的精煤进入脱水机，脱水后进入精煤场。0.5mm 以下的经过捞坑进入浓缩池，压滤脱水后一并进入精煤场。洗出的矸石用来铺路。

3. 破碎

采用反击式破碎机，型号 DFJ-0707，处理量为 40～60t/h，破碎至 3mm 以下，为磨矿作准备。

4. 磨矿

破碎后的煤经皮带秤准确计量后进入球磨机，水和化学添加剂分别通过自动控制系统定量进入球磨机，经过磨矿使煤的堆积效率达到 72%，平均粒度约 43μm，最大粒度小于 300μm。该工艺选用 2 台 ϕ3m×11m 的水煤浆专用球磨机（30×10^{4}t/a），2 台 ϕ3m×13m 的水煤浆专用球磨机（70×10^{4}t/a）。另外还有 1 台 ϕ1.83m×8m 球磨机、2 台 ZM1200 振动磨机的中试车间（5×10^{4}t/a）。球磨机主要运行参数及产品性能指标见表 5-15。

表 5-15　球磨机主要运行参数及产品性能指标

运行参数	指标	运行参数	指标
装球率/%	45	灰分 A_d/%	<10.0
转速率/%	70	硫分 $W_d(St)$/%	<0.5
质量分数/%	66±2	挥发分 V_{daf}/%	28.02～34.53
黏度(100s^{-1})/mPa·s	1200±200	发热量 $Q_{net,ar}$/(MJ/kg)	18.84～19.26
粒度上限/μm	300	灰熔点 ST/℃	1270～1300
平均粒度/μm	38～45	稳定期/d	60

5. 过滤

从球磨机出来的煤浆经滚筛过滤和振动筛过滤，过滤出的 0.8mm 以下的物料投筛到剪切泵里，0.8mm 以上的物料再送回球磨机磨矿。水煤浆滤浆器型号为 JS30，处理量为 30t/h。

6. 混合

过滤后的煤浆经螺杆泵送入 26m^3 的稳定性处理桶，在此加入适量稳定剂，搅拌混匀。

7. 高速剪切

煤、分散剂和水在球磨机中经磨矿后虽已制得符合规定粒度分布（级配）的浆体，但有相当一部分煤粒形成包团，必须经剪切将其"撕碎"混匀。该工艺选用 FDX3/2200 型剪切泵，处理量为 30t/h。

8. 熟化

熟化是搅拌剪切的进一步强化，目的是使稳定剂能够均匀地涂在煤粒的表面，从而达到合格的水煤浆。熟化后的水煤浆送入 100m^3 混匀罐将两条生产线的水煤浆产品混匀，最后送入带搅拌装置的 2 个 3000m^3 的高架式储浆罐，成品水煤浆通过装浆系统自流装入火车或汽车运往用户。生产过程采用中央集控系统监控，给煤、给水、给化学添加剂采用小闭路循环自动控制。料浆和各项技术指标可以实时检测，为了减少对环境的污染，储煤、破碎、给料系统加装了除尘设备，后部加装了料浆回收回用系统，冲洗设备和车辆的废水也加装了回收装置，使该工厂没有"三废"排放物。

大同汇海水煤浆厂发展规划：500×10^4 t/a 的水煤浆制备项目；大同-天津新港 544km 的水煤浆输浆管道；600×10^4 t/a 的洗煤厂；2×25MW 的煤泥和中煤发电厂。

思 考 题

1. 什么是水煤浆？水煤浆产品如何分类？
2. 什么是煤炭的成浆性？成浆性如何评定和分类？
3. 煤炭成浆性的影响因素有哪些？如何提高和改善煤炭的成浆性？
4. 什么是水煤浆的稳定性？影响水煤浆稳定性的因素有哪些？
5. 水煤浆的典型制浆工艺有哪些？各有何特点？
6. 水煤浆分散剂有哪些？常用分散剂有哪些物质？
7. 水煤浆稳定剂有哪些作用？常用稳定剂有哪些物质？

第六章

煤的热解与气化技术

煤的热解也称煤的干馏或热分解。煤的热解作为一种单独的加工方法，是将煤在隔绝空气的条件下加热，煤在不同温度下发生一系列的物理变化和化学反应的复杂过程，生成气体（煤气）、液体、（焦油）和固体（半焦或焦炭）等产物，尤其是低阶煤热解能得到高产率的焦油和煤气。焦油经加氢可制取汽油、柴油和喷气燃料，是石油的代用品，而且是石油所不能完全替代的化工原料。煤气是使用方便的燃料，可成为天然气的代用品，另外还可用于化工合成。半焦既是优质的无烟燃料，也是优质的铁合金用焦、气化原料、吸附材料。用热解的方法生产洁净或改质的燃料，既可减少燃煤造成的环境污染，又能充分利用煤中所含的较高经济价值的化合物，具有保护环境、节能和合理利用煤炭资源的广泛意义。

第一节 煤热解分类和过程

一、煤的热解分类

煤热解的分类按不同的方法有多种分类。

按热解温度可分为低温（500～700℃）、中温（700～1000℃）和高温（1000～1200℃）热解。

按加热速度可分为慢速（<1K/s）、中速（5～100K/s）、快速（500～10^6K/s）和闪速（>10^6K/s）热解。

按气氛可分为惰性气氛热解（不加催化剂）、加氢热解和催化加氢热解。

按固体颗粒与气体在床内的相对运动状态分为固定床、气流床（夹带床）和流化床（落下床）等热解。

按加热方式可分为内热式、外热式和内外热并用式热解。

按热载体方式可分为固体热载体、气体热载体和气-固热载体热解。

按反应器内的压力可分为常压和加压热解。

二、煤的热解过程

煤热解是一个十分复杂的非均相反应过程，并且与煤的大分子结构密切相关。热解具体过程如下。

① 芳香环之间的桥键断裂，形成自由基。

② 自由基部分加氢生成甲烷、其他脂肪烃和水，它们从煤颗粒中扩散出来。

③ 与此同时，较大相对分子质量的自由基被饱和，产生中等相对分子质量的焦油，并从煤颗粒中扩散出来。

④ 大相对分子质量物质固化缩合形成半焦乃至焦炭，并释放出氢气。

煤热解工艺的选择取决于对产品的要求，并综合考虑煤质特点、设备制造、工艺控制技术水平以及最终的经济效益。慢速热解如煤的炼焦过程，其热解目的是获得最大产率的固体产品——焦炭；而中速、快速和闪速热解包括加氢热解的主要目的是获得最大产率的挥发产品、焦油或煤气等化工原料，从而达到通过煤的热解将煤定向转化的目的。表 6-1 列出了目标产品与一般所相应采用的热解温度、加热速度、加热方式和挥发物的导出及冷却速率等工艺条件。

表 6-1　目标产品与相应的工艺条件

目　标　产　品	热解温度/℃	加热速度	加热方式	挥发分导出及冷却速率
焦油	500～600	快、中	内、外	快
煤气	700～800	快、中	内、外	较快
焦炭	900～1000	慢	外	慢
BTX(苯、甲苯、二甲苯)等气态烃	750	快	内	快
乙炔等不饱和烃	>1200	闪裂解	内	较快

第二节　煤炭热解技术与工艺

一、干馏方法

1. 鲁奇-鲁尔（Lurgi Ruhrgas）工艺

该法是由 Lurgi GmbH 公司（德国）和 Ruhrgas AG 公司（美国）开发研究的，是用热半焦作为热载体的煤低温热解方法，其工艺流程如图 6-1 所示。粒度小于 5mm 的煤粉与焦炭热载体混合后，在重力移动床直立反应器中进行干馏。产生的煤气和焦油蒸气引至气体净化和焦油回收系统，循环的半焦一部分离开直立炉用风动输送机提升加热，并与废气分离后作为热载体再返回到直立炉。在常压下进行热解得到热值为 26～32MJ/m³ 的煤气、半焦以及焦油，焦油经过加氢制得煤基原油。

此工艺过程在处理能力为 12t/d 的装置上已经掌握，并建立了处理能力为 250t/d 的试验装置以及 800t/d 的工业装置。

2. 固体热载体干馏新技术

大连理工大学煤化工研究所采用固体热载体快速热解法在 10kg/h 连续装置上对满洲里

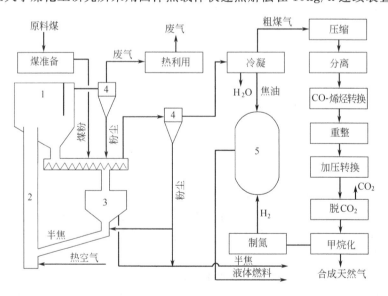

图 6-1　鲁奇-鲁尔法工艺流程
1—半焦分离器；2—半焦加热器；3—反应器；4—旋风分离器；5—焦油加氢反应器

褐煤，云南三种褐煤以及神府煤等进行了快速热解试验研究，获得了满意的效果。1990年开始在内蒙古平庄建设褐煤固体热载体干馏新技术工艺性试验装置，年处理褐煤$5.5×10^4$t，1992年投产成功，平庄褐煤干馏新技术工艺流程由备煤、煤干燥、煤干馏、流化提升加热粉焦、煤焦混合、流化燃烧和煤气冷却、输送和净化等部分组成，简化流程如图6-2所示。

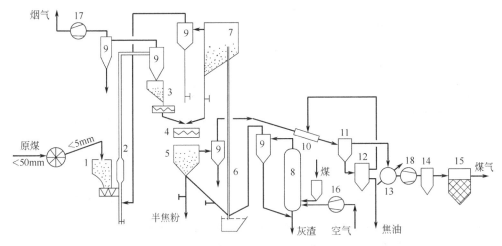

图6-2 平庄工业试验工艺流程

1—原料煤储槽；2—干燥提升管；3—干煤储槽；4—混合器；5—反应器；6—加热提升管；7—热半焦储槽；
8—流化燃烧炉；9—旋风分离器；10—洗气管；11—气液分离器；12—焦液分离槽；13—煤气间冷器；
14—机除焦油器；15—脱硫箱；16—空气鼓风机；17—引风机；18—煤气鼓风机

原料煤粉碎至小于6mm，送入原料煤储槽1，湿煤由给料机送入干燥提升管2，干燥提升管下部有沸腾段，热烟气由下部进入，湿煤被550℃左右的烟气提升并加热干燥。干煤与烟气在旋风分离器分离，干煤入干煤储槽3，220℃左右的烟气除尘后经引风机17排入大气。

干煤自煤储槽经给料机去混合器4，来自热半焦储槽7的800℃热焦粉在混合器与干煤相混，混合后物料温度550~650℃，然后进入反应器5，完成煤的快速热解反应，析出干馏气态产物。

煤或半焦粉在流化燃烧炉8燃烧产生800~900℃的含氧烟气，在加热提升管下部与来自反应器的600℃半焦产生部分燃烧并被加热提升至热半焦储槽7，焦粉被加热至800~850℃，作为热载体循环使用。由热半焦储槽出来的热烟气去干燥提升管2，温度为550℃左右，与湿煤在干燥提升管脉冲沸腾中完成干燥过程，使干煤水分小于5%，温度为120℃左右，烟气温度降至200℃左右。

反应器下部由产品半焦管导出部分焦粉经过冷却，作为半焦产品出厂。

来自反应器的干馏产物——荒煤气经过热旋风除尘去洗气管10，喷洒80℃的水冷却和洗涤，降了温的煤气和洗涤水于气液分离器11分离，液体水和焦油去焦液分离槽12进行油水分离，来自气液分离器的煤气经间冷器13间接水冷却，分出轻焦油，煤气经煤气鼓风机18加压，经机除焦油器14去脱硫箱15，采用干法脱硫，脱硫后的煤气送至煤气柜储存。

3. COED工艺

COED(Coal Oil Energy Development)工艺是由美国FMC(Food Machinery Corporation)和OCR(Office of Coal Research)开发的，该工艺采用低压、多段、流化床煤干馏。

工艺流程如图6-3所示。平均粒度为0.2mm的原料，顺序通过四个串联反应器，其中第一级反应器起煤的干燥和预热的作用，在最后一级反应器中，用水蒸气和氧的混合物对中

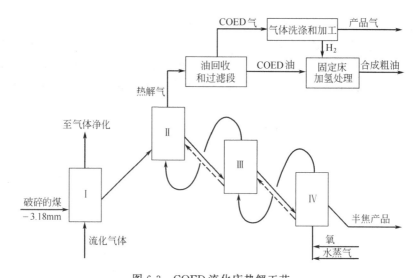

图 6-3 COED 流化床热解工艺
Ⅰ—第一段流化床；Ⅱ—第二段流化床；Ⅲ—第三段流化床；Ⅳ—第四段流化床

间反应器中产生的半焦进行部分气化。气化产生的煤气作为热解反应器和干燥器的热载体和流化介质。借助于固相和气相逆流流动，使反应区根据煤脱气程度的要求提高温度，控制热解过程的进行。热解在压力 35~70kPa 下进行，最终产品为半焦、中热值（15~18MJ/Nm^3）煤气以及煤基原油，后者是用热解液体产品在压力 17~21MPa 下催化（Ni-Mo）加氢制得的。该工艺已有处理能力 36t/d 煤的中间装置，并附有油加工设备。

4. CSIRO 工艺

澳大利亚的 CSIRO(Commonwealth Scientific and Research Organization) 于 20 世纪 70 年代中期开始研究用快速热解煤的方法获取液体燃料，先后建立了 1g/h、100g/h、20kg/h 三种不同规模的试验装置，对多种烟煤、次烟煤、褐煤进行了热解试验。工艺流程如图 6-4 所示。

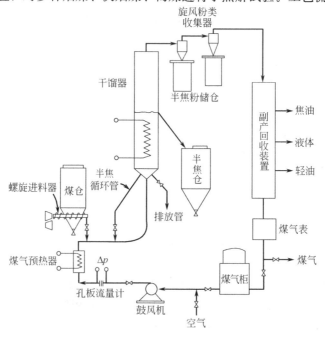

图 6-4 CSIRO 流化床热解工艺流程

该工艺采用氮气流化的沙子床为反应器,将细粉碎的煤粒(<0.2mm)用氮气喷入反应器的沙子床中,加热速度约为104K/s,热解反应的主要过程约在1s内完成。另外对热解焦油也进行了结构分析,并用几种不同类型的反应器进行了焦油加氢处理的研究。

该工艺是在试验室开发的具有最大液体产率的工艺方法,并已建成23kg/h处理煤、用空气或本工艺的循环气作为流化介质进行干馏的中试厂。

5. 美国钢铁公司洁净焦炭法

洁净焦炭工艺采用热解和加氢平行运行的方法生产冶金焦、焦油、油品、有机液体和气体。该工艺已经建立了实验工艺装置(PDU),并进行了试验。

工艺的热解是在竖立的二段流化床内进行的。煤经洗选后,一部分在流化床内于富氢和基本无硫的循环煤气存在的情况下进行热解,煤中的硫大部分脱除,产生的半焦用本工艺生产的焦油作为黏结剂压制成型,型块经过改质和燃烧,生产出坚硬、低硫的冶金焦和富氢气体。另一部分煤首先和本工艺生产的载体油混合制成浆,然后在21~28MPa压力条件下进行非催化加氢,最后把从残渣中分出的液体和气体加工成液体燃料、化工原料和油,油返回本工艺。其工艺流程如图6-5所示。

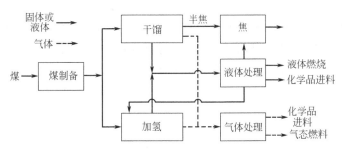

图6-5 美国钢铁公司洁净焦炭法工艺流程简图

该工艺已建成一座处理能力为227kg/d的实验性PDU,该装置包括干馏脱硫器、煤加氢装置和煤预氧化装置。

6. 气流床热解工艺

气流床热解工艺是由美国西方研究公司研究开发的,它是为生产液体和气体燃料以及适宜用作动力锅炉的燃料而设计的,由于煤的停留时间短,快速热解可以获得比其他任何热解方法都高的液体产率。

热解在常压气流床内进行,工艺流程如图6-6所示。将小于200目的煤粉加到半焦流中,热载体是用经空气加热的自产循环半焦,煤的升温速率经计算在270K/s以上,热解在几分之一秒内发生。由于在反应器内的停留时间小于2s,因而挥发物二次裂解最小,液体产率达到最高。在577℃,焦油产率高达35%(质量分数)。不冷凝气体经过压缩机再循环返回作为载体,把进料煤输送到热解反应器。位于反应器下游的旋风分离器收集起来的一部分半焦与半焦燃烧器进行直接热交换而被加热,循环半焦与燃烧气之间的接触时间很短,因而CO的生成极少,这样减少了燃烧气的热损失,显著地改善了过程热平衡。二次加热的半焦返回至反应器以供给干馏所需要的热量。在气流床反应器中,流化介质是利用炭化后的煤气,经分离出热解半焦和液体产品之后返回到循环系统中。液体产品进行加氢制成煤基原油。此外还得到半焦和发热量为22~24MJ/m³(标)的中热值煤气。此工艺已建成处理量为3.6t/d的中间装置并在宽范围条件下进行了条件实验。

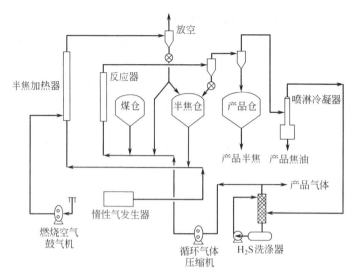

图 6-6 气流床热解工艺流程

7. Toscoal 工艺

Toscoal 工艺是美国油页岩公司（The Oil Shale Corporation）研究开发的。Toscoal 工艺进行低温干馏，可生产煤气、焦油和半焦，煤气热值较高 [22MJ/m³（标）]，符合中热值城市煤气要求，焦油加氢可转化为合成原油。图 6-7 为 Toscoal 干馏非黏结性煤的工艺流程。

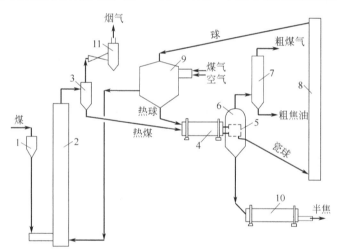

图 6-7 Toscoal 工艺流程

1—煤槽；2—预热提升管；3—旋风器；4—干馏转炉；5—气固分离器；
6—回转筛；7—分离塔；8—瓷球提升管；9—瓷球加热器；
10—半焦冷却器；11—洗尘器

粉碎好的干燥煤在预热提升管内，用来自瓷球加热器的热烟气加热。预热的煤加入干馏转炉中，在此煤和热瓷球混合，煤被加热至约 500℃ 进行低温干馏。瓷球热载体在加热器中被加热，低温干馏产生的粗煤气和半焦及瓷球在气固分离器和回转筛中分离，热半焦去冷却器，瓷球经提升器到加热器循环使用。原料煤粒度最好小于 12.7mm，瓷球粒度应略大于此值。煤在干燥和干馏过程中粒度有所降低，产品半焦粒度一般小于 6.3mm。焦油蒸气和煤气在分离系统中冷凝分离，分成焦油产品和煤气，煤气净化后出售或作为瓷球加热用燃料。

8. 日本的煤炭快速热解工艺

该方法是将煤的气化和热解结合在一起的独具特色的热解技术。它可以从高挥发分原料煤中最大限度地获得气态（煤气）和液态（焦油和苯类）产品。其工艺流程如图 6-8 所示。

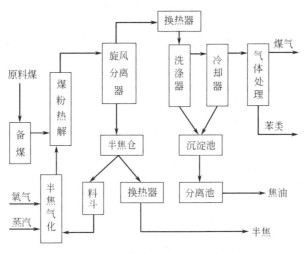

图 6-8 日本快速热解工艺流程

原料煤经干燥，并被磨细到有 80% 小于 200 目后，用氮气或热解产生的气体密相输送，经加料器喷入反应器的热解段。然后被来自下段半焦化产生的高温气体快速加热，在 600～950℃ 和 0.3MPa 下，于几秒内快速热解，产生气态和高液态产物以及固体半焦。在热解段内，气态与固态产物同时向上流动。固体半焦经高温旋风分离器从气体中分离出来后，一部分返回反应器的气化段与氧气和水蒸气在 1500～1650℃ 和 0.3MPa 下发生气化反应，为上段的热解反应提供热源；其余半焦经换热器回收余热后，作为固体半焦产品。从高温旋风分离器出来的高温气体中含有气态和液态产物，经过一个间接式换热器回收余热，然后再经脱苯、脱硫、脱氨以及其他净化处理后，作为气态产品。间接式换热器采用油作为换热介质，从煤气中回收的余热用来产生蒸汽。煤气冷却过程中产生焦油和净化过程中产生的苯类作为主要液态产品。

二、加氢热解法

1. Coalcon 工艺

Coalcon 法是一项技术上最先进的加氢热解工艺，它采用一段流化床、非催化加氢的方法，在中等温度（最高至 560℃）、中等压力（最高 6.859MPa）、煤的最长停留时间 9min 的条件下操作，如图 6-9 所示。用氢气使反应器内的煤和焦流态化，氢气与煤反应放出的热量加热煤和氢气。用锅炉烟气废热将煤干燥，并预热至约 327℃，预热煤经锁斗用氢气输送到加氢干馏器。该工艺可以选用黏结性煤，进煤与大量的循环半焦混合可防止煤结块。

Coalcon 工艺的优点是不使用催化剂，氢耗低、操作压力低、有处理黏结性煤的能力，液体和气体产率高，产品易于分离。该工艺已成功地完成处理能力 250t/d 的中间装置和处理能力为 300t/d 半工业装置的运转工作。

2. 快速加氢热解工艺

煤的快速加氢热解（Flash Hydro Pyrolysis，FHP）是国外最近开发的一种新的煤转化技术，它是以 10000K/s 以上极快的升温速率加热煤，在温度 600～900℃ 和压力 3～10MPa 条件下，煤于氢气中热解，仅以数秒的短停时间完成反应。由此最大程度从煤中获取苯、甲

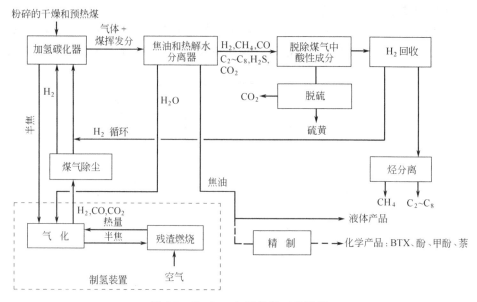

图 6-9 Coalcon 加氢热解工艺流程

苯、二甲苯（BTX）和苯酚、甲酚和二甲酚（PCX）等液态轻质的芳烃（HCL）和轻质油等，同时得到富甲烷的高热值煤气，其气、液态生成物的总碳转化率可达 50% 左右，所以国际上称之为介于气化和液化之间的第三种煤转化技术。

由 FHP 制液态轻质芳烃和 SNG（高热值煤气）有多种实施方案。

野口冬树和 Borrill 提出的煤加氢热解工艺，煤粉碎后，在气流床反应器内进行加氢热解，产物经低温分离后，可获取苯等轻质芳烃和甲烷气。加氢热解后的残余半焦在煤气化炉内氧化之后，除去煤气中的酸性气体获得氢气，又用于加氢反应。

美国 Carbon Fuels 公司开发了煤加氢热解与 IGCC 联合循环发电相结合的新工艺过程。煤经热解反应后制得三苯、轻质油和燃料油，残余半焦用于气化；热解和气化产生气体可用于制甲醇和氨，而富甲烷的气体用于联合循环发电，剩余的氢气循环作加氢热解的载气。

加氢热解-IGCC 联合工艺流程简图如图 6-10 所示。该新工艺具有如下优点：将加氢热解、半焦气化和发电 3 种装置相结合，大大降低投资和操作费用；热解半焦被全部利用，氢得到充分使用；总热效率高达 60%。

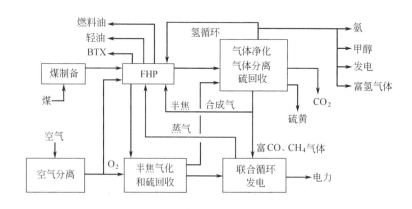

图 6-10 加氢热解-IGCC 联合工艺

日本大阪煤气公司开发了加氢热解与尿素相结合的煤利用新工艺，其工艺流程如图 6-11 所示。据报道，日投煤量 2000 余吨，尿素产量 $64×10^5$ t/a、硫铵 6800t/a、三苯 7200t/a 以及轻质油 4300t/a，同时生产热值达 18.8MJ/m³ 煤气（标） $100×10^4$ m³（标）/d，煤得到了优化利用。

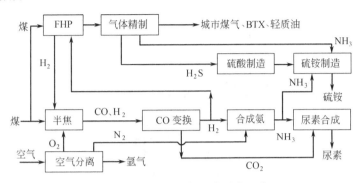

图 6-11　加氢热解与尿素联合工艺

快速加氢热解目的是为了提高煤的转化率，即增加液态生成物、轻质芳烃的产率和气态甲烷的产率。因此，FHP 与煤的气化和液化相比较，具有如下的优点。

① 热效率高。FHP 与煤的气化过程不同，FHP 是放热反应，一般不耗氧，故不需要空分设备。FHP 以总热效率高达 74%~80%，超过煤的气化和液化。

② 氢耗低。煤在热解过程中本身会释放出一部分氢，故加氢反应过程所需外供氢不多，约为 1%~2%。

③ 投资省。FHP 反应时间短，一般仅数秒，反应器处理能力大；压力不高，较低的温度，远比气化温度低，称之为温和煤转化技术，故材料要求降低，节省设备投资。

FHP 与传统的热解（如炼焦）相比较，由于氢的介入，使液态产物，特别是三苯和三酚等附加值高的轻质烃成倍增长，如苯产率，传统的炼焦仅 1%（干燥基煤质量）左右，而 FHP 可达到 3%~5%，但 FHP 液态物产率高达 15%~25%，轻质组分又占了其中主要部分。此外，FHP 的产气率高，其中甲烷的产率可达 20%~40%（碳转化率）以上，而 CO_2 的产率又很低，由此获得高热值煤气。FHP 的特点是过程具有柔软性，即随反应条件不同生成物得以多样变化，FHP 可主要以获取三苯、三酚液态轻质芳烃为目的而实施（称加氢热解），也可主要以获取高热值煤气而进行（称加氢气化），当然又可同时制得液态轻质芳烃和高热值煤气。

鉴于快速加氢热解的优越性，许多发达国家积极进行研究工作。在实验室研究的基础上各国竞相进入工业示范规模试验阶段，美国 Rockwell International 公司和日本 NEDO 新能源开发机构联合建立了 24t/d 规模的中试装置，美国 Carbon Fuels 公司完成 18t/d 规模的中试研究。英国的 British Gas 公司投煤量为 5t/dFHP 的气流床反应装置进入运行。日本大阪煤气公司在完成 240kg/h 规模试验基础上，已完成了 50t/d 的扩大中间试验设计和可行性研究，美国 Carbon Fuels 公司为实现反应过程的大型化进行了 240t/d 规模的粉煤喷嘴冷模试验。

中国也已开始 FHP 的实验研究，华东理工大学早在 1989 年就建成了投煤量 0.1kg/h 规模的气流床反应实验装置，并对扎赉诺尔褐煤、东胜弱黏结煤等进行了各种条件下煤快速加氢热解的深入研究，取得了可喜的研究成果。

工程示例：内蒙古多段回转炉（MRF）低温热解褐煤示范工艺

多段回转炉（MRF）热解工艺是北京煤化学研究所开发的一种新的煤转化技术，它可以将年轻煤（褐煤、长烟煤、弱黏煤等）在回转炉中热解获得半焦、焦油和煤气。在内蒙古海拉尔已建成年处理 2 万吨褐煤的 MRF 热解示范工厂，其工艺流程如图 6-12 所示。

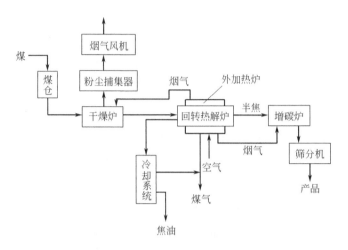

图 6-12 MRF 热解工艺流程框图

粒度 6~30mm 的原料煤，首先送入干燥炉，用来自外加热炉的温度为 300℃ 的烟气将其干燥，然后送入回转热解炉。由于采用外部加热的方式，所以可用煤或煤气燃烧向回转炉供热。煤在 600~700℃ 下热解，得到半焦、煤气和焦油液态产物，在冷却系统将气态产物分成煤气和焦油，半焦则转到增碳炉，在温度 800~900℃ 下进一步脱除挥发分，以制取不同燃料比的半焦。增碳炉产生的高温煤气送入外加热炉作燃气用，从外加热炉排出的惰性烟气用于煤的干燥。

第三节　煤炭气化技术

煤炭气化是将固体燃料（煤、半焦、焦炭）或液体燃料（水煤浆）与气化剂（空气、氧气、富氧气、水蒸气或二氧化碳等）作用而转变为燃料煤气或合成煤气。通过煤炭气化途径，可把煤炭这种储运和使用既不方便、燃烧和反应亦难完全，且有害于环境的固态物质，甚至是劣质燃料，转化为洁净的、使用方便且燃烧效率高的气态燃料和合成气。作为燃料气，既可民用，也可用于工业窑炉和联合循环发电；作为合成气，可以合成氨、甲醇、液体燃料及其他有机化合物。此外，一氧化碳与氢含量高的煤气可用于冶金工业，作为铁矿石直接还原的还原气。煤的气化技术是洁净煤技术的重要组成部分，是煤类转化的主要途径之一，是发展煤化工的先导技术。

一、煤气化技术主要工艺

1. 固定床气化

也称移动床气化。因为在气化过程中，煤料与气化剂逆流接触，相对于气体的上升速度而言，煤料下降很慢，甚至可视为固定不动，因此称之为固定床气化；实际上，煤料在气化过程中的确是以很慢的速度向下移动的，故又称为移动床气化。

2. 流化床气化

它是以小颗粒煤为原料，并在气化炉内使其悬浮分散在垂直上升的气流中，煤粒类似于沸腾的液体剧烈地运行,从而使得煤料层内几乎没有温度梯度和浓度梯度,从而使得煤料层内温度均一,易于控制,提高气化效率。

3. 气流床气化

这是一种并流气化,用气化剂将煤粉带入气化炉内,也可将煤粉先制成水煤浆,然后用泵打入气化炉内。煤料在高于其灰熔点的温度下被气化剂气化,灰渣以液态形式排出气化炉。

4. 熔浴床气化

也称熔融床气化,它是将粉煤和气化剂以切线方向高速喷入一温度较高且高度稳定的熔池内,池内熔融物保持高速旋转。作为粉煤与气化剂的分散介质的熔融物可以是熔融的灰渣、熔盐等可熔融的金属。

二、煤气化技术的主要应用领域

煤气化技术是将煤与氧、水蒸气等反应,转化为氢和一氧化碳等合成气的技术,是环境友好型的现代煤化工的关键技术。合成煤气可用作工业燃气、民用燃气、化工原料气、冶金还原气以及联合循环发电的燃气等。

1. 工业燃气

主要用于钢铁、机械、卫生、建材等工业部门的燃气,加热各种炉、窑。

2. 民用煤气

主要用于城镇居民的清洁生活燃气。

3. 化工合成原料气

利用煤气合成气,合成生产各种化学品已经成为现代煤化工的基础。

(1) 制氢　煤炭可以用来生产氢。氢是化工合成不可缺少的原料,也是燃料电池、零排放氢发电原料和汽车的氢燃料,目前,煤制氢主要用于制造合成氨、煤直接液化制油等。

(2) 合成液体燃料　在金属催化剂条件下由合成气制造液体燃料,即煤炭间接液化制油。

(3) 合成甲醇等烃类　由煤气合成制甲醇,再制二甲醚、乙烯、丙烯等烃类化工产品。在催化剂条件下煤气合成气(H_2+CO)可合成甲醇:

$$CO + 2H_2 \longrightarrow CH_3OH$$

甲醇脱水:

$$2CH_3OH \longrightarrow CH_3OCH_3 + H_2O$$

可制造二甲醚,用于替代液化石油气和车用燃料。

4. 冶金还原气

在冶金工业中,用煤气作还原气冶炼矿石、金属,减少产品中的杂质。

5. 联合循环发电燃气

联合循环发电(IGCC)是利用煤气化合成气作燃料气发电,并利用余热再生产蒸汽发电的循环发电方法。用煤气联合循环发电节能高效环保。也是多联产技术的原料及燃料。

第四节　煤炭地下气化技术

煤炭地下气化是将埋藏在地下的固体煤炭通过热化学过程直接转变为气体燃料的工艺过程,其实质是把传统的物理开采方法变为化学开采方法。煤炭地下气化是开采煤炭的一种新工艺,使现有矿井的地下作业改为地面采气作业。

煤炭地下气化的适应范围比较广泛，能够回收传统采煤工艺所遗弃或因埋藏过深难以开采的煤炭资源。中国煤炭深埋在1200m范围内的有7万亿吨，在1800m范围内的有9万亿吨；泥炭、褐煤等劣质煤有数千亿吨的储量。另外，煤矿井工开采后，还有近50%的煤炭作为残留煤柱被遗弃地下。若采用地下气化工艺生产煤气燃料，具有安全、高效、低污染等优点，世界各国都比较重视这一技术的研究和试验开发。

一、煤炭地下气化基本原理

煤炭地下气化是含碳元素为主的高分子煤，在地下燃烧转变为低分子的燃气，直接输送到地面的化学采煤方法。

煤炭地下气化过程可燃气体的产生，是在气化通道中三个反应区实现的，即氧化区、还原区和干馏干燥区，如图6-13所示。

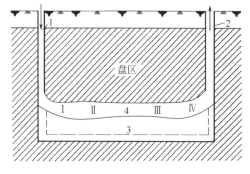

图6-13 煤炭地下气化原理
1—鼓风巷道；2—排气巷道；3—灰渣；4—燃烧工作面；Ⅰ—氧化带；Ⅱ—还原带；Ⅲ—干馏带；Ⅳ—干燥带

在氧化区主要是气化剂的氧与煤层中的碳发生多相化学反应，产生大量的热，使煤层炽热与蓄热。

$$C+O_2 \longrightarrow CO_2+393kJ/mol$$
$$2C+O_2 \longrightarrow 2CO+231.4kJ/mol$$

在还原区主要反应为CO_2和水蒸气与煤相遇，在高温下，CO_2还原为CO，H_2O分解H_2和O_2，O_2与C生成CO。

$$CO_2+C \longrightarrow 2CO-162.4kJ/mol$$
$$H_2O+C \longrightarrow H_2+CO-131.5kJ/mol$$

这两步反应是主要的产气反应，反应取决于还原区的温度。温度增加，H_2和CO产率迅速增加。当气化通道处于高温条件下时，无氧的高温气流进入干馏干燥区时，热作用使煤中的挥发物析出形成焦炉煤气。经过气化通道中三个反应区后，就形成了含有可燃气体组分，主要是CO、H_2、CH_4的煤气。

提高产气率和稳定产气的有效方法：一是提高还原区的温度，扩大还原区域，使CO_2还原和水蒸气的分解更趋于完全；二是增加干馏区的长度，生产更多的干馏煤气。为了达到上述目的，煤炭地下气化采用长通道、大断面、双火源、两阶段地下气化工艺。

两阶段煤炭地下气化，是一种循环供给空气和水蒸气的气化方法。每次循环由两个阶段组成，第一阶段为鼓空气燃烧煤蓄热，生成空气煤气；第二阶段为鼓水蒸气，生成热解煤气和水煤气，在该煤气中氢的含量可达50%以上。

双火源能提高气化温度，增加燃烧区长度，以扩大水蒸气分解区域，提高水蒸气的分解率，并得到中热值煤气。双火源地下气化原理如图6-14所示。

二、煤炭地下气化方法及工艺

由气化原理可知，煤炭地下气化需先建造地下煤气发生炉，即生产车间。共有两种方法：矿井式和无井式气化方法。

矿井式方法是从地面向地下煤层凿出相距一定距离的一对立井，并用煤层平巷连通后，点燃煤层，生产煤气。显然，这种方法避免不了井下作

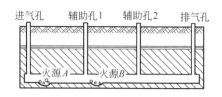

图6-14 双火源地下气化原理

业；且密闭井巷工作复杂，漏气性大；气化过程不易控制。由于经济和技术原因，矿井式方法现已被无井式气化方法所代替。无井式气化方法就是用钻孔代替井筒，然后贯通两个钻孔，并点燃煤层形成火道，进行燃烧气化。气化工艺及生产系统如图6-15所示。

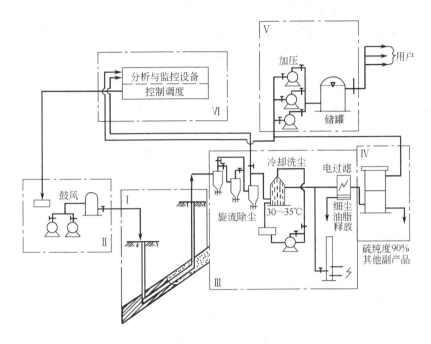

图 6-15 煤地下气化工艺及生产系统
Ⅰ—地下气化发生炉；Ⅱ—压风机车间；Ⅲ—清洗和冷却车间；Ⅳ—除硫车间；
Ⅴ—气体输送车间；Ⅵ—监控与调度系统

煤炭地下气化可以使埋藏过深的不宜用井工开采的煤层得到开发，它不但改善了矿工的劳动条件，而且气化对地表破坏较小，没有废矸，还有利于防止大气污染。煤炭地下气化的经济效益较好，其投资仅为地面气化站的1/3～1/2。

着火点较低、煤层较厚的褐煤及低变质烟煤比较容易气化；而含水分多的薄煤层或无烟煤较难气化。气化煤层倾角超过35°对气化更为有利。

利用气化回收报废矿井的煤柱、边角煤也是国内外气化的一个方向。

煤炭地下气化原理最早是1888年由俄国著名化学家门捷列夫提出，其后由英、前苏联、美国、中国进行了实验。煤炭地下气化得到的煤气是洁净的能源，不仅可作民用或发电燃料，也是很好的化工原料。目前世界各主要产煤国均在进一步研究，深化与完善煤炭地下气化理论，发展地下煤炭资源的开发利用新技术。近年，由中国矿业大学余力教授主持，采用长通道、大断面、两阶段煤炭地下气化工艺，在不同条件下建成6座气化站，工艺流程如图6-16所示，生产状况良好，其中唐山市刘庄煤矿气化站已实现连续稳定生产。山西昔阳、山东新汶、贵州、内蒙古等许多矿区正在进行煤炭地下气化的可行性研究与实施，中国煤炭地下气化技术及应用已经成熟。

工程示例：唐山刘庄煤矿地下气化工程

1. 煤层赋存及地质情况

唐山刘庄煤矿位于唐山井田北翼浅部，为石炭二迭纪煤层。井田范围东西走向约2.5km，南北宽0.5～1.5km，呈一狭长形。煤层深埋50～320m。上部有50～100m冲积层。

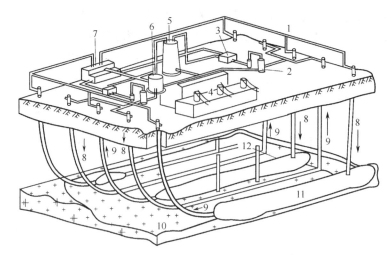

图 6-16 长通道、大断面、两阶段煤炭地下气化工艺
1—压缩空气；2—气液分离器；3—热交换器；4—发电厂；5—煤气净化设备；6—水净化循环装置；7—压缩与燃烧气体混合器；8—空气；9—煤气；10—煤层；11—气化带；12—监测与控制钻孔

主要开采煤层有 8、9、12 三层，其中 9、12 煤层为中厚煤层，受构造拉伸和积压影响，局部有变薄或增厚现象，两煤层均含有薄层煤矸石夹层，但煤质好、灰分低，为 2 号肥气煤。根据地质资料揭示并经生产证实，井田大部分煤层在 20 世纪 20～30 年代曾开采过。由于当时条件所限，采出量不大，丢弃的较多，对煤层破坏不严重，有些没有受到破坏。气化炉就建立在 9、12 号煤层中。

2. 气化炉结构

气化炉设在 9 号、12 号煤层中，煤层倾角 60°～70°，两煤层间距 30～40m，其间为中等硬度的砂岩及砂页岩层。9 号层煤厚度为 3.0～4.5m，顶板为泥岩及细粉砂岩，底板为页岩；12 号煤层厚度为 4～6.5m，顶板为腐泥质页岩，底板为砂页岩。

9 号和 12 号气化炉分别由四个钻孔和五个钻孔（进、出气孔）及气化通道、辅助通道、斜上山连通巷、两侧密闭墙等组成，气化通道长度为 210m。

3. 气化系统

本系统主要有输送管路系统、地面净化系统、测试系统、储气系统等组成。输送管路系统主要包括：供风系统、供蒸汽系统、输气系统、放散系统及鼓引风系统等。净化系统包括水封、空喷塔、洗涤塔等。测试系统包括气体组分分析系统、各点压力、温度采集系统等。储气系统包括湿式储气罐和调压系统及相应的附属设备等。

4. 运行情况

刘庄煤矿地下气化工程自 1996 年 5 月 18 日点火以来，综合运用了多种工艺，保证了气化炉运行一直较稳定，产气量和煤气质量基本达到了设计要求。首先进行了空气连续气化试验，指标见表 6-2，煤气供唐山市卫生陶瓷厂和刘庄矿供热锅炉使用，同时也进行了多次两阶段气化试验，试验结果见表 6-3。

表 6-2 刘庄矿试验鼓风煤气组分、热值和产量

煤气组分(质量分数)/%					煤气热值 /(MJ/m³)	煤气产量 /(×10⁴m³/d)
H_2	CO	CH_4	CO_2	N_2		
10～20	10～25	2～4	7～25	40～65	4.18～5.86	10～12

表 6-3 刘庄矿试验水煤气组分、热值和产量

序 号	煤气组分(质量分数)/%					煤气热值 /(MJ/m³)	煤气流量 /(m³/h)
	H_2	CO	CH_4	CO_2	N_2		
1	40.66	28.02	7.84	5.51	17.79	11.88	1963
2	48.98	5.02	13.65	22.61	9.74	12.26	2315
3	43.57	15.68	11.02	6.92	22.81	11.89	2287
4	49.11	13.21	14.11	16.82	6.75	13.51	2871
5	47.14	13.36	12.38	20.48	6.64	12.59	2263
6	46.69	14.45	10.27	23.55	5.04	11.83	2345
7	47.73	9.09	15.73	26.12	1.33	13.45	2233
8	47.94	16.63	12.04	18.17	5.22	12.97	2462
9	53.01	24.77	7.23	10.46	4.53	12.74	2346
10	52.00	11.24	8.65	21.83	6.27	11.45	2430

注：刘庄矿已实现稳定生产五年多，目前仍在运行。

5. 结论

① 唐山刘庄煤矿煤炭地下气化工程日产量 $12 \times 10^4 m^3$ 以上（后由于其他原因煤气量人为下调），煤气平均热值 $4.25 MJ/m^3$，基本达到预期目标。

② 本工程采用长通道、大断面地下气化炉及地面供风、供汽、输气和测试系统均设计合理、操作灵活。

③ 井下安全隔离带、密封墙等安全设施，设计合理，质量可靠。

④ 本工程采用了多种气化工艺：双火源、正反向气化、压抽结合等提高了煤气质量。

⑤ 由于采用了边气化、边充填，有效地控制了气化空间，保证了气化过程的稳定进行，避免了地面塌陷。

思 考 题

1. 什么是煤的热解？煤的热解如何分类？
2. 快速加氢热解工艺（FHP）有何特点？中国在这方面取得了哪些成果？
3. 干馏热解与加氢热解有何区别？
4. 热解产物有哪些？各有何应用？
5. 影响热解产物的因素有哪些？如何根据产物要求确定热解条件？
6. 什么是煤的气化？按煤料与气化剂的接触方式气化分为哪几类？
7. 煤的反应性？气化用煤反应性有何要求？

第七章

煤气化联合循环发电与多联产技术

第一节 煤气化联合循环发电技术

煤气化联合循环发电（Integrated Coal Gasification Combined Cycle，IGCC）是指煤经过气化产生中低热值煤气，经过净化除去煤气中的硫化物、氮化物、粉尘等污染物，变为清洁的气体燃料，燃烧后先驱动燃气轮机发电，然后利用高温烟气余热在废热锅炉内产生高压过热蒸汽驱动蒸汽轮机发电。其原理如图 7-1 所示。

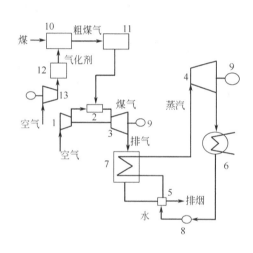

图 7-1 IGCC 的原理
1—压气机；2—燃烧室；3—燃气透平；4—汽轮机；5—给水加热器；6—凝汽器；7—余热锅炉；8—给水泵；9—发电机；10—煤气发生炉；11—煤气净化装置；12—空气分离装置；13—空气压缩机

IGCC 技术把高效的燃气-蒸汽联合循环发电系统与洁净的煤气化技术结合起来，既有高发电效率，又有很好的环保性能。在目前技术水平下，IGCC 发电的净效率可达 43%～45%，而污染物的排放量仅为常规燃煤电站的 1/10，脱硫效率可达 99%，SO_2 排放在 $25mg/m^3$ 左右，NO_x 排放只有常规电站的 15%～20%，耗水只有常规电站的 $\frac{1}{3}$～$\frac{1}{2}$，有利于环境保护。因此，IGCC 作为一种非常有效而洁净的煤发电技术，已经受到世界各国的高度重视。

在目前典型的整体煤气化联合循环系统中，煤和来自空气分离装置的富氧气化剂送入加压气化装置中，气化生成煤气，煤气经过净化后作为燃气轮机的燃料进入燃烧室。燃烧室产生的高温高压燃气进入燃气轮机，带动发电机做功发电，并驱动压气机。压气机输出的压缩空气的一部分送入燃气轮机燃烧室，作为燃烧所需空气，另一部分供空气分离装置所用。燃气轮机的排气进入余热锅炉产生蒸汽，并送入汽轮机做功发电，实现了在燃气-蒸汽联合循环发电中间接地使用了固体燃料煤的目的。

一、IGCC 的主要特点

1. 燃料的适应性广

就目前已投运的整体煤气化联合循环电站和示范装置运行情况来看，燃料的适应范围是比较广的，可利用高硫分、高灰分、低热值的低品位煤。对燃料的适应性主要取决于所采用的气化炉形式及给料的方式，对于干粉加料系统，可以适合从无烟煤到褐煤的所有煤种。对湿法加料的气化工艺，适合于灰分较低的固有水分较低的煤；对于高灰熔点的煤种，应加入助熔剂（如石灰石）。

2. 具有进一步提高效率的潜力

整体煤气化联合循环的净效率主要取决于燃气透平的进口温度、煤气化显热的利用程度、电站系统的整体化程度以及厂用电率等。先进的煤气化技术可达到 99% 的碳转化率，气化炉的总效率可达 94%。但由于在煤气化和粗煤气的净化过程中能量转换所造成的损失，再加上目前采用富氧作为气化剂，空气分离装置所消耗的电力，使整体煤气化联合循环的效率低于燃气-蒸汽联合循环机组的效率。

随着工程材料的不断发展和技术的改进，若能够采用成熟可靠的高温煤气净化技术，则可减小热量的损失。如果在煤气化工艺中以空气代替富氧气化，还可以大幅度降低厂用电率，再加上新型燃气轮机的发展与应用，因此，整体煤气化联合循环具有较大幅度地提高燃煤发电效率的潜力。目前，发电效率可达到 45% 以上。

3. 整体煤气化联合循环克服了单独煤气化的缺点

在单独煤气化过程中，煤的化学能中 15% 多的热量损失于冷却水中。在整体煤气化联合循环系统中，充分利用了低、中热值煤气制气成本较低，燃烧温度不是很高，排放少，但不适合于储存和输送的特点。将煤气的生产与燃气-蒸汽联合循环发电连接成一个整体，直接利用在单独煤气化中不可避免损失的热量，利用这一部分热量加热余热锅炉的给水，从而体现整体化的优势。但是，由于目前没有很好地解决煤气化炉产生的粗煤气直接进行高温净化的技术问题，因此，这部分热量的利用还不完善。

整体化的另一个优势是充分利用整体煤气化联合循环中气体介质的压力能。通过合理地配置系统中的设备，可以直接利用机械能，尽量少用电能来提升介质的压力，从而提高联合循环的综合效率。主要体现在空气分离系统、燃气轮机、加压气化炉、余热锅炉等设备在参数上整体合理配合方面。

4. 优良的环保性能

整体煤气化联合循环发电系统在将固体燃料比较经济地转化成燃气轮机能燃用的清洁气体燃料的基础上，很好地解决了燃煤污染严重且不易治理的问题，因此，它具有大气污染物排放量少，废物处理量小等突出优点，足以满足对未来燃煤发电系统日益严格的环保指标要求。

5. 耗水量较少，节水效果显著

IGCC 的燃气轮机发电量占总发电量的 50%～60%，蒸汽轮机占 40%～50%，而燃气轮机动力循环装置消耗水量很少。因此，联合循环电站的耗水量也只有常规火电厂耗水量的 50%～70%，适宜于缺水地区和建设坑口电站。

6. 充分利用煤炭资源，组成多联产系统

煤气化炉产生的煤气除了可直接用于联合循环发电外，还可以同时供热，煤气又能用于制作合成氨、尿素等化工产品，也可直接供城市居民生活用煤气，还可以作为燃料电池的燃料组成效率更高的联合循环发电系统。因此，具有利用煤炭建造联合生产各种产品的多联产系统的潜力。

7. 宜大型化，并能与其他先进发电技术结合

8. 便于分段、分步建设电站

二、IGCC 工艺流程

1. IGCC 对煤气化工艺的要求

① 气化工艺的冷、热煤气效率高，碳转化率高。

② 气化炉的技术较成熟，运行经验较丰富，运行安全可靠，单炉生产能力大，能适应大容量发电机组的需要。

③ 煤种适应性强。

④ 粗煤气便于净化处理，粗煤气中含焦油、酚及粉尘少。

⑤ 能与发电设备运行工况匹配跟踪，启动、停炉操作简便、快捷，负荷变化范围较广。

移动床加压气化、流化床气化和气流床气化都可作为 IGCC 的气化工艺。目前运行的 IGCC 气化装置与技术特性比较见表 7-1。

表 7-1 IGCC 气化装置与技术特性比较

煤气化技术	BGL/Lurgi	HTW	U-Gas	KRW	Texaco	Destec	Shell	Prenflo
床层类型	移动床	流化床	流化床	流化床	气流床	气流床	气流床	气流床
加煤方式	上加块煤	下加粉煤	下加粉煤	下加粉煤	上加水煤浆	下加水煤浆	下加煤粉	下加煤粉
排灰方式	液态渣	干灰渣	灰团聚	灰团聚	液态渣	液态渣	液态渣	液态渣
气化剂	氧气	氧气或空气	氧气或空气	氧气或空气	氧气	氧气	氧气或空气	氧气或空气
发展现状	美国 IGCC 484MW	德国 IGCC 300MW	美国 IGCC 275MW	美国 IGCC 95MW	美国 IGCC 260MW	美国 IGCC 262MW	荷兰 IGCC 253MW	西班牙 IGCC 300MW

2. IGCC 典型工艺流程

图 7-2、图 7-3、图 7-4 分别表示了移动床气化的 IGCC 的工艺流程、流化床气化的 IGCC 的工艺流程、气流床气化的 IGCC 的工艺流程。

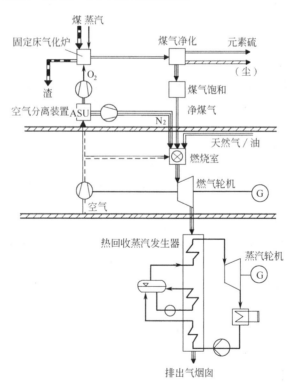

图 7-2 移动床气化的 IGCC 的工艺流程

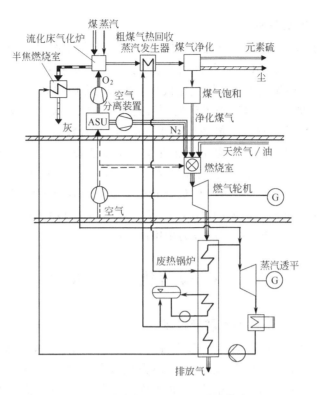

图 7-3 流化床气化的 IGCC 的工艺流程

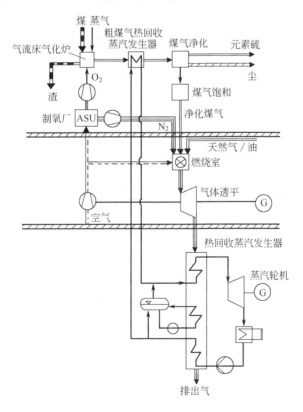

图 7-4 气流床气化的 IGCC 的工艺流程

三、我国 IGCC 发展现状

我国"八五"期间与美国德士古（Texaco）公司等合作，完成了水煤浆加压气化 200MW 和 400MW 等级的 IGCC 可行性研究。"九五"国家科技攻关计划中，重点安排了 IGCC 工艺、煤气化、热煤气净化、燃气轮机和余热系统方面的关键技术研究。

我国已将 IGCC 发电与多联产技术研发项目列入了国家中长期科技发展规划，"十一五"期间，启动了 IGCC 电站工程。华能集团已于 2006 年 9 月投资在天津滨海新区启动 IGCC 示范电站，并已进入二期工程；华电集团正在杭州半山建设一台 20 万千瓦级的 IGCC 发电机组项目，走的是完全基于国产的、自主研发的技术路线；大唐发电计划在沈阳建设 4×400MW 的 IGCC 项目；广东核电集团与东莞电化实业股份有限公司正式签署协议，将建设装机容量为 278 万千瓦世界上最大的 IGCC 项目。2008 年 6 月中国神华与鄂尔多斯市协议合作开发 IGCC 和煤炭项目。IGCC 再次成为中国能源战略的焦点。

第二节 煤气化多联产技术

一、以煤部分气化为基础的多联产技术

由于煤的组成、结构以及固体形态等特点，煤在气化过程中的反应速率随转化程度的增加而减慢，若要在单一气化过程中获得完全或很高的转化率，需要采用高温、高压和长停留时间，从而增加技术难度和生产成本。另外，炭的燃烧反应速率远高于其气化反应速率，若采用燃烧的方法处理煤中的低活性组分，则可以简化气化要求，从而降低生产成本。煤部分气化多联产工艺就是针对煤中不同组分实现分级利用，即将煤部分气化后所得的煤气用作燃料或者化学工业原料，剩下的半焦通过燃烧加以利用。具体工艺流程如图 7-5 所示。

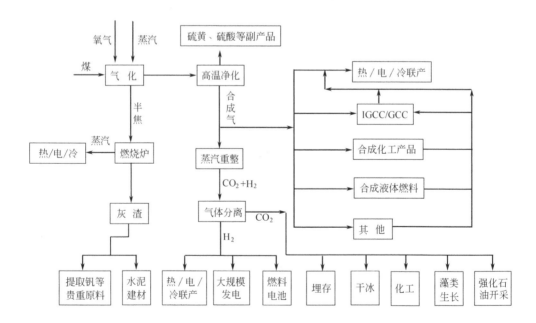

图 7-5 以煤部分气化为核心的多联产系统

以煤部分气化为基础的多联产技术主要由煤部分气化单元、半焦燃烧单元及煤气转化及利用单元组成。

部分气化单元不追求煤炭很高的转化率，所以，目前常采用气化参数较低的流化床气化技术。煤可以在要求相对较低的气化炉中实现部分气化，没有气化的半焦则被直接送入循环流化床的燃烧炉燃烧利用，产生蒸汽用于发电、供热。

部分气化产生的煤气视成分分别用于不同用途。如空气煤气（气化剂为空气生产的煤气）由于热值低且氮气含量高，一般用于燃气蒸汽联合循环发电。而氧气（气化剂）气化产生的合成气一般可以直接作为燃料供应，如民用煤气、生产工艺燃料用气及燃气联合循环发电等，也可经过转化生产各种产品。合成气转化可分为直接法和间接法两类。F-T 合成工艺是一种已经商业化的成熟的合成气直接转化方法，利用 F-T 合成工艺可将合成气转化为柴油、粗汽油和石蜡等多种优质燃料和化工产品。合成气通过间接转化法可制得甲醇，以甲醇为原料的化工产品的生产工艺均可有机地集成到多联产的工艺中，如乙酸、乙二醇等。另外，以合成气制取二甲醚、乙醇、甲酸、合成氨、尿素和烯烃等其他化工产品的工艺同样可以作为一个子系统集成到多联产系统中。

合成气也是制取氢气的原料。合成气首先通过蒸汽重整反应转化成氢气和二氧化碳，然后通过气体分离获得氢气。氢气作为零排放燃料具有广阔的应用前景。

另外，在合成气的净化过程中还可生产硫黄或硫酸、二氧化碳及其相关产品。从灰渣提取钒等贵重原料，灰渣可作为建材生产的原料。

以煤部分气化为基础的多联产技术除了具备传统煤气化技术的优点外，还具有以下优点。

① 不追求气化过程的高转化率，实现煤炭的分级转化利用，对煤气化技术与设备要求较低，从而降低了系统的投资和运行成本。

② 部分气化技术可以采用较低的气化温度，所以可以与目前相对成熟的煤气低温净化技术直接集成。

③ 煤炭中的硫、氮在气化炉被转化成相对容易脱除的 H_2S、NH_3 等，可在气化炉内或煤气净化过程中脱除，半焦中残余的硫、氮、磷、氯和碱金属等污染物相对于原煤大大降低，燃烧起来相对清洁，系统污染物控制成本降低。

二、以煤完全气化为基础的多联产技术

以煤完全气化为核心的多联产系统是首先将煤全部气化转化为合成气，合成气可以用于燃料、化工原料、联合循环发电及供热制冷，从而实现以煤为主要原料，联产多种高品质产品，如电力、清洁燃料、化工产品等。以煤完全气化为核心的多联产系统如图 7-6 所示。

以煤完全气化为核心的多联产技术的主要特点如下。

① 多种技术有机组合，随着合成气利用技术的发展与成熟，可对系统进行进一步的优化组合。

② 在系统中，颗粒物、SO_2、NO_x 和固体废物等污染物可以有效地得到控制。另外，由于采用纯氧气化技术，通过有机集成相应的技术，系统可实现产生的废气是高浓度的 CO_2，直接进行利用或处理，如储存在海洋、地层或陆地生态系统中，或采用先进的生物和化学工艺处理等办法，实现污染物的近零排放。

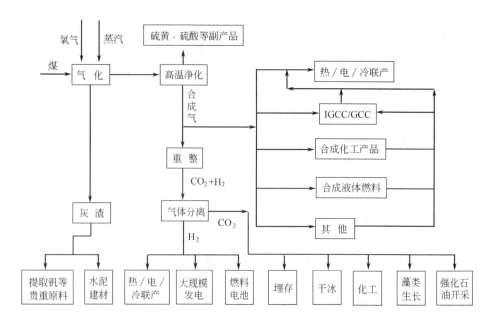

图 7-6 以煤完全气化为核心的多联产系统

思 考 题

1. 什么是煤气化联合循环发电？其主要特点是什么？
2. 煤炭气化多联产的典型工艺有哪些？

第八章

煤炭液化转化技术

把固体煤炭通过一系列化学加工，转化为液体燃料及其他化学品的洁净煤技术称为煤炭液化技术。煤炭液化技术是一种彻底的高级洁净煤技术。煤炭液化分为直接液化和间接液化两大类。煤的低温干馏称为煤的部分液化。

煤炭直接液化是指采用高温、高压氢气，在催化剂和溶剂作用下进行裂解、加氢等反应，将煤直接转化为分子量较小液体燃料和化工原料。

煤炭间接液化是将煤首先气化成原料气（主要为 CO、H_2），再经催化合成石油及其他化学产品。

煤炭液化是煤炭转化的高技术产业。发展我国的煤炭液化技术，不仅可以解决我国煤多油少的能源格局，缓解石油进口压力，提高我国能源安全系数，而且也是有效改善环保的重要途径。煤炭液化是国家的能源战略储备技术，煤炭液化技术发展将成为我国能源建设的重要新型产业，对中国能源发展具有重要的现实和战略意义。

第一节 煤炭液化制油机理

一、煤的化学结构与石油化学结构的区别

煤是固体，而燃料油是液体。从元素组成来看，虽然都是 C、H、O 等元素组成，但其含量各不相同，由表 8-1 中可知，煤与石油、汽油相比，煤的氢含量低，氧含量高，H/C 原子比低，O/C 原子比高。例如高挥发烟煤氢的含量为 5.5%，H/C 原子比 0.82，氧含量达 11% 左右，而石油的氢含量为 11%～14%，H/C 原子比 1.76，氧含量仅 0.3%～0.9%。汽油只含 C、H 两种元素，不含 O、N、S 元素。

表 8-1 煤与液体油的元素组成

元 素	无烟煤	中等挥发分烟煤	高挥发分烟煤	褐 煤	泥 炭	石 油	汽 油
$w(C)/\%$	93.7	88.4	80.3	72.7	50～70	83～87	86
$w(H)/\%$	2.4	5.0	5.5	4.2	5.0～6.1	11～14	14
$w(O)/\%$	2.4	4.1	11.1	21.3	25～45	0.3～0.9	
$w(N)/\%$	0.9	1.7	1.9	1.2	0.5～1.9	0.2	
$w(S)/\%$	0.6	0.8	1.2	0.6	0.1～0.5	1.0	
H/C 原子比	0.31	0.67	0.82	0.87	约 1.00	1.76	1.94

从分子结构来看，煤的分子结构极其复杂，迄今仍未能彻底了解。但是通过大量的研究，认为烟煤的有机质主要是以几个芳香环为主，环上有含 S、O、N 的官能团，由非芳香部分（—CH_2—，—CH_2—CH_2— 或氢化芳香环）或醚键连接起来的数个结构单元（有人认为 5～10

个）所组成，呈空间立体结构的高分子化合物。另外在高分子立体结构中还嵌有一些低分子化合物，如树脂、树蜡等。随着煤化程度的加深，结构单元的芳香性增加，侧链与官能团数目减少。石油是主要由烷烃及芳香烃所组成的混合物。

从相对分子质量来看，煤的相对分子质量很大，一般认为5000~10000或更大些；而石油的平均分子量较小，一般为200左右，汽油的平均相对分子质量为110左右。

二、煤加氢液化的反应机理

煤与石油在化学组成和分子结构方面也有相似之处，主要都是由C、H元素所组成。如果能够创造适宜的条件，使煤的相对分子质量变小，提高产物的H/C原子比，那么就有可能将煤转化为液体燃料油。

为了将煤中有机质高分子化合物变成低分子化合物，就必须切断煤化学结构中的C—C化学键，切断这些化学键就必须供给一定的能量，如热能。为了提高H/C原子比，必须向煤中加入足够的氢。煤在高温下热分解得到自由基碎片，如果外界不向煤中加入充分的氢，那么这些自由基碎片只能靠自身的氢发生再分配作用，而生成很少量H/C原子比较高、相对分子质量较小的物质——油和气，绝大部分自由基碎片则发生缩合反应而生成H/C原子比更低的物质——半焦或焦炭。也就是说，煤在热分解的同时，不可避免地发生缩合反应，这样就不可能将煤的有机质全部或绝大部分转化为液体油；如果外部能供给充分的氢，使热解过程中断裂下来的自由基碎片立刻与氢反应结合，而生成稳定的、H/C原子比较高、相对分子质量较小的物质，这样就可能在较大程度上抑制缩合反应，使煤中有机质全部或绝大部分转化为液体油。

1. 在加氢液化过程中的反应

（1）煤热裂解反应 煤在加氢液化过程中，加热到一定温度（300℃左右）时，煤的化学结构中键能最弱的部位开始断裂呈自由基碎片。

$$煤 \xrightarrow{热裂解} 自由基碎片 \Sigma R°$$

随着温度的升高，煤中一些键能较弱和较高的部位也相继断裂呈自由基碎片。

研究表明，煤结构中苯基醚C—O键、C—S键和连接芳环C—C键的解离能较小，容易断裂；芳香核中的C—C键和次乙基苯环之间相连结构的C—C键解离能大，难于断裂；侧链上的C—O键、C—S键和C—C键比较容易断裂。

煤结构中的化学键断裂处用氢来弥补，化学键断裂必须在适当的阶段就应停止，如果切断进行得过分，生成气体太多；如果切断进行得不足，液体油产率较低，所以必须严格控制反应条件。

（2）加氢反应 在加氢液化过程中，由于供给充足的氢，煤热解的自由基碎片与氢结合，生成稳定的低分子，反应如下：

$$\Sigma R° + H = \Sigma RH$$

此外，煤结构中某些C═C双键也可能被氢化。

研究表明，烃类的相对加氢速率，随催化剂和反应温度的不同而异；烯烃加氢速率远比芳烃大；一些多环芳烃比单环芳烃的加氢速度快；芳环上取代基对芳环的加氢速度有影响。

加氢液化中一些溶剂同样也发生加氢反应，如四氢萘溶剂在反应中，它能供给煤质变化时所需要的氢原子，它本身变成萘，萘又能与系统中的氢反应生成甲氢萘。

加氢反应关系着煤热解自由基碎片的稳定和油收率高低，如果不能很好地加氢，那么自由基碎片就可能缩合生成半焦，其油收率降低。影响煤加氢难易程度的因素是煤本身稠环芳烃结构，稠环芳烃结构越密和相对分子质量越大，加氢越难，煤呈固态也阻碍与氢相互作用。

(3) 脱氧、硫、氮杂原子反应　加氢液化过程，煤结构中的一些氧、硫、氮也产生断链，分别生成 H_2O（或 CO_2、CO）H_2S 和 NH_3 气体而脱除。煤中杂原子脱除的难易程度与其存在形式有关，一般侧链上的杂原子较环上的杂原子容易脱除。

煤结构中的氧以醚基（—O—）、羟基（—OH）、羧基（—COOH）、羰基和醌基等形式存在。醚基、羧基和羰基在较缓和条件下就能断裂脱去，羟基则不能，需在比较苛刻的条件下才能脱去。

从煤加氢液化的转化率与脱氧率之间的关系可以看出，脱氧率在 0~6% 范围内，煤的转化率与脱氧率成直线关系，当脱氧率为 60% 时，煤的转化率达 90% 以上。可见煤中有 40% 左右的氧比较稳定。

煤结构中的硫以硫醚、硫醇和噻吩形式存在。加氢液化过程中，脱硫和脱氧一样比较容易进行，脱硫率一般在 40%~50%。

(4) 缩合反应　在加氢液化过程中，由于温度过高或氢供应不足，煤的自由基碎片或反应物分子会发生缩合反应，生成半焦或焦炭。缩合反应将使液化产率降低，它是煤加氢液化中不希望进行的反应。为了提高液化效率，必须严格控制反应条件和采取有效措施，抑制缩合反应，加速裂解、加氢反应。

另外，还可能产生异构化、脱氢等反应。

2. 煤加氢液化反应机理

一般认为煤加氢液化的过程是煤在溶剂、催化剂和高压氢气下，随着温度的升高，煤开始在溶剂中膨胀形成胶体系统，有机质进行局部溶解，发生煤质的分裂解体破坏，同时在煤质与溶剂间进行氢分配，350~400℃生成沥青质含量很多的高分子物质。在煤质分裂的同时，有分解、加氢、解聚、聚合以及脱氧、脱硫、脱氮等一系列平行和相继的反应发生，从而生成 H_2O、CO、CO_2、NH_3 和 H_2S 等气体。随着温度逐渐升高（450~480℃），溶剂中氢的饱和程度增加，使氢重新分配程度也相应增加，即煤加氢液化过程逐步加深，主要发生分解加氢作用，同时也存在一些异构化作用，从而使高分子物质（沥青质）转变为低分子产物——油和气。

关于煤加氢液化的反应机理，一般认为有以下几点。

① 组成不均一。即存在少量易液化的组分，例如嵌存在高分子立体结构中的低分子化合物；也有一些极难液化的惰性组分。但是，如果煤的岩相组成比较均一，为简化起见，也可将煤当作组成均一的反应物看待。

② 虽然在反应初期有少量气体和轻质油生成，不过数量有限。在比较温和条件下更少，所以反应以顺序进行为主。煤液化反应机理如图 8-1 所示。

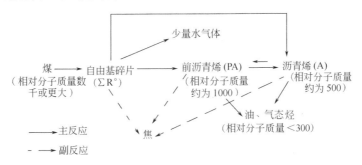

图 8-1　煤液化反应机理

③ 沥青烯是主要中间产物。

④ 逆反应可能发生。当反应温度过高或氢压不足，以及反应时间过长，已生成的前沥青烯、沥青烯以及煤裂解生成的自由基碎片可能缩聚成不溶于任何有机溶剂的焦；油亦可裂解、聚合生成气态烃和相对分子质量更大的产物。

第二节　煤直接加氢液化制油

一、原料煤的选择

1. 煤的变质程度与液化特性的关系

一般说来，除无烟煤不能直接液化外，其他煤均可不同程度地被液化。煤炭加氢液化的难度随煤的变质程度的增加而增加，即泥炭＜年轻褐煤＜褐煤＜高挥发分烟煤＜中等挥发分烟煤＜低挥发分烟煤。煤中挥发分的高低是煤阶高低的一种表征指标，越年轻的煤挥发分越高、越易液化，通常选择挥发分大于 35% 的煤作为直接液化煤种。另外，变质程度低的煤 H/C 原子比相对较高，易于加氢液化，并且 H/C 原子比越高，液化时消耗的氢越少，通常 H/C 原子比大于 0.8 的煤作为直接液化用煤。还有煤的氧含量高，直接液化中氢耗量就大，水产率就高，油产率相对偏低。所以，从制取油的角度出发，适宜的加氢液化原料是高挥发分烟煤和老年褐煤。

20 世纪 80～90 年代，煤炭科学研究总院北京煤化学研究所首先利用高压釜对我国适宜液化的煤种进行了液化特性普查评价试验，以筛选出适合于加氢液化的煤种。普查试验的煤种包括中国东北、华北、华东、西北和西南地区的年轻烟煤和褐煤 120 多种。优选出 15 种煤作为中国具有开发前途和工业化前景的候选煤炭资源。这 15 种煤的液化试验结果见表 8-2。煤种筛选和液化性能的评价结果为后来的煤液化示范工程项目的选点打下了良好的基础。

2. 煤的岩相组成与液化特性的关系

同一煤化程度的煤，由于形成煤的原始植物种类和成分不同，成煤初期沉积环境的不同，导致煤岩相组成也有所不同，其加氢液化的难易程度也不同。研究证实，煤中惰质组

表 8-2　15 种中国煤在 0.1t/d 装置上的试验结果

煤样	反应温度/℃	反应压力/MPa	氢耗量/%	转化率/%	水产率/%	产气率/%	油产率/%	氢利用率/%
山东兖州	450	25	5.36	93.84	9.97	12.77	67.58	12.61
山东滕县	450	25	5.56	94.33	10.46	13.47	67.02	12.05
山东龙口	450	25	5.24	94.16	15.69	15.66	66.37	12.67
陕西神木	450	25	5.46	88.02	11.05	12.90	60.74	11.12
吉林梅河口	450	25	5.90	94.00	13.60	16.85	66.54	11.27
辽宁沈北	450	25	6.75	96.13	16.74	15.93	68.04	10.08
辽宁阜新	450	25	5.50	95.91	14.04	14.90	62.05	11.28
辽宁抚顺	450	25	5.05	93.64	11.51	18.72	62.84	12.44
内蒙古海拉尔	440	25	5.31	97.17	16.37	16.63	59.25	11.16
内蒙古元宝山	440	25	5.63	94.18	14.91	16.42	62.49	11.10
内蒙古胜利	440	25	5.72	97.02	20.00	17.87	62.34	10.90
黑龙江依兰	450	25	5.90	94.79	12.33	16.90	62.60	10.61
黑龙江双鸭山	450	25	5.12	93.27	9.24	16.05	60.53	11.82
甘肃天祝	450	25	6.61	96.17	11.43	14.50	69.62	10.84
云南先锋	440	25	6.22	97.62	19.37	16.83	60.44	9.72

注：油产率为己烷萃取产率；氢利用率为油产率与氢耗的比值。

（主要是丝炭）在通常的液化反应条件下难于加氢液化，而镜质组、半镜质组和壳质组较容易加氢液化，表 8-3 是次烟煤中显微组分含量对加氢液化反应的影响，结果表明，镜煤和亮煤的加氢液化转化率最高，丝炭最差。所以选择煤种除了考虑煤化程度、元素组成是否合适外，还应考虑煤的岩相组成，一般要求镜质组与稳定组的总量应大于 90%。

表 8-3　煤的岩相组分与液化转化率的关系

岩相组分	元素组成			H/C 原子比	加氢液化转化率/%
	$w(C)/\%$	$w(H)/\%$	$w(O)/\%$		
丝炭	93	2.9	0.6	0.37	11.7
暗煤	84.5	4.7	8.1	0.66	59.8
亮煤	83.0	5.8	8.8	0.84	93.0
镜煤	81.5	5.6	8.3	0.82	98.0

3. 煤中矿物质与液化特性的关系

煤中矿物质对液化效率有一定的影响。研究表明，煤中 Fe、S、Cl 等元素尤其是黄铁矿对煤液化具有催化作用，而含有碱金属元素（K、Na）和碱土金属元素（Ca）的矿物质对某些催化剂起毒化作用。矿物质含量高，会增加反应设备的非生产性负荷，而灰渣易磨损设备，且因分离困难而造成油收率的减少，因此加氢液化原料煤的灰分低一些较好，一般认为液化用原料煤的灰分应小于 10%。

煤经风化、氧化后也会降低液化油收率。

二、加氢液化溶剂的选择

在煤炭加氢液化过程中，溶剂的作用有以下几个方面：
① 与煤配成煤浆，便于煤的输送和加压；
② 溶解煤、防止煤热解产生的自由基碎片缩聚；
③ 溶解气相氢，使氢分子向煤或催化剂表面扩散；
④ 向自由基碎片直接供氢或传递氢。

研究表明，部分氢化的多环芳烃（如四氢萘、二氢菲、二氢蒽、四氢蒽等）具有很强的供氢性能。

在煤加氢液化装置连续运转过程中，实际使用的溶剂是煤直接液化产生的中质油和重质油的混合油，称作循环溶剂，其主要组成是 2~4 环的芳烃和氢化芳烃。循环溶剂经过预先加氢，提高了溶剂中氢化芳烃的含量，可以提高溶剂的供氢能力。

煤液化装置开车时，没有循环溶剂，则需采用外来的其他油品作为起始溶剂。起始溶剂可以选用高温煤焦油中的脱晶蒽油，也可采用石油重油催化裂化装置产出的澄清油或石油渣油。在煤液化装置的开车初期，由起始溶剂完全置换到煤液化自身产生的循环溶剂需要经过 10 次以上的循环。

三、加氢液化催化剂的选择

1. 催化剂的作用

首先催化剂活化反应物，加速加氢反应速率，提高煤炭液化的转化率和油收率。煤炭加氢液化是煤热解呈自由基碎片，再加氢稳定呈较低分子物的过程。对于系统中供给足够的氢气时，由于分子氢的键合能较高，难以直接与煤热解产生的自由基碎片产生反应，因此，需要通过催化剂的催化作用，降低氢分子的键合能使之活化，从而加速加氢反应。

其次促进溶剂的再氢化和氢源与煤之间的氢传递。催化剂的首要作用是使溶剂氢化而不是煤，但能使溶解的煤提质。催化剂在供氢溶剂液化中的主要作用是促进溶剂的再氢化，维持或增大氢化芳烃化合物的含量和供体的活性，有利于氢源与煤之间的氢传递，提高液化反应速率。

再次催化剂具有选择性。煤的加氢液化反应很复杂，其中包括热裂解、加氢、脱氧、氮、硫等杂原子、异构化、缩合反应等。为提高油收率和油品质量，减少残渣和气体产率，要求催化剂能加速前四个反应，抑制缩合反应。目前工业上使用的催化剂不能同时具有良好的裂解、加氢、脱氧、氮、硫等杂原子、异构化性能，因此必须根据加工工艺目的不同来选择相适应的催化剂。

2. 催化剂的品种及选择

适合于作煤加氢液化催化剂的物质很多，但是有工业价值的催化剂主要有：铁系催化剂，Co、Mo、Ni 等金属氧化物催化剂，金属卤化物催化剂及助催化剂。

（1）铁系催化剂　铁系催化剂主要是含铁矿物和含铁废渣。其价格低廉，但活性稍差。铁系催化剂其活性的高低主要取决于含铁量的大小；另外催化剂的粒度对催化剂的活性也有较大的影响，当铁矿石的粒径从小于 $74\mu m$ 减少到 $1\mu m$ 时，煤转化率提高，油产率增加；再者，铁催化剂与其他某些催化剂混合使用，对煤加氢液化的催化有促进作用，见表8-4。

（2）金属氧化物催化剂　很多金属氧化物对煤加氢液化有催化作用，各种金属氧化物的催化活性顺序为：$SnO_2 > ZnO > GeO_2 > MoO_3 \approx PbO > Fe_2O_3 > TiO_2 > Bi_2O_3 > V_2O_5$。CaO 或 V_2O_5（少量）对煤加氢液化有害，产品大部分为半焦；Sn 无论是氧化物，还是盐或其他形式，其活性都很高，煤的转化率均在 90% 以上；对 Mo、Pb 来说，如 $(NH_4)_2MoO_4$ 和 $Pb(C_{18}H_{33}O)_2$ 的活性均比其氧化物高。

表 8-4　铁催化剂与其他催化剂混合使用的催化活性

催化剂及用量（占煤的质量分数）		反应条件	油收率/%	转化率/%
Fe_2O_3	6%	415℃，60min		66
NaOH	6%	H_2 初压 4136.8kPa		60
Fe_2O_3+NaOH	6%	CO 初压 4136.8kPa		80
Fe_2O_3+NaCl	6%	煤∶蒽油∶水=33∶67∶15		78
Fe	1%	13789kPa，44℃，33min	25	85.6
Mo	0.02%	13789kPa，44℃，36.5min	21.7	86.8
1%Fe+0.02%Mo		13789kPa，44℃，37.2min	36.3	90.7
Fe_2O_3	2.5%	H_2 初压 9653kPa		76.4
2.29%Fe_2O_3+0.21%TiO_2		450℃，120min		91.7
TiO_2	2.5%			66.8

（3）金属卤化物催化剂　金属卤化物催化剂的主要特点是能有效地使沥青烯转化为油类，而且转化为汽油的选择性较高。各种金属卤化物催化剂对煤加氢液化的相对活性见表8-5。

表 8-5　金属卤化物催化剂在煤加氢液化中的相对活性

活　性	最高活性	高活性	中等活性	低活性
类别	Al	Sb，As，Bi，Zn，Ga，Ti	Sn，Hg	Cu，Pb
主要产物	轻质烷烃和焦油	汽油	重油	

（4）助催化剂　不管是铁系催化剂还是钼、镍等催化剂，它们的活性形态都是硫化物。但在加入反应系统之前，有的催化剂是呈氧化物形态，所以还必须转化成硫化物形态。铁系催化剂的氧化物转化方式是加入元素硫或硫化物与煤浆一起进入反应系统，在反应条件下元

素硫或硫化物先被氢化为硫化氢，硫化氢再把铁的氧化物转化成硫化物；钼、镍等催化剂是先在使用之前用硫化氢预硫化，使钼、镍的氧化物转化成硫化物，然后再使用。

为了在反应时维持催化剂的活性，气相反应物料主要是氢气，但必须保持一定的硫化氢浓度，以防止硫化物催化剂被氢气还原成金属态。

一般称硫是煤直接液化的助催化剂，有些煤本身含有较高的硫，就可以少加或不加助催化剂。煤中的有机硫在液化反应过程中形成硫化氢，同样是助催化剂，所以低阶高硫煤是适宜直接液化的。也就是说，煤的直接液化适用于加工低阶高硫煤。

第三节　煤炭直接液化制油工艺

一、氢-煤法

氢-煤法是由美国戴诺莱伦公司所属碳氢研究公司研制。以褐煤、次烟煤或烟煤为原料，生产合成原油或低硫燃料油，合成原油可进一步加工提质成运输用燃料，低硫燃料油作锅炉燃料。

氢-煤法工艺流程如图 8-2 所示。煤浆与氢气混合经预热后加入到沸腾床反应器，反应温度 425～455℃，反应压力 20MPa，采用镍-钼或钴-钼氧化铝载体催化剂。反应产物排出反应器后，经冷却、气液分离后，分成气相、不含固体的液相和含固体的液相。气相净化后富氢气体循环使用，与新鲜氢一起进入煤浆预热器。不含固体的液相进入常压蒸馏塔，分馏为石脑油馏分和燃料油馏分。含有未反应煤及煤中矿物质固体的液相进入旋液分离器，分离成高固体液化粗油和低固体液化粗油。低固体液化粗油作为循环溶剂的一部分返回煤浆制备单元，以减少煤浆制备所需的循环溶剂。另一方面，由于液化粗油返回反应器，可以使粗油中的重质油进一步分解为低沸点产物，提高了油收率。高固体液化粗油进入减压蒸馏装置，分离成重质油和液化残渣。部分常压蒸馏塔底油和部分减压蒸馏塔顶油作为循环溶剂返回煤浆制备单元。

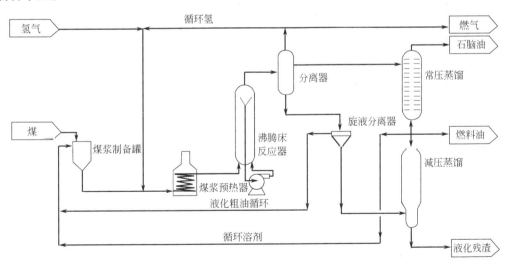

图 8-2　氢-煤法工艺流程

本工艺的特点是：采用固、液、气三相沸腾床催化反应器，增加了反应器内物料分布均衡，温度均匀，使反应过程处于最佳状态，有利于加氢液化反应的进行；残渣作气化原料制氢气，有效地利用残渣中有机物，使液化过程的总效率提高；此法对制取洁净的锅炉燃料和合成原油是有效的。

二、I·G法

I·G法是由德国人柏吉乌斯（Bergius）在1931年发明的，由德国I.G.Farbenindustrie（燃料公司）在1927年建成第一套生产装置，所以也称I·G工艺。I·G法采用烟煤、褐煤作原料，加氢液化制取发动机燃料。I·G法分两段进行，第一段煤糊液相加氢，目的是制得＜325℃的馏分油，为气相裂解加氢提供原料；第二段气相裂解加氢，将＜325℃的馏分油加氢裂解为汽油。工艺流程如图8-3、图8-4所示。

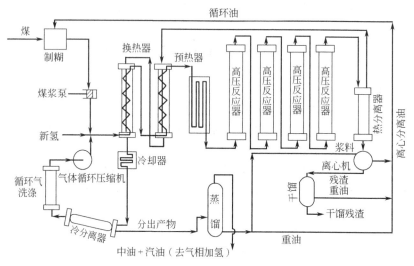

图8-3　煤糊液相加氢工艺流程

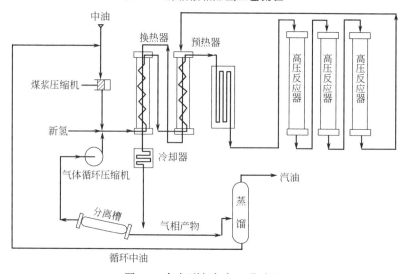

图8-4　气相裂解加氢工艺流程

三、溶剂萃取法

溶剂萃取法（Pott-Broche法）是由德国人A.Pott和H.Broche在1927年开发的，所以也称Pott-Broche法。其工艺流程如图8-5所示。经干燥和粉碎的煤与循环剂（中油）以1∶2比例混合，煤糊在10～15MPa压力下，进入萃取器进行萃取，萃取温度为430℃。萃取器为循环烟道气加热的直立式管式炉。萃取器出来的反应物降至0.8MPa，在150℃温度下用陶质过滤器过滤。滤饼进行干馏，滤液经真蒸馏分离得到中油和高沸点萃取物。60%中油作循环剂，循环前必须加氢处理。40%中油送汽油裂解加氢制取汽油。

高沸点萃取物是一种硬而易碎的沥青状物质，软化点约220℃，灰分为0.15%～0.2%可作低硫燃料或用于生产电极炭，加氢后可制得汽油、中油和重油。整个工艺对煤有机质的萃取率达75%～80%。

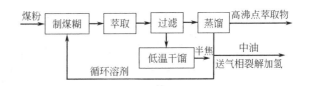

图 8-5　Pott-Broche 加压萃取工艺流程

该工艺存在的问题是过滤困难，反应管内容易结焦以及煤糊在预热过程中传热不良等。

四、Borrop 煤加氢液化工艺

该工艺是由德国煤矿研究院和萨尔煤矿公司在早期 Bergius-I·G 工艺基础上研制成功。以生产合成原油为目的，其工艺流程如图 8-6 所示。

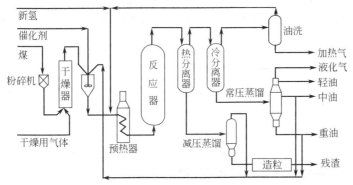

图 8-6　Borrop 煤加氢液化工艺流程

磨碎并干燥过的煤粉与催化剂（氧化铁）、循环油一起制成煤糊，煤糊中固体含量为42%，用高压泵输送，将煤糊增压至30MPa，与压缩气混合，经热交换器，加热炉加热后，进入三个串联反应器进行加氢液化反应，反应温度用冷氢气控制在460～480℃之间。

由反应器出来的反应物进入热分离器，从分离器底部排出的固液产物（包括未转化的煤、灰、催化剂和油），送减压蒸馏进一步加工得重油和富含固体残渣，重油作循环溶剂用，残渣送气化制氢。热分离器顶部出来的气相产物经原料热交换后进入冷分离器，分出的冷凝物液相送常压蒸馏，制得轻油（C_5～200℃）和重油，中油可进一步气相加氢得汽油、柴油等。冷分离器出来的气体经油洗涤得循环氢气，供循环使用。

五、合成油法

合成油法（Synthoil Process）是由美国矿业局开发，以煤催化加氢液化脱硫制取合成原油，已在0.5t/h 装置上进行了半工业性试验。

该法工艺流程如图 8-7 所示。煤经过干燥、粉碎后与循环油混合制成煤糊，煤与循环油的混合比取决于原料煤的性质，一般是煤：循环油＝（30～45）：（55～75），煤糊与氢气混合，经预热后，送入固定床催化剂反应器，反应是由多根反应管组成，管内装有球状 Co-Mo-硅酸铝催化剂，反应条件为430～450℃，14～28MPa，反应时间为14min。在湍流氢气的推动下，煤在反应器中的液化速度很快，据一些资料介绍，反应时间为2min，煤的转化率可达94%以上，同时脱硫效果很好。这是因为湍流氢使反应物激烈混合，加速了氢在煤糊中的扩散；同时湍流氢与催化剂表面有适当的摩擦，使催化剂表面净化，活性增加，接触后的氢易被活化；而扩散速度快与催化剂活性高正是加速反应速度和处理量的重要原因。另外湍流氢能将煤糊非常激烈地推入反应器固定床催化剂内，防止了管子的堵塞，使固定床催化剂能较长时间的使用。

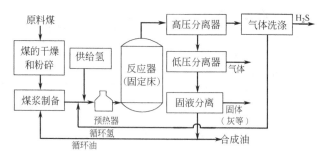

图 8-7 合成油法工艺流程

由反应器出来的产物进入高压分离器,分离出来的高压气体经洗涤塔除去 H_2S 和 NH_3 后作循环氢使用。从高压分离器底部排出的液浆物经低压分离器将气体产物分离后,再进入固液分离器。用离心方式将固体物除去最后得到的液体产物,一部分作循环油,其余作燃料油等产品使用。

六、煤两段催化剂液化——CTSL 工艺

煤两段催化剂液化主要由美国氢化合物公司(HRI)和威尔逊维尔煤直接液化中试厂研究。其两段催化剂液化——CTSL 工艺被认为是目前最先进的煤直接液化技术。CTSL 工艺流程如图 8-8 所示。

两个沸腾床反应器精密连接,中间只有一个段间分离器,缩短了反应产物在两段间的停留时间,防止或减少缩合反应,有利于馏分油产率提高。

采用 Kerr-McGee 的临界溶剂脱灰技术,脱除液化产物中的矿物和未转化的煤。Kerr-McGee 工艺流程见图 8-9。来自蒸馏塔底的残渣在混合器中与超临界状态溶剂混合,进入第一沉淀槽,矿物质和未转化的煤集中在下层重流动相,液化产物被溶剂萃取集中在上层轻流动相。重流动相进入分离器分出溶剂,灰分浓缩物从器底排出。轻流动相由槽顶排出,经加热后进入第二沉淀槽,由于温度升高,溶剂密度降低,液化煤从溶剂中析出,溶剂从顶部排出进入溶剂槽,返回系统循环使用。液化煤进入分离器分出夹带的溶剂,制得脱灰液化煤。这种脱灰方法效率高,分离出的液化煤灰分含量仅 0.1% 左右,液化煤的回收率达 80% 左右。

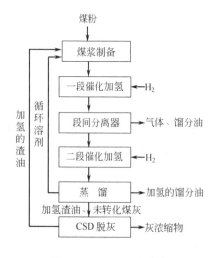

图 8-8 CTSL 工艺流程

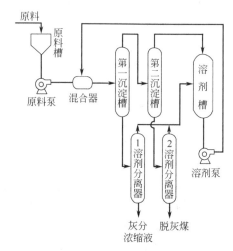

图 8-9 Kerr-McGee 临界溶剂脱灰工艺流程

该工艺使用高活性的 Ni/Mo 等催化剂,使更多的渣油转变为粗柴油馏分。部分含固体物溶剂循环,不但减少 Kerr-McGee 装置的物料量,而且使灰浓缩物带出的能量损失大大减少。

七、煤炭溶剂萃取加氢液化

1. 溶剂精炼煤法

溶剂精炼煤法(Solvent Refining of Coal)简称 SRC 法。是将煤用供氢溶剂萃取加氢,生产清洁的低硫、低灰的固体燃料和液体燃料。通常对生产低硫、低灰固体燃料为主要产物的方法称为 SRC-Ⅰ法,而生产液体燃料为主的方法称为 SRC-Ⅱ法。

SRC-Ⅰ法工艺流程如图 8-10 所示。原煤经磨碎(<0.3mm)、干燥(水分<2%)和溶剂混合制成煤糊,煤与溶剂质量比为 1.5∶3。煤糊用高压泵输送,与压缩氢气一起送入火力直接加热炉,加热到 400℃左右,进入溶解器进行溶解、加氢裂解、脱硫等反应。反应温度一般为 400~450℃,压力为 10~14MPa,停留时间为 30~60min,不添加催化剂。溶解器是个中间空心的圆筒体,反应过程虽然是放热反应,但由于氢化程度浅,反应热较小,反应温度容易控制,不需采取特殊措施。

由溶解器排出的反应产物,经冷却至 260~340℃进入高压分离器,分离出的气冷却至 65℃,分出冷凝物水和轻质油,不凝缩气体经洗涤脱除气态烃、H_2S、CO_2 等,得富氢气循环使用。

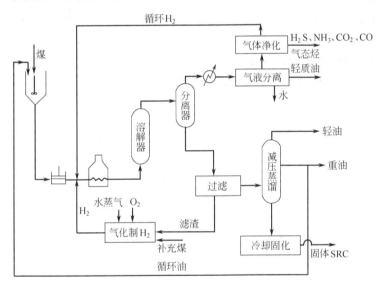

图 8-10 SRC-Ⅰ法工艺流程

自高压分离器底部排出的固液混合物送至压滤机过滤,滤饼为未转化的煤和灰,作气化原料制氢气。滤液送减压蒸馏分离为轻质油、重油和液体 SRC,液体 SRC 从塔底抽出,经冷却固化为固体 SRC 产品。

SRC-Ⅰ法工艺的主要产品是固体 SRC,产率达 60%左右,此外还有少部分液体燃料和气态烃等。煤的转化率达 90%~95%,脱 S 效果较好,煤中无机硫可全部脱除,有机硫脱除 60%~70%。

SRC-Ⅱ法是在 SRC-Ⅰ法的基础上发展起来的。特点是将气液分离器排出的含固体煤溶浆循环作溶剂,因此也称循环 SRC 法。按流程和产品结构不同,可分为循环 SRC-Ⅱ(固体)法、循环 SRC-Ⅱ(联合产品)法和循环 SRC-Ⅱ(液体)法三种。通常将 SRC-Ⅱ(液体)法简称 SRC-Ⅱ法。其工艺流程见图 8-11 所示。

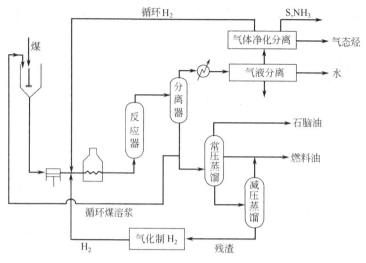

图 8-11　SRC-Ⅱ法工艺流程

2. 埃克森供氢溶剂法（EDS法）

埃克森供氢溶剂（Exxon Doner Solvent，EDS）法工艺流程如图 8-12 所示。原料煤经破碎、干燥与供氢溶剂混合制成煤糊，煤糊与压缩氢气混合预热后进入反应器，在器内由下向上活塞式流动，进行萃取加氢液化反应，反应温度 430～470℃，氢气压力 10～14MPa，停留时间 0.5～0.75h。煤液化产物进入分离装置得到气体、石脑油、重油和减压蒸馏残渣。

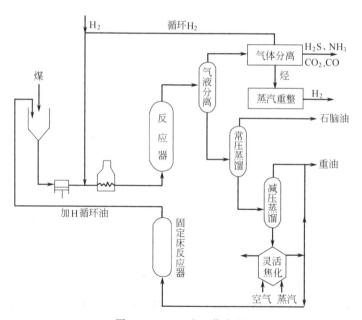

图 8-12　EDS法工艺流程

气体经洗涤、分离获得富氢气循环使用，气态烃通过水蒸气重整制氢气，供反应系统使用。减压蒸馏残渣送入灵活焦化装置，进行焦化气化制得重油和燃料气，也可将残渣气化制取氢气。部分重油（200～450℃）送固定床催化反应器进行加氢，提高供氢能力，作为循环供氢溶剂。

八、煤油共炼技术

煤油共炼是 20 世纪 80 年代国外发展起来的一种煤液化新技术，是将煤和石油同时加氢裂解，转变成轻质油、中油和少量气体的加工工艺。

目前较先进的煤油共炼技术有：HRI 工艺、CCLC 工艺和 PYROSOL 工艺，其中 HRI 工艺已具备建设大型示范工厂的条件。

1. HRI 工艺

HRI 工艺流程如图 8-13 所示。煤和石油渣油制成煤浆，煤浆浓度为 33%～55%。用泵将煤浆升至反应压力，同压缩氢气混合，经预热器加热，进入第一段沸腾床催化反应器，内装 Co-Mo/Al_2O_3 催化剂，在 435～445℃、15～20MPa 条件下，进行加氢裂解反应。反应后

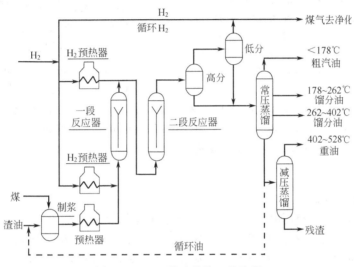

图 8-13　HRI 煤油共炼工艺流程

的产物再进入第二段沸腾床反应器，在 Ni-Mo/Al_2O_3 催化剂上深度加氢和脱除杂原子。第二段反应器的反应产物送分离器分出气体产物，经处理回收硫和氨，氢气循环使用。液体产物采用常压蒸馏和减压蒸馏，分成馏分油、未转化煤、油渣和灰组成的残渣。

2. CCLC 工艺

CCLC 工艺流程如图 8-14 所示。原料煤用油团聚法脱灰，微团聚煤与减压渣油和可弃性铁硫系催化剂按 39∶59∶2 的比例制成煤油浆，经预热后，进入温度 380～420℃、压力 8～18MPa 的第一段加氢热溶解反应器，使煤溶解于渣油中，反应产物进入第二段反应器，在 440～460℃、14～18MPa 条件下，煤和渣油加氢裂解，转变成馏分油。馏分油经蒸馏分成石脑油、中油和重粗柴油，分别加氢精制。残渣作沸腾锅炉燃料，用于发电或产生高压蒸汽。

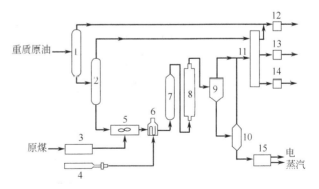

图 8-14　CCLC 工艺流程

1—常压蒸馏；2—减压蒸馏；3—油团聚脱灰；4—H_2；
5—制煤浆；6—预热；7—热溶解；8—加氢裂解；
9—高温分离；10—低温分离；11—分馏；
12—石脑精制；13—中油精制；14—减压
粗柴油精制；15—沸腾锅炉

3. PYROSOL 工艺

PYROSOL 工艺流程如图 8-15 所示。原料用油团聚法脱灰,以提高设备有效处理能力,减少高压系统的磨损。由微团聚煤、减压渣油和可弃性催化剂(赤泥)组成的煤油浆,首先经过两个串联的直接接触热交换器,依次与加氢延迟焦化反应和缓和加氢液化反应的气态产物相接触,煤浆被预热,气态产物中较重组分冷凝下来,稀释了煤油浆,循环进入反应器,煤油浆在第一段反应器进行缓和加氢液化,反应条件为 380~420℃ 和 8~10MPa。反应产物经过热分离器,分出气体和轻质馏分,底流物(含溶解煤、未转化煤、渣油、催化剂和灰,占原料量 65%)送入第二段氢延迟焦化,在 480~520℃、8~10MPa 条件下,使溶解煤、渣油进一步加氢裂解,转变成轻、中质油和少量的焦炭。据介绍,PYROSOL 工艺是目前煤油共炼工艺中最经济的一种方法。

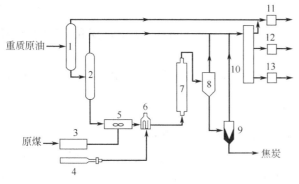

图 8-15 PYROSOL 工艺流程

1—常压蒸馏;2—减压蒸馏;3—油团聚煤;4—H_2;5—制煤浆;6—预热;7—加氢液化;8—热分离;9—加氢延迟焦化;10—分馏;11—石脑油加氢精制;12—中油加氢精制;13—重粗柴油加氢精制

九、煤超临界萃取

煤超临界萃取工艺流程如图 8-16 所示。将已干燥的煤破碎至 <1.6mm 与溶剂甲苯分别加热,逆向进入萃取器进行超临界萃取,萃取温度为 455℃,萃取压力 10MPa,含萃取物的蒸气(甲苯、萃取物、水和气态烃等)从萃取器顶部导出,经冷却、减压,使溶剂萃取物冷凝,送入脱气塔脱出的气态烃作燃料。塔底排出溶剂和萃取物,以加热(高溶剂沸点)、减压后送入常压蒸馏塔,大部分溶剂和水以蒸气形式从顶部逸出,经冷却分离,甲苯加热后循环使用,闪蒸塔底部排出的萃取物,其中含有相当数量的溶剂,还需送常压蒸馏塔,从底部获得萃取物,塔顶排出甲苯循环使用。

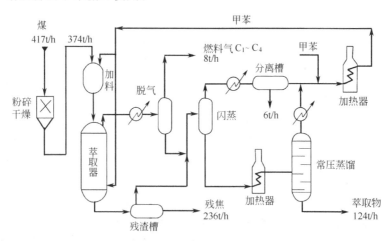

图 8-16 甲苯超临界萃取煤 10000t/d 工艺流程

萃取后的残渣从萃取器底部排出,减压送残渣槽,由于温度高于溶剂沸点,同时又用蒸气吹扫残余溶剂,基本上能完全回收残渣中的溶剂,残渣或半焦可作气化原料。

第四节 国内煤炭直接液化制油发展现状

1997～2000 年，煤炭科学研究总院分别与美国、德国、日本有关机构合作，完成了神华煤、云南先锋煤和黑龙江依兰煤的放大试验以及直接液化示范工厂的初步可行性研究，其技术经济可行性情况见表 8-6。

神华集团煤制油公司引进消化吸收了国外的煤直接液化技术，2004 年 8 月在内蒙古鄂尔多斯开工建设世界上第一条"煤变油"工业生产线，项目进一步把工艺流程优化，采用具有自主知识产权的 CDCL 煤直接液化技术，研发了新一代的纳米级催化剂，实现了再创新，是目前世界上规模最大的以煤为原料直接制成油品的示范工程。一期工程生产线建成投产后，预计年用煤量 345 万吨，可生产各种油品 108 万吨；产品中 15% 为汽油，67% 为柴油，18% 为液化气。这将是中国具有完全自主知识产权的世界上首条煤炭直接液化生产线。

表 8-6 三个煤直接液化厂可行性研究项目基本情况

合作国家	德国		日本		美国		日本	
合作结构	RUR、DMT		JICA、NEDO		HTI		NEDO	
液化用煤	云南先锋煤		黑龙江依兰煤		神华上湾煤		神华上湾煤	
规模	5500t/d		5000t/d		12000t/d		5000t/d	
PDU(试验装置)试验	0.2t/d		1t/d		30kg/d		1t/d	
原煤(包括制氢和发电用煤)	510 万吨/年		225.5 万吨/年		686.7 万吨/年		294 万吨/年	
制氢方案	高温温克勒		日本 H-Coal		Shell		Shell	
自备电厂	燃气发电		矸石发电		无,外供电		残渣发电	
液化厂产品	万吨/年	元/吨	万吨/年	元/吨	万吨/年	元/吨	万吨/年	元/吨
石脑油					110.63	1990	15.41	1990
汽油	35.24	2446	29.62	2840	22.97	2420		
柴油	53.04	2120	45.72	2837	84.53	2130	48.18	2230
LPG	6.75	2692	13.42	1800	33.60	1750	15.84	1750
氨	3.90	2000	5.54	2000			4.95	1700
尿素					7.37	1250		
硫	2.53	800	2.64	700	2.44	500	3.63	500
酚			0.16	1500	0.33	3400	0.30	4000
BTX(苯、甲苯、二甲苯)	0.88	3200					11.42	2300
产品总计	102.34		97.12		261.84		99.73	

第五节 煤炭间接液化制油

煤炭间接液化是先将煤气化得到合成气（$CO+H_2$），再在一定条件下（温度和压力），经催化合成石油及其他化学产品的加工过程，又称一氧化碳加氢法。该方法是德国人 F. Fischer 和 H. Tropsch 在 1923 年用 $CO+H_2$ 合成气在铁系催化剂上合成出含烃类油料多的产品，后来称为费-托（F-T）合成法。这是合成石油工业的开始，也是煤炭间接液化制取烃类油的一种方法。南非因不产石油和天然气，当地煤炭资源又不适合直接液化（灰分高达 25%～30%，挥发分却只有 25% 左右），南非 SASOL 公司（South Africa Synthetic Oil Limited）分别于 1955 年、1980 年、1983 年建成三个煤炭间接液化合成油厂，年消耗煤炭 4600 万吨，生产油品 460 万吨，化学品 308 万吨。SASOL 公司已成为世界上最大的煤化工联合企业。

中国科学院山西煤炭化学研究所"六五"期间就受国家计划委员会、中国科学院委托，进行煤间接合成油关键技术研究。该所 2002 年 9 月完成具有自主知识产权的年产 1000 吨的中试基地，开发出固定床两段法合成工艺（MTF）和浆态床-固定床两段法合成工艺（SMTF）。目前，内蒙古伊泰和山西潞安集团在建的煤制油工程，采用山西煤化所具有自主知识产权的液态浆化床煤间接液化工艺技术，产品中 70% 为柴油，17%~18% 为石脑油，12%~13% 为液化气。陕西榆林煤间接液化项目采用山东兖州集团拥有自主知识产权的低温费-托合成技术。

一、煤炭间接液化的一般加工过程

煤基 F-T 合成烃类油一般要经过原料煤预处理、气化、气体净制、部分气体转换（也可不用）、F-T 合成和产物回收加工等工序。图 8-17 为煤基 F-T 合成工艺过程。

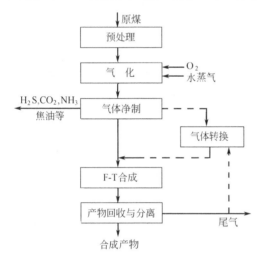

图 8-17 煤基 F-T 合成工艺过程

1. 煤预处理

根据所选用煤气化炉对气化原料煤的要求进行预加工，以提供符合气化要求的原料。通常包括破碎、筛分、干燥等作业。各种气化炉对原料都有一定的粒度要求，如鲁奇加压气化炉要求原料粒度为 6~40mm，水煤气炉要求 25~75mm，气化前一般设有筛分作业；气流床 K-T 气化炉要求原煤的粒度小于 0.1mm，需要有制粉系统；德士古气化原料为浆料，需要设置制浆系统。

2. 煤炭气化

煤在高温下与气化剂（氧、水蒸气、CO_2 等）反应，生成煤气的过程，称为煤炭气化。为了生产合成原料气（$CO+H_2$），通常选用蒸气和氧气（或空气）作气化剂，在一定范围内通过控制水蒸气/氧气比来调节原料气中 H_2/CO 的比值。工业上用于生产合成原料的气化炉有鲁奇加压气化炉、水煤气炉、K-T 炉、德士古气化炉以及温克勒气化炉等。

目前煤炭间接液化 F-T 合成产品的成本在很大程度上取决于气化，据 SASOL 厂资料介绍，制气工艺占总费用的 65%，合成工艺占 20%，产品回收加工占 10%，考虑 F-T 合成的经济性，应采用热效率高，成本低的气化炉，如德士古气化炉、鲁奇熔渣炉等。

3. 气体净制

由气化炉出来的粗煤气，除有效成分 $CO+H_2$，还含有一定量的焦油、灰尘、H_2S、H_2O 及 CO_2 等杂质，这些杂质是 F-T 合成催化剂的毒物，CO_2 虽不是毒物，而是非有效成分，影响 F-T 合成效率。因此，原料气在进入 F-T 合成前，必须先将粗煤气洗涤冷却，除去焦油、灰尘；再进一步净制，脱除 H_2S、CO_2、有机硫等，净制方法有物理吸收法、化学吸收法和物理化学吸收法，脱除精煤气中的酸性气体，具体选用哪一种净化工艺，要考虑经济问题，需根据原料气的组成、要求脱除气体的程度及净化加工成本诸因素来决定。

4. 气体转换

由气体炉产出粗煤气经净制后，净煤气的有效成分 $V(H_2)/V(CO)$ 之比值，一般为

$0.6\sim 2$。一些热效率高、成本低的第二代气化炉,生产的原料气 $V(H_2)/V(CO)$ 比值很低,只有 $0.5\sim 0.7$,往往不能满足 F-T 合成工艺的要求,如常压钴催化剂的合成,要求合成原料气的 $V(H_2)/V(CO)=2$,波动范围为 ± 0.05;南非 SASOL 合成油厂气流床 Synthol 合成,要求新鲜原料气 $V(H_2)/V(CO)=2.7$ 左右,所以在合成工艺之前,需将部分净化气或尾气进行气体转换,调节合成原料气的 $V(H_2)/V(CO)$ 比值,以达到合成工艺要求。转换方法有 CO 变换法和甲烷重整法。

(1) CO 变换法 将部分净煤气中的 CO 与水蒸气作用生成 H_2 和 CO_2,提高 H_2 含量。CO 变换工艺,根据选用的催化剂不同,分中温变换和低温变换两种。前者选用铁铬系催化剂,操作温度 $350\sim 500℃$,变换后气体的 CO 含量为 $2\%\sim 4\%$,后者选用铜锌系催化剂,操作温度 $150\sim 250℃$,变换后气体中 CO 含量在 0.3% 左右。

(2) 甲烷重整法 某些加压气化炉生产的煤气含量 CH_4 较多或者 F-T 合成尾气中含 CH_4 较多时,可采用甲烷重整法,即将这些气体中的 CH_4 和水蒸气作用,转化为 CO 和 H_2,其反应式为:

$$CH_4 + H_2O \longrightarrow CO + 3H_2$$

该反应是吸热反应,为保证在高温下反应所需要的热量,可采用部分氧化重整,将部分原料气氧化燃烧,释放的热量供给甲烷重整。

气体转化工序设置,取决于 F-T 合成工艺对原料气组成 $[V(H_2)/V(CO)]$ 比的适应性。

5. F-T 合成与产物回收

经过气体净制和转换,得到符合 F-T 合成要求的原料气,再送 F-T 合成,合成后的产物冷凝回收并加工成各种产品。

F-T 合成,由于操作条件、催化剂和反应器的形式不同,形成许多不同的合成工艺。目前工业上采用和正在开发的 F-T 合成工艺大致有以下几种:

① 气相固定床合成工艺,如常压或中压钴催化剂合成,Arge 合成等;
② 气流床 Synthol 合成工艺;
③ 三相浆态床 F-T 合成工艺;
④ 密相流化床合成工艺等。

常压钴催化剂合成是最先实现工业化的 F-T 合成工艺,由于生产操作,产品性质和成本等不如中压铁剂合成先进,现已淘汰。

工业上采用的是中压铁剂固定床 Arge 合成和中压铁剂流化床 Synthol 合成。例如 SASOL-Ⅰ 合成厂采用 Arge 合成和 Synthol 合成联合流程,见图 8-18。SASOL-Ⅱ,SASOL-Ⅲ 合成均采用 Synthol 合成工艺,见图 8-19,其他工艺尚处在开发阶段。

合成气 $CO+H_2$ 通过 F-T 合成工艺可以得到汽油、柴油、石蜡等各种产物。采用不同的 F-T 合成工艺,各种产物的产率也不同,见表 8-7。

表 8-7 典型 F-T 合成产物的组成

产物名称	Arge(固定床)产物(质量分数)/%	Synthol(气流床)产物(质量分数)/%
$CH_4(C_1)$	5	10
LPG($C_2\sim C_4$)	13	33
汽油($C_5\sim C_{12}$)	22	39
柴油($C_{13}\sim C_{19}$)	15	5
软蜡($C_{20}\sim C_{30}$)	23	4
硬蜡(C_{20}^+)	18	2
含氧化合物	4	7

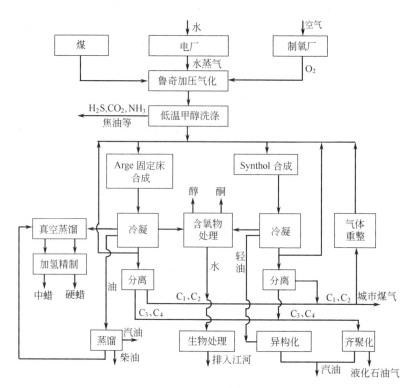

图 8-18 SASOL-Ⅰ联合合成工艺流程

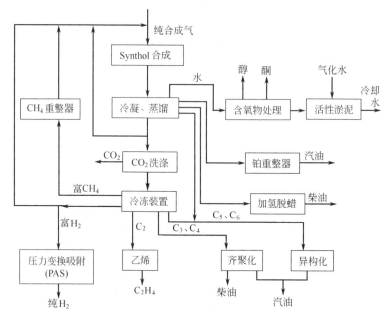

图 8-19 SASOL-Ⅱ合成工艺流程

目前的开发技术条件下,由于 F-T 合成技术投资大,成本高,阻碍了工业上的广泛应用。F-T 合成产物的价格,很大程度上受煤价的制约,因此 F-T 合成技术的经济性主要取决于煤价和吨油耗煤量。一般认为,汽油价格高于煤价 10 倍时,合成石油在经济上是合算的。因此目前立足于研究开发大型的、高效的气化技术和合成技术以及高活性、高选择性的新型催化剂来降低吨油耗煤量,以改善 F-T 合成产物的经济性,这是许多国家所致力开发的目标。

二、F-T 合成的基本原理

F-T 合成油品的主要反应方程式如下。

生成烷烃: $nCO+(2n+1)H_2 \longrightarrow C_nH_{2n+2}+nH_2O$

生成烯烃: $nCO+(2n)H_2 \longrightarrow C_nH_{2n}+nH_2O$

还有一些副反应,如下。

生成甲烷: $CO+3H_2 \longrightarrow CH_4+H_2O$

生成甲醇: $CO+2H_2 \longrightarrow CH_3OH$

生成乙醇: $2CO+4H_2 \longrightarrow C_2H_5OH+H_2O$

结炭反应: $2CO \longrightarrow C+CO_2$

此外除了以上的副反应之外还有生成更高碳数的醇以及醛、酮、酸、酯等含氧化合物的副反应。

控制反应条件和选择合适的催化剂,能使得到的反应产物主要是烷烃和烯烃。产物中不同碳数的正构烷烃的生成概率随链的长度增加而减小,正构烯烃则相反,产物中异构烃类很少。增加压力,导致反应向减少体积的大相对分子质量长链烃方向进行,但压力增加过高将有利于生成含氧化合物。增加温度有利于短链烃的生成。

合成气中 H_2 含量增加,有利生成烷烃;CO 含量增加,将增加烯烃和含氧化合物的生成量。

一般讲,根据化学反应计量式可以计算出反应产物的最大理论产率。对 F-T 合成反应,由于合成气 (CO+H_2) 组成不同和实际反应消耗掉的 $V(H_2)/V(CO)$ 比例 (利用比) 的变化,其产率也随之改变。计算表明,只有合成气中 $V(H_2)/V(CO)$ 比与实际反应消耗掉的 $V(H_2)/V(CO)$ 比相同时,才能获得最佳产物产率。具体见表 8-8。

表 8-8 标准状态下不同合成气利用比时的烃类理论产率　　单位:g/m³ 合成气

$V(H_2)/V(CO)$消耗比	原料气中 $V(H_2)/V(CO)$ 给入比		
	1:2	1:1	2:1
1:2	208.5	156.3	104.3
1:1	138.7	208.5	138.7
2:1	104.3	156.3	208.5

F-T 合成中的所有反应都是放热反应,除了甲烷化反应外,所有反应在热力学上都不宜超过 450℃。

三、F-T 合成催化剂

1. F-T 合成催化剂的组成与作用

对 F-T 合成,催化剂是非常重要的,它不仅加速合成反应速率,而且也决定着反应方向、反应条件以及产物的组成和产率。

目前工业上使用的是多组分固体催化剂。一般由主金属、助催化剂、载体三部分组成。

(1) 主金属　又称主催化剂,是催化剂实现催化作用的活性组分。根据一氧化碳和氢合成的反应机理,一般认为 F-T 合成催化剂的主金属应该具有加氢作用、使一氧化碳的碳氧键削弱或解离作用以及叠合作用。

大量的实验研究证明，对 F-T 合成有活性的金属是第Ⅷ族的金属 Fe、Co、Ni、Ru。在这些金属中，Ni 具有很高的加氢能力，又能使 CO 易于解离，因此最适合于作合成甲烷的催化剂。在 F-T 合成中用它生产的产物含低分子饱和烃较多，Co 金属催化剂和 Fe 金属催化剂是最先实现工业化的 F-T 催化剂，Co 的加氢性能仅次于 Ni，所以在中压 F-T 合成产物中主要是烷烃，而 Fe 的加氢性能较差，产物中含烯烃和含氧物较多。Ru 由于合成时的总产率低，合成压力太高以及来源少、价格贵等因素，目前未能用于生产。

(2) 助催化剂　助催化剂可分为结构助剂和电子助剂两大类。结构助剂对催化剂的结构特别是对活性表面的形成产生稳定的影响，电子助剂能加强催化剂与反应物间的相互作用，提高反应速率。典型的结构助剂有 ZnO、Al_2O_3、Cr_2O_3、TiO_2、ThO_2、MgO、SiO_2 等。碱金属氧化物是典型的电子助剂。各种助催化剂中有一个最适宜的含量，此时催化剂的活性、选择性、寿命都显示其最佳值。

(3) 载体（又称担体）　通常选用一些比表面积较大、导热性较好和熔点较高的物质作载体。对 F-T 合成催化剂，常用的载体有硅藻土、Al_2O_3、SiO_2 等。载体能增大活性金属的分散和催化剂表面积，其作用与结构助剂相似。

2. F-T 合成催化剂的制备及其预处理

一氧化碳和氢气的合成反应是在催化剂表面上进行的，要求催化剂有合适的表面结构和一定的表面积。这些要求不仅与催化剂的组分有关，而且还与制备方法和预处理条件有关。合成催化剂常用制备方法有沉淀法和熔融法等。

沉淀法制备催化剂是将金属催化剂和助催化剂组分的盐类溶液（常为硝酸盐溶液）及沉淀剂溶液（常为 Na_2CO_3 溶液）与担体加在一起，进行沉淀作用，经过滤、水洗、烘干、成型等步骤制成粒状催化剂，再经 H_2（钴、镍催化剂）或 $CO+H_2$（铁铜催化剂）还原后，才能供合成用。在沉淀过程中，催化剂的共晶作用及保持合适的晶体结构是很重要的，因此每个步骤都应加以控制。沉淀法常用于制造钴、镍、铁及铜系催化剂。

熔融法制备催化剂是将一定组成的主催化剂和助催化剂的细粉混合物，放入熔炉内，利用电熔方法使之熔融，冷却后将其破碎至要求的细度，用 H_2 还原而成。

无论何种方法制备合成用的催化剂，一般在使用前都需要经过预处理。所谓预处理通常是指用 H_2 或 H_2+CO 混合气在一定温度下进行选择还原。目的是将催化剂中的主金属氧化物部分或全部地还原为金属状态，从而使其催化活性最高，所得液体油收率也最高。

通常用还原度即还原后金属氧化物变成金属的百分数来表示还原程度。对合成催化剂，最适宜的还原度，其催化活性最高。钴催化剂希望还原度为 55%～65%；镍催化剂的还原度要求 100%；熔铁催化剂的还原度应接近 100%。

3. F-T 合成催化剂的失效

催化剂表面寿命对操作和合成技术经济指标有很大影响。一个活性良好的催化剂会在一定的时间内失效（失去活性或不能操作），催化剂失效原因主要有以下几个方面。

(1) 催化剂被硫化物中毒而失效　这是因为硫化物选择性地吸附在催化剂活性中心上或对中心产生化学作用，使活性中心不能发挥作用而中毒。一般有机硫化物对催化剂的毒化作用比 H_2S 的大，而有机硫化物的毒化作用随其相对分子质量的增大而增大，这是由于大的分子能充分地把活性中心盖住。因此，合成前必须对合成原料气进行净制，一般要求合成气中硫含量小于 $2mg/m^3(CO+H_2)$。

(2) 催化剂被氧化而失效　还原后的催化剂遇氧则被氧化而失效，因此催化剂应在 CO_2 的保护下存放。铁催化剂可能被合成水氧化失效，为此对铁催化剂合成可采用较高的温度，使合成的水汽与 CO 发生变换反应，以防止水汽对铁催化剂氧化。

（3）由于产物蜡的覆盖而失效　合成时高分子蜡覆盖于催化剂表面使活性降低，这种失效可以通过油洗或用氢气进行再生而使活性恢复。

（4）失去力学性能　主要是催化剂发生破碎，失去操作性能。破碎原因很多，可能是由于催化剂本身机械强度差，在装炉或操作时发生碎裂；或者操作过程超温产生碳沉积，碳渗入催化剂内部使之膨胀而碎裂，因此合成过程中应严格控制反应温度，防止超温；另外合成压力过高会生成挥发性的羰化物而使催化剂失效，如镍催化剂不能在压力下合成就是这个原因。

（5）由于熔融而失效　由于合成温度过高使催化剂发生熔结而失去活性。某些助催化剂可以防止这类失效，如熔铁催化剂中加入 Al_2O_3。

第六节　F-T 合成过程的工艺参数

以生产液体燃料为目的产物的 F-T 合成，提高合成产物的选择性是至关重要的。产物的分配除受催化剂影响外，还由热力学和动力学因素所决定。在催化剂的操作范围内，选择合适的反应条件，对调节选择性起着重要的作用。

一、原料气组成

原料气中有效成分（$CO+H_2$）含量高低影响合成反应速度的快慢。一般是 $CO+H_2$ 含量高，反应速率快，转化率增加，但是反应放出热量多，易造成床层超温。另外制取高纯度的 $CO+H_2$ 合成原料气体成本高，所以一般要求其含量为 80%～85%。

原料气中的 $V(H_2)/V(CO)$ 之比值高低，影响反应进行的方向。$V(H_2)/V(CO)$ 比值高，有利于饱和烃、轻产物及甲烷的生成；比值低，有利于链烯烃、重产物及含氧物的生成。

提高合成气中 $V(H_2)/V(CO)$ 比值和反应压力，可以提高 $V(H_2)/V(CO)$ 利用比。排除反应中的水汽，也能增加 $V(H_2)/V(CO)$ 利用比和产物产率，因为水汽的存在增加一氧化碳的变换反应（$CO+H_2O \longrightarrow H_2+CO_2$），使一氧化碳的有效利用降低，同时也降低了合成反应速率。

二、反应温度

F-T 合成反应温度主要取决于合成时所选用的催化剂。对每一系列 F-T 合成催化剂，只要当它处于合适的温度范围时，催化反应是最有利的。而且活性高的催化剂，合适的温度范围较低。如钴催化剂的最佳温度为 170～210℃（取决于催化剂的寿命和活性）；铁催化剂合成的最佳温度 220～340℃。在合适的温度范围内，提高的反应温度，有利于轻产物的生成。因为反应温度高，中间产物的脱附增强，限制了链的生长反应。而降低反应温度，有利于重产物的生成。

在所有动力学方程中，反应速率和时空产率都随温度的升高而增加。必须注意，反应温度升高，副反应的速率也随时猛增。如温度高于 300℃ 时，甲烷的生成量越来越多，一氧化碳裂解成碳和二氧化碳的反应也随之加剧。因此生产过程中必须严格控制反应温度。

三、反应压力

反应压力不仅影响催化剂的活性和寿命，而且也影响产物的组成与产率。对铁催化剂采用常压合成，其活性低、寿命短，一般要求在 0.7～3.0MPa 压力下合成比较好。钴剂合成可以在常压下进行，但是以 0.5～1.5MPa 压力下合成效果更佳些，同时可以延长催化剂的寿命,而且生产使用过程中不需要再生;另外,压力增加,产物重馏分和含氧化物增多,产物的平均相对分子质量也随之增加。用钴催化剂合成时,烯烃随压力增加而减少;用铁催化剂合成时,产物中烯烃含量受压力影响较小。

压力增加,反应速度加快,尤其是氢气分压的提高,更有利于反应速率的加快,这对铁催化剂的影响比钴剂更加显著。

四、空间速度

对不同催化剂和不同的合成方法,都有最适宜的空间速度范围。如钴催化剂合成时适宜的空间速度为 $80\sim120h^{-1}$,沉淀铁剂 Arge 合成空间速度为 $500\sim700h^{-1}$,熔铁剂气流床合成空间速度为 $700\sim1200h^{-1}$。在适宜的空间速度下合成,油收率最高。但是空间速度增加,一般转化率降低,产物变轻,并且有利于烯烃的生成。

第七节 F-T 合成工艺

一、气相固定床合成工艺

图 8-20 为 SASOL-Ⅰ合成厂高空速固定床 Arge 合成工艺流程。原料煤送鲁奇加压气化炉,在 2450kPa、980℃下气化得粗煤气,经过冷却、净化装置,除去 H_2S、CO_2、H_2O 等杂质,得 $V(H_2)/V(CO)=1.7$ 的净制合成气。新鲜合成气和循环气以 1∶2.3 的体积比混合,压缩到 2450kPa 压力下送入 Arge 反应器。先在反应器顶部热交换器中被加热到 $150\sim180℃$再进入反应器中进行合成反应。每个反应器装有 $40m^3$ 颗粒(2~5mm)沉淀铁催化剂,由管子下部的炉栅支撑着,催化剂组成为 100mol Fe∶5mol Cu∶5mol K_2O∶25mol SiO_2。每个反应器标准状态下的新鲜原料气量为 $20000\sim28000m^3$,反应管外通过沸腾水产生水蒸气带走反应热,蒸汽送入 1666kPa 的蒸汽包中。开始反应温度 220℃左右,随着催化剂活性的衰退,反应温度逐渐升高到 245℃左右。催化剂使用寿命 9~12 个月,但有时为了提高蜡的质量和产率,使用 70~100d 后就停机更换催化剂。

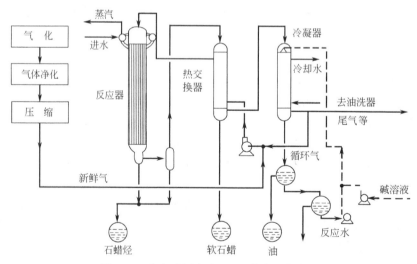

图 8-20 高空速固定床 Arge 合成工艺流程

自反应器出来的产物进入产品回收系统。由于中压铁剂固定床合成的产物较重,含蜡较多,先经分离器脱石蜡烃,然后气态产物进入热交换器与原料气进行热交换,冷却脱去软石蜡,再进入水冷凝器分离出烃类油。为了防止有机酸腐蚀设备,在冷却器中送入碱液,中和冷凝油中酸性组分。在分离器中分离得到冷凝油和水溶性含氧物及碱液。

冷却器出来的残气,一部分作循环气使用;其余送油洗器回收 C_3 和 C_4 烃类,尾气送甲烷重整作合成原料或直接作工业燃料。

冷凝油和软石蜡一起供常压蒸馏得 LPG、汽油、柴油和底部残渣。Arge 固定床合成油的主要组成为直链烷烃,柴油的十六烷值高达 70~100,点火性能很好,但凝固点较高,可以将它与十六烷值低的石油基柴油混合使用,以提高混合柴油的十六烷值,降低其凝固点,目前我国柴油的十六烷值在 55~79 范围之内。而以烷烃为主要组成的汽油(C_5~C_{12})馏分,抗爆性能差,辛烷值只有 35 左右,我国各种车用汽油的辛烷值均在 65~85 范围之内,航空汽油辛烷值为 75~100,因此气相固定床 Arge 合成得到汽油馏分需经催化异构化,提高辛烷值,例如在 1.0~5.0MPa 的 H_2 压,480~540℃下,用铂催化剂进行重整,或者在 400℃温度下用氧化铝-氧化铬-碱催化剂进行芳构化处理等。

常压蒸馏残渣和石蜡烃送真空蒸馏,分馏成蜡质油,软蜡混合物,中质蜡和硬蜡。中质蜡可直接作产品出售,也可以进一步加工成各种氧化蜡、结晶蜡和优质硬蜡等。

二、气流床 Synthol 合成工艺

图 8-21 为气流床合成工艺流程。由净制气和重整气组成的新鲜原料气与循环气以 1:2.4 比例混合,经预热器加热至 160℃后,进入反应器的水平进气管,与来自催化剂储罐循环的热催化剂(340℃)混合,合成原料气被加热至 315℃,进入提升管和反应器内进行合成反应,为了防止催化剂被生成的蜡黏结在一起而失去流动性,采取较高的反应温度(320~340℃)和富 H_2 合成气操作,合成原料气 $V(H_2)/V(CO)=6$,反应压力为 2255~2353kPa,每个反应器通过的标准状态下新鲜原料气量为 90000~100000m³/h,通过反应器横截面积的催化剂循环量为 6000t/h,所用催化剂为粉末(-74μm)熔铁剂,使用寿命为 40d 左右,反应放出热被装置中的循环油带出,反应器顶部温度控制在 340℃。

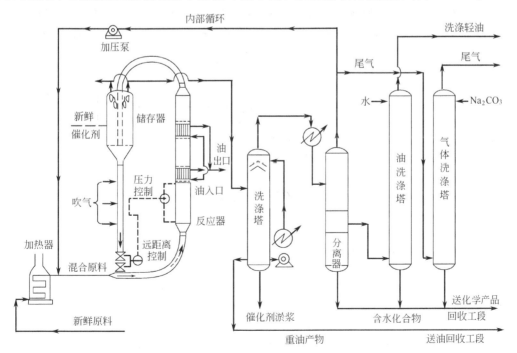

图 8-21 气流床 Synthol 合成工艺流程

反应后的气体（包括部分未转化的气体）和催化剂一起排出反应器，经催化剂储罐中的旋风分离器分离，催化剂收集在沉降漏斗中循环使用，气体进入冷凝回收系统，先经油洗涤塔除去重质油和夹带的催化剂，塔顶温度控制在150℃，由塔顶出来的气体，经冷凝分离得含氧化物的水相产物，轻油和尾气经循环机返回反应器，余下部分经气体洗涤塔进一步除去水溶性物质后，再送入油吸收塔脱去 C_3、C_4 和较重的组分，剩余气体送甲烷重整，重整后气体作气流床合成原料气。C_3 和 C_4 烃在压力 3726kPa 和 190℃ 温度下，通过磷酸-硅藻土催化剂床层，其中烯烃叠合为汽油。未反应的丙烷、丁烷从叠合汽油中分离出来作石油液化气用。

轻油经汽油洗涤塔除去部分含氧化物后，其中含有 70% 左右的烯烃和少量含氧物。这些物质的存在，影响油器的安定性，容易氧化产生胶质物，为了提高油品的质量，需对轻油进行精制处理。SASOL-Ⅰ合成厂采用酸性沸石催化剂，在 400℃ 和 98kPa 条件下对轻油进行加工处理，使含氧酸脱羧基，醇脱水变为烯烃，烯烃经异构化，从而提高了油品质量。最后经蒸馏出来的汽油，辛烷值由原来的 65 提到 86（无铅）。

气流床 Synthol 合成由于采用高 H_2 含量的合成气和在较高反应温度下操作，使整个产物变轻，重产物很少，基本上不生成蜡，汽油产率达 31.9%，如果将 C_3、C_4 烯烃叠合成汽油，则汽油产率可达 50% 左右，而且汽油的辛烷值很高，所以气流床 Synthol 合成主要以生产汽油为目的产物。

三、三相浆态床 F-T 合成——Kolbel 工艺

三相浆态床 F-T 合成技术由 H. Kolbel 和 P. Acker-mann 于 1938~1953 年开发，1953 年 Rh-einpreussen 等公司在德国建立了日产 11.5t 烃的示范厂，运转结果显示出浆态床 F-T 合成技术的特点和技术经济的优越性，是第二代合成技术中最有希望的工艺。

三相浆态床 F-T 合成——Kolbel 工艺流程如图 8-22 所示。反应器采用三相泡沫塔式反应器，其结构如图 8-23 所示。反应器直径为 1.5m，高度 8.6m，有效工作容积 10m³。内装有循环压力水管，底部设有气体分布器，顶部有蒸汽收集器，外部为液面控制器。

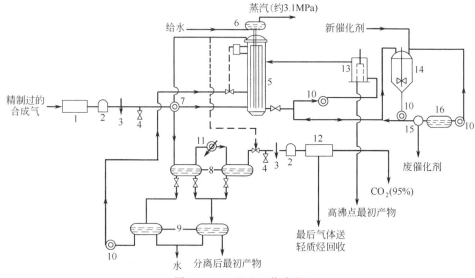

图 8-22　Kolbel 工艺流程
1—压缩机；2—合成气计量表；3—孔板；4—取样阀；5—浆态床反应器；6—蒸汽收集器；
7—热交换器；8—气液分离器；9—储罐；10—泵；11—冷却器；12—脱除 CO_2 装置；
13—加压过滤器；14—浆液搅拌机；15—离心泵；16—油罐

催化剂的微粒（<50μm）悬浮于反应器内高沸点烃类油（300～450℃）介质中，形成浆态悬浮液。精制过的合成原料气，组成（体积分数）为：CO，54%～56%；H_2，36%～38%。其经加压到操作压力，然后通过热交换器与来自反应器油蒸汽和尾气进行热交换，再进入反应器的底部，经过气体分布板上直径为2～3mm的喷嘴均匀上升，分布在催化剂悬浮油相中进行反应，反应放出的热量直接被油浆吸收，同时被浸没在油相中冷却管内的蒸汽带走，料浆液面由催化剂循环系统控制在8m左右。

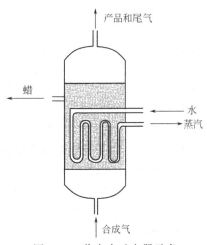

图8-23　浆态床反应器示意

合成的低沸点产物从顶部排出，经热交换器，使汽化的循环油和重质油冷凝，由分离器分出的循环油返回反应器，中间馏分油和反应水在冷却器分离。残气脱除CO_2后送入油吸收塔或活性炭吸附装置回收C_3~C_6馏分。合成的高沸点产物留在反应器中与悬浮液一起，定期地排出反应器，经过滤将催化剂分出并返回反应器，或者经离心机分离出废催化剂，离心液送催化剂悬浮液储罐再用。由于浆态床合成单程转化率高达90%左右，故不需要进行尾气循环。

该工艺可选用任何一种F-T合成催化剂，但以无载体或只含少量载体的沉淀铁催化剂较为合适，主要成分为Fe、Cu、K的氧化物，其中Fe为活性组分；Cu为氧化铁的助还原剂，可降低催化剂的还原温度；而K促进烃的碳链增长，改善高碳烃的选择性。典型的催化剂组成为100mol Fe：(0.1~0.3)mol Cu：(0.05~0.3)mol K_2O。为增加传质界面和悬浮液的均匀性，催化剂粒度应小于50μm。催化剂在悬浮液中浓度越高，反应器的生产能力越大。

Kolbel工艺采用100mol Fe：0.3mol Cu：0.3mol K_2O催化剂，原料气的$V(H_2)/V(CO)=0.67$，在268℃、1.21MPa和标准状态下空速为3.07L/(gFe·h)的条件下合成，其单程转化率高达91%，C_3^+产物的产率为标准状态下165g/m^3(CO+H_2)，产物的选择性高，其中C_5~C_{11}的产率为53.6%，甲烷和重产物（C_3^+）却很少。

四、流化床F-T合成工艺

流化床合成是反应气体进入反应器，因气流速度大，反应器的催化剂做上下不停地运动，但不被气体带出反应器，合成反应是在催化剂处于稳定的湍动流化状态下进行，因而强化了传质、传热过程，提高了合成效果。

1950年美国首先建立了工业规模的流化床F-T合成装置，如图8-24所示，反应器为圆筒形，直径5.0m，体积100m^3，反应器内设有垂直管束水冷换热装置，可带出反应生成的热，反应装置还带有旋风分离器及过滤系统，分离生成气及细粒催化剂，生产能力为18万吨/年。流化床设计见表8-9。

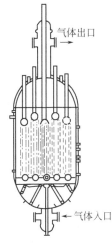

图8-24　流化床反应器

表 8-9　流化床反应器的设计条件

条　件	指　标	条　件	指　标
催化剂	还原的 Al/Fe 矿，粒度：40～325 目为 80%	循环比	2
催化剂装置	175～200 吨/台反应器	原料气 $V(H_2)/V(CO)$	1.8～2.1
操作温度	300～330℃	转化率	90%～95%
操作压力	2482～2965kPa	C_2^+ 烃收率（标准状态下）	165g/m³(CO+H_2)

工程示例：中国科学院山西煤炭化学研究所两段法合成（MFT）工艺

中国科学院山西煤炭化学研究所从 20 世纪 80 年代初就开始将传统的 F-T 合成与沸石分子筛选择催化作用相结合的两段法合成（简称 MFT）工艺的研究与开发，先后完成了实验室小试、工业单管模试中间试验（百吨级）和工业性试验（2000 吨/年）。MFT 合成工艺流程如图 8-25 所示。

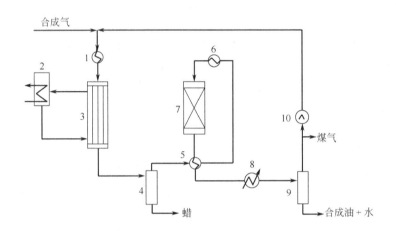

图 8-25　MFT 合成工艺流程
1—加热炉对流段；2—导热油冷却器；3—一段反应器；4—分蜡罐；5—一段换热器；
6—加热炉辐射段；7—二段反应器；8—水冷器；9—气液分离器；10—循环压缩机

水煤气经压缩、常温甲醇洗、水洗、预热至 250℃，经 ZnO 脱硫和脱氧成为合格原料气，按 1:3 的体积比与循环气混合，混合气进入加热炉对流段，预热至 240～255℃送入一段反应器，反应器内温度 250～270℃、压力 2.5MPa，在铁催化剂存在下主要发生 CO+H_2 的合成烃类（F-T 合成）反应。由于生成的烃分子量分布较宽（C_1～C_{40}），需进行改质，故一段反应生成物进入一段换热器与二段尾气（330℃）换热，从 245℃升至 295℃，再进加热炉辐射段进一步升温至 350℃，然后送至二段反应器（2 台切换操作）进行烃类改质反应，生成汽油。二段反应温度为 350℃，压力 2.45MPa。为了从气相产物中回收汽油和热量，二段反应产物首先进一段换热器，与一段产物换热后降温至 280℃，再进入循环气换热器，与循环气（25℃，2.5MPa）换热至 110℃后，入水冷器冷却至 40℃。至此，绝大多数烃类产品和水均被冷凝下来，经气液分离器分离，冷凝液靠静压送入油水分离器，将粗汽油与水分开。水计量后送水处理系统，粗汽油计量后送精制工段蒸馏切割。分离粗汽油和水后，尾气中仍有少量汽油馏分，故进入换冷器与冷尾气（5℃）换冷至 20℃，入氨冷器进而冷至 1℃，经气液分离器分出汽油馏分。该馏分直接送精制二段汽油储槽。分离后的冷尾气（5℃）进水冷器与气液分离器来的尾气（40℃）换热到 27℃回收冷凝液。此尾气的大部分作为循环气送压缩二段，由循环压缩机增压，少部分作为加热炉的燃料气，其余作为城市煤气送出界区。增压后的尾气进入循环气换热器，与二段尾气（280℃）换热至240℃，再与净化、压缩后的合成原料气混合，重新进入反应系统。

除了MFT合成工艺之外，山西煤化所还开发了浆态床-固定床两段法工艺，简称SMFT合成。2002年建成了1000吨/年的工业性试验装置，工艺技术开发正在进行之中。

中科院山西煤化所在开发MFT和SMFT工艺过程中十分注重催化剂的开发。多年来他们对铁系和钴系催化剂都进行了较系统研究。1980年初制订了一个长期计划来重点开发铁系催化剂，对4种铁系催化剂进行了从实验室小试到中试不同规模的试验研究。第一种为熔铁催化剂，1986年进行了单管试验。随后对Fe-Cu-K共沉淀催化剂进行了单管中试，中试是在1990年进行的。与此同时对以锰为助剂的铁催化剂进行了研究，两种催化剂都进行了单管中试。1990年开始对钴催化剂进行研究，到目前，共有3种钴催化剂在开发研究中。

共沉淀Fe-Cu催化剂（编号为ⅠCC-ⅠA）自1990年以来一直在实验室中进行固定床试验，主要目的是获得动力学参数。Fe-Mn催化剂（ⅠCC-ⅡA、ⅠCC-ⅡB）和钴催化剂（ⅠCC-ⅢA、ⅠCC-ⅢB、ⅠCC-ⅢC）的研究集中在催化剂的优化和动力学研究以及过程模拟上。进入21世纪以来，中科院山西煤化所集中全力于ⅠCC-ⅠA催化剂和浆态床反应器的研究和开发，已完成了中试规模的设计。催化剂主要参数列于表8-10。

表8-10 中科院山西煤化所开发的F-T合成催化剂（固定床）

催化剂	ⅠCC-ⅠA	ⅠCC-ⅡA	ⅠCC-ⅡB	ⅠCC-ⅢA	ⅠCC-ⅢB	ⅠCC-ⅢC
T/℃	250	290	270	190	200	200
P/MPa	2.5	3.0	2.5	2.0	2.0	2.0
空速/h^{-1}	500	500	500	500	500	500
$m(H_2)/m(CO)$	1.6~1.8	2.0	2.0	2.0	2.0	2.0
CO转化率/%	85.3	88.0	96.0	87.0	92.0	95.0
CH_4/%	9.04	13.0	12.0	8.2	8.0	6.5
$w(C_2$~$C_4)$/%	22.5	25.8	32.8	9.4	5.5	5.0
$w(C_5^+)$/%	68.9	61.2	55.8	82.4	84.0	88.5

思 考 题

1. 什么是煤的液化？煤液化的目的是什么？
2. 直接液化对原料煤有何要求？
3. 如何选择直接液化的催化剂？
4. 煤加氢液化的反应机理是什么？
5. 直接液化主要有哪几种工艺？各有何特点？
6. 什么是SRC法？SRC-Ⅰ和SRC-Ⅱ有何区别？
7. 煤加氢液化时，其结构中各种化学键断裂降解的难易程度如何？
8. 煤油共炼主要有哪几种工艺？反应条件各是什么？
9. 间接液化主要包括哪些过程？
10. F-T合成的基本原理是什么？F-T合成过程的工艺参数如何选择？
11. F-T合成主要有哪几种工艺？各有何特点？

第九章

煤的洁净燃烧技术

煤的洁净燃烧是指煤在燃烧过程中提高效率、减少污染物排放的技术,主要包括先进的粉煤燃烧技术、煤的流化床和循环流化床燃烧、劣质煤的洁净燃烧等。煤炭洁净燃烧技术是提高燃煤效率、保护和改善环境、合理利用煤炭资源的重要手段,是中国能源可持续发展的必由之路,是中国洁净煤技术的重要内容。

第一节 粉 煤 燃 烧

粉煤燃烧是指把煤磨成细粉随空气一起喷入炉膛空间,在悬浮状态下的燃烧。粉煤燃烧由于煤被磨得很细,煤粉平均粒径约为 $50\sim100\mu m$,煤粒表面积增加数百甚至上千倍,因而燃烧速度快,炉膛温度高,燃烧效率可达 $96\%\sim99.5\%$。粉煤燃烧对煤种适应性很好,从褐煤到无烟煤的一切煤种都能采用煤粉燃烧,油页岩磨成细粉也能掺入粉煤燃烧。

粉煤燃烧在大中型锅炉上都能采用,锅炉蒸发量从 $10\sim20t/h$ 一直到 $4000t/h$ 或更高,都采用这种燃烧方式的,而且几乎是大型燃煤设备的唯一燃烧方式。

一、粉煤的燃烧过程

1. 粉煤气流的着火

粉煤气流的及时稳定着火是煤粉炉安全经济运行的重要条件。粉煤气流的着火与煤种有很大关系,表 9-1 给出了不同煤种粉煤在煤粉气流中的着火温度。为使粉煤气流着火燃烧,首先必须将粉煤气流加热到粉煤的着火温度,这一加热过程所需热量称为着火热。显然,着火热的大小与着火温度、煤的灰分、水分和一次风量及其温度等有关。着火热越小,着火越容易。

表 9-1 不同煤种粉煤气流中粉煤颗粒的着火温度

煤种	褐煤	烟煤				贫煤	无烟煤
$V_{daf}/\%$	50	40	30	20		14	—
着火温度/℃	550	650	750	840		900	1000

为了减少着火热,粉煤气流中的空气量,亦即一次风量总是要尽量地小一些。通常粉煤气流中一次风量只要能把粉煤受热析出的挥发物烧尽即可,余下的焦炭粒子可由随后混入的二次风和三次风燃尽。由于挥发物的热值与焦炭热值相差不多,挥发物与焦炭燃烧产生 1kJ 热量所需空气量也基本相同,因此,一次风率 r_1 应近似等于粉煤中挥发物的含量 V_{daf},即

$$r_1=V_{daf}/100$$

对于无烟煤和贫煤,若以上式决定一次风率 r_1,则一次风过小,难以完成输送煤粉的任务。因此,对无烟煤和贫煤,取 $r_1=0.15\sim0.20$。表 9-2 给出了不同煤种的一次风率。

表 9-2　不同煤种粉煤燃烧的一次风率 r_1

煤　种	$V_{daf}/\%$	一次风率 r_1	
		直流燃烧器	旋流燃烧器
无烟煤	2～8	0.15～0.2	
贫煤	8～19	0.15～0.2	
烟煤	20～30	0.25～0.3	
	30～40	约 0.3	0.3～0.4
褐煤	40～50		0.35～0.4
油页岩	80～90	0.5～0.6	
泥煤	≈70		

一次风温对着火影响很大，例如一次风温度为 300℃ 时的着火热仅为一次风温度为 20℃ 时的约 40%。因此，烧无烟煤、贫煤时，常采用 380～420℃ 的热风送粉，以利于粉煤气流的着火。

除了着火的影响外，粉煤气流的着火还与炉膛对其加热的条件有很大关系。粉煤气流喷入炉膛中受到的加热方式最主要的是炉膛中高温烟气的混入来加热。因此需提高粉煤气流对高温烟气的卷吸能力，例如适当增加旋流燃烧器的旋流强度；适当增加直流燃烧器中气流的高宽比等。对粉煤气流的迅速加热升温着火有重要作用。

将着火区域的一部分水冷壁用耐火材料遮盖，即敷设卫燃带，提高该区域的高温烟气温度，也有利于改善煤粉气流加热条件，亦即着火条件，这种方法在燃用难着火煤时常被采用。

粉煤气流着火后，火焰会以一定速度向逆着气流方向传播，若传播速度等于粉煤气流在某处的流速，则火焰就稳定在该处。若煤粉气流速过大，则火焰就会被吹得很远，在气流速度衰减到一相应值的地方才稳定下来，这样火焰很容易被吹灭，也即着火不稳定。因此，在燃用难着火煤时，粉煤气流的流速要小一些。

另外，采用浓淡燃烧，即在粉煤气流的着火中心区煤粉浓度大一些，使析出的挥发分浓度增大，也有利于着火。粉煤磨得细一些，粉煤的比表面就会增大，温升也会加快，也有利于着火稳定。

2. 粉煤气流的燃烧

粉煤气流着火以后，进入剧烈燃烧阶段，粉煤在炉膛内进行强烈燃烧的基本条件如下。

① 有足够高的炉温。粉煤燃烧属于动力燃烧或过渡燃烧，提高炉温是强化燃烧的重要措施，但是应以不造成结渣为限。

② 二次风应适时与粉煤气流混合，过早混合不利于着火，而过迟混合又会影响燃烧进程。

③ 组织好燃烧区域的空气动力场，促使粉煤与空气的强烈混合。

3. 粉煤气流的燃尽

粉煤气流一般在喷入炉膛 0.3～0.5m 处开始着火，到 1～2m 处大部分挥发物已析出燃尽，燃烧速度很快，但余下的焦炭粒子的燃尽过程进行得比较缓慢。图 9-1 是一台 200MW、烧无烟煤的煤粉炉沿火焰长度上粉煤燃尽程度的变化情况。

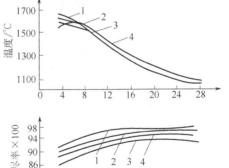

图 9-1　粉煤火焰沿火焰长度的温度和燃尽率变化

(200MW, 186kg/s, 煤粉炉, 旋流燃烧器烧无烟煤)

1—α=1.27; 2—α=1.1; 3—α=1.21; 4—α=1.32

由图 9-1 可见，在离燃烧器喷口 4m 处，粉煤气流的火焰温度就已达到最高值，随后快速下降；在 20m 处燃尽率已达 97%，到 28m 处，火焰长度增加 8m，燃尽率只增加不到 1%。造成炉膛上部燃尽过程缓慢的原因：一是该区炉温低；二是氧气浓度低；三是氧气穿过焦炭外层灰壳的扩散阻力增大。因此为加快粉煤燃尽可采取如下一些措施：在不致引起结渣的前提下，尽量提高炉膛出口温度；选取适当过量空气系数 α，一般粉煤炉取 $\alpha=1.15\sim1.25$，并加强火焰后期混合，增加粉煤与氧的接触机会；采用合理的煤粉细度，煤粉磨细些，对提高燃尽率有利，但电耗增大。表 9-3 给出了不同煤种煤粉细度 R_{90} 的推荐值。

表 9-3 煤粉细度推荐值

煤　　种		大于 90μm 累计含量 R_{90}/%	煤　　种	大于 90μm 累计含量 R_{90}/%
无烟煤	$V_{daf}/\%\leqslant5$	5～6	烟煤　优质	25～35
	$V_{daf}/\%=6\sim10$	大致等于 V_{daf}	劣质	15～20
贫　　煤		12～14	褐煤、油页岩	40～60

另外，为使煤粉气流燃尽，炉膛空间是足够大，或者说火焰长度要足够大，亦即要有足够的燃尽时间。不过，从燃尽角度看，一般煤粉炉的炉膛是足够大的。从表 9-4 看，烟煤和褐煤在一半的火焰长度上燃尽率就已达到 98%。炉膛空间之所以设计得这么大，完全是出于传热的需要，也正是因为煤粉炉有足够燃尽时间，才使它具有很高的燃烧效率。

表 9-4 沿粉煤锅炉炉膛长度燃尽率的变化情况

燃料种类	沿炉膛的相对长度					
	0.15	0.20	0.30	0.40	0.50	1.0
无烟煤、贫煤	0.72～0.86	0.86～0.90	0.92～0.95	0.93～0.96	0.94～0.97	0.96～0.97
烟煤	0.90～0.94	0.92～0.96	0.95～0.97	0.96～0.98	0.98～0.99	0.98～0.995
褐煤	0.91～0.95	0.93～0.97	0.96～0.98	0.97～0.98	0.98～0.99	0.99～0.995
煤和重油混烧($\alpha=1.02$)			0.94～0.96	0.96～0.98	0.97～0.99	0.995

4. 粉煤燃烧的结渣问题及其防止

煤粉燃烧由于燃烧区温度高达 1400～1500℃，煤粒可燃质燃尽后所形成的渣粒在此温度下呈熔融状态。熔融的渣粒如未经足够冷却与受热面或炉墙相碰，就黏结上去，这种现象称为结渣。通常在燃烧器、冷灰斗区域以及炉膛出口处的受热面上较容易结渣。结渣对锅炉的正常运行是很有害的。如辐射受热面结渣，会使其吸热量减少，锅炉出力下降；炉膛出口处的对流受热面结渣，会堵塞部分烟气通道，影响锅炉的正常运行。因此粉煤炉的结渣现象必须要避免和防止。

粉煤炉的结渣与灰渣性质、壁面情况、炉膛温度场、烟气介质性质、气流冲刷壁面的情况等多种因素有关。防止结渣的措施也应从这些因素着手。因此选择合适的炉膛容积热负荷、炉膛截面热负荷、炉膛出口温度，控制炉内温度，特别是近壁处的温度有利于防止结渣的产生。另外合理设计和布置燃烧器，组织炉内空气动力场，避免火焰冲刷壁面，也有利于防止结渣。

在操作时布置吹灰器、打焦孔，发现结渣及时清除，避免形成大渣块。

二、粉煤燃烧器

粉煤燃烧器按出口气流特性，可分为旋流式和直流式两大类。出口气流包含有旋转射流的称旋流燃烧器，它可以是几个同轴旋转射流，也可以是直流加旋转射流的组合；出口气流为直流射流或直流射流组的称直流燃烧器。

旋流燃烧器出口气流旋转，中心出现回流区，可卷吸炉膛中的高温烟气，有利于稳定着火。燃烧器出口处气流扰动强烈，早期混合强烈，但旋转气流的速度衰减很快，后期混合弱，射程短，火焰粗短。常布置在前墙、前后墙或侧墙。旋流燃烧器可用于燃烧褐煤、烟煤、贫煤。

直流燃烧器一二次风均为直流射流，通常采用四角布置，切于炉膛中心一个假想圆，在炉膛内形成一个统一的空气动力场，靠邻角火焰相互点燃。直流气流衰减较慢，后期混合强，且可根据不同煤种的要求，方便地控制一、二次风的混合点，因此，直流燃烧器不仅能烧褐煤、烟煤、贫煤，还可燃烧无烟煤和劣质烟煤。

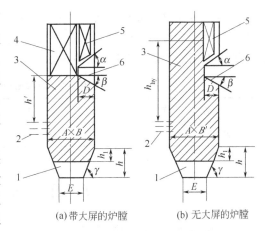

(a) 带大屏的炉膛　(b) 无大屏的炉膛

图 9-2　炉膛形状及结构尺寸
1—冷灰斗；2—燃烧器各喷口中心线位置；
3—炉膛体积的范围；4—大屏过热器；
5—屏式过热器；6—折焰角

旋流燃烧器与直流燃烧器各有长处。相对于直流燃烧器四角切圆燃烧，采用旋流燃烧器的锅炉有如下一些特点：可以避免采用直流燃烧器四角切圆燃烧产生过热器区的热偏差；燃烧器单独组织燃烧，相互影响小；对炉膛形状没有严格要求，不必如切圆燃烧那样一定要正方形或接近正方形，这给尾部受热面的布置带来很大方便；燃烧器均匀布置于前墙或前后墙，减少了炉膛中部燃烧区因温度偏高而早晨结渣的可能性；机组容量增大时，只需相应增大炉膛宽度及增加燃烧器只数和排数，单只燃烧器的热功率不一定必须相应增大。

相对旋流燃烧器，直流燃烧器四角切圆燃烧有如下一些特点：气流在炉膛内形成一个较强烈旋转的整体燃烧火焰，对稳定着火，强化后期混合都十分有利；燃烧工况的组织和调整灵活，对煤种适应性很强，可燃烧所有煤种；炉内火焰充满度好，四周水冷壁的吸热量和热负荷的分布比旋流燃烧器前墙或前后墙布置时要均匀得多。

我国早期锅炉设计中，燃烧设备主要采用旋流燃烧器，目前在电站锅炉和其他燃烧设备中仍占有一定比例。近年来直流燃烧器切向燃烧在我国得到很大发展，已成为我国煤粉炉的主要燃烧方式。

固态除渣煤粉炉炉膛的形状一般是横断面为长方形或正方形的柱体，如图 9-2 所示，其主要结构尺寸见表 9-5。

表 9-5　炉膛结构尺寸关系

炉膛结构尺寸						炉膛断面宽与深的比值 B/A	
α	β	γ	D	E	h_1	切圆燃烧	前墙或前后墙对冲燃烧
30°～50°	15°～30°	50°～55°	$(1/3～1/4)A$	0.8～1.6m	$0.5h$	1～1.2	1.1～2.2

为保证煤粉气流的燃尽，在确定炉膛尺寸和燃烧器布置时，必须保证满足燃尽所需的火焰高度（h_{hy} 或 h'）要求。火焰高度（h_{hy} 或 h'）的经验值见表 9-6。

表 9-6　火焰高度 h_{hy} 或 h' 值

火焰高度 煤种	h_{hy}/m					h'/m
	65(75)t/h	130t/h	220t/h	400(410)t/h	≥670t/h	
无烟煤	8	11	13	17	≥18	$0.5(A+B)$
烟煤	7	9	12	14	≥17	
油	5	8	10	12	≥14	

炉膛出口烟温一般指屏式过热器后的烟温。确定炉膛出口烟温原则上应综合考虑炉内辐射吸热和炉膛出口后对流吸热率的合理分配（经济性）及炉内和对流受热面不结渣（安全性）两方面而定。表 9-7 列出了炉膛出口烟温 t''_{lt} 的一般要求。

表 9-7　炉膛出口烟温 t''_{lt} 的一般要求

名　称	煤	油	气
炉膛出口烟温 t''_{lt}/℃	≤DT-50 且≤1150	≤1250	≤1350

第二节　先进粉煤燃烧器

一、SGR 型低 NO_x 燃烧器

图 9-3 为隔离烟气再循环（Separate Gas Recirculation，SGR）型直流式燃烧器。在一次风喷嘴上下为再循环烟气，二次风喷嘴离开一次风喷嘴较远。这样，在一次风喷口附近产生还原气氛，并降低燃烧中心的温度，以抑制 NO_x 的生成。再循环烟气可由排烟再循环系统来提供。

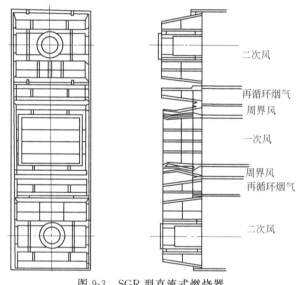

图 9-3　SGR 型直流式燃烧器

二、PM 型低 NO_x 燃烧器

在采用一般燃烧器时，二次风和一次风很快混合，形成单一的燃烧区段。而采用 PM（Pollution Minimum）型燃烧器时，二次风和一次风的混合推迟，出现两个燃烧区段。图 9-4 为日本三菱重工业公司在 1981 年提出的 PM 型低 NO_x 燃烧器，用于粉煤的切向燃烧方式。它是利用粉煤气流在一次风管接近燃烧器的弯头进行简单的惯性分离，将一次风分成富燃料和贫燃料两股，上喷口为富燃料喷口，下喷口为贫燃料喷口。此两喷口之上各有隔离烟气再循环喷口，最上面和最下面为上、下二次风喷口。PM 型燃烧器生成 NO_x 特性曲线见图 9-5。两股一次风中生成的 NO_x 相当于 C_1 和 C_2，总的平均 NO_x 生成量相当于 C_0，显然这样生成的 NO_x 将比一次风不分股的 SGR 型燃烧器低。

三、双调风型低 NO_x 燃烧器

拔伯葛-日立公司把分段燃烧原则用在旋流型燃烧器上（如图 9-6 所示）。一次风份额较小，仅为 15%～20%。二次风分成内外两股，内二次风为 35%～45%，外二次风为 55%～65%，使二次风逐步混入火焰中去。为了隔开一、二次风并减缓其混合，一次风喷口周围送入再循环烟气或冷空气。试验证明，它能使 NO_x 降低 39%，如采用分级燃烧，就能使 NO_x 降低 63%，效果更显著。

四、旋流式粉煤预燃室燃烧器和火焰稳定船式直流型燃烧器

1. 旋流式粉煤预燃室燃烧器

旋流式粉煤预燃室燃烧器是近年来在我国电站锅炉上使用的一种点火、稳燃燃烧器，它

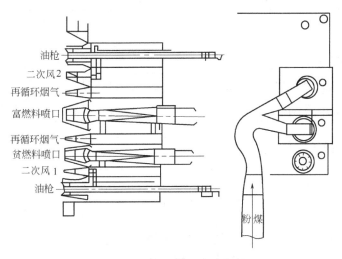

图 9-4　PM 型直流式燃烧器

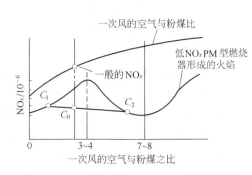

图 9-5　PM 型燃烧器的 NO_x 生成特性曲线

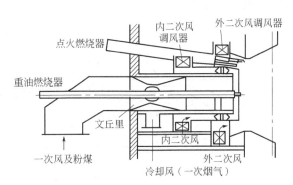

图 9-6　拔伯葛-日立公司双调风燃烧器

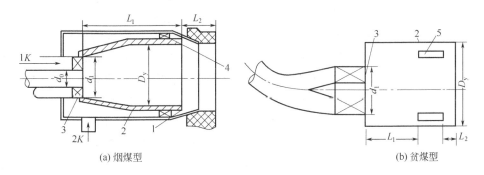

(a) 烟煤型　　　　　　　　　　　　　(b) 贫煤型

图 9-7　旋流式粉煤预燃室结构

1—二次风喷口；2—预燃室筒体；3—一次风轴向叶片旋流器；4—二次风轴向叶片旋流器；
5—二次风切向引入口；1K—一次风进口；2K—二次风进口

可实现无油或少油点燃烟煤和贫煤，节约点火及低负荷稳燃用油，具有显著的经济效益。图 9-7 是典型的燃用烟煤和贫煤的旋流式预燃室。

旋流式粉煤预燃室由一次风（分带轴向旋流器和不带旋流器两类）、二次风（带轴向或切向旋流器）及预燃室三部分组成。其主要结构尺寸及参数见表 9-8。

表 9-8 粉煤预燃室的主要尺寸及参数

名　称	数　值	
	烟煤型	贫煤型
预燃室直径 D_y/mm	600～800	800～1000
一次风口直径 d_1 与中心管径 d_0 的比值 d_1/d_0	$1<d_1/d_0 \leqslant 2$	
预燃室直径与一次风口直径比 D_y/d_1	$\geqslant 2.5\sim 3.0$	$\geqslant 1.8$
一次风轴向叶片倾角 $\beta/(°)$	约 35	
着火段长度与预燃室直径比 L_1/D_y	0.65～1.40	1.0～2.0
着火段长度 L_1/mm	$\geqslant 500\sim 600$	$\geqslant 700\sim 800$
燃烧段长度与预燃室直径比 L_2/D_y	0.4～0.6	
燃烧段长度 L_2/mm	250～450	
一次风率 γ_{1k}/%	20～30	15～20
一次风速 ω_{1k}/(m/s)	约 30	19～22
预燃室断面热负荷 q_F/(MW/m²)	5.2～6.2	

预燃室的总热负荷和预燃室的直径应能保证预燃室内有足够大的内外回流区及足够多的高温烟气热负荷来保证其自身的着火及点燃锅炉的主燃烧器。但预燃室过大，对锅炉内气流工况也有一定影响。因此，通常预燃室的总热负荷以锅炉额定热负荷的 15%～20% 为宜，单个预燃室的最大燃煤量约为 2.5t/h。

2. 火焰稳定船式直流型燃烧器

船形燃烧器是清华大学研究开发的新型燃烧器，其结构特点是在一次风喷口内放置一个船形体作为火焰稳定器，如图 9-8 所示。船形体的尾迹回流区很小，且回流区的一半缩在喷口之内，伸出喷口的回流区长度仅略大于 20mm。在回流区后，由于一次风气流向中央收缩而形成一个气流束腰。

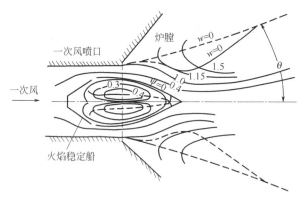

图 9-8 "火焰稳定船"在一次风喷口中的位置及气流特征

在切向燃烧时，由于受相邻燃烧器喷射过来的高温烟气的影响，以及喷口射流本身对附近高温烟气的卷吸作用，在气流束腰外缘会形成一个温度在 900℃ 以上的高温区，该区同时又是高煤粉浓度区和较高氧浓度区（氧浓度在 10% 以上），即所谓"三高区"，它是稳定煤粉燃烧火焰的重要手段。

由于这两种燃烧器所组成的气流特点，在燃烧喷口附近粉煤会分离浓集而形成局部的高浓度粉煤区。这既有利于粉煤火焰保持稳定的"三高区"（高粉煤浓度，高温和较高氧浓度），又符合分级燃烧降低 NO_x 生成的原则，在粉煤着火和挥发燃烧的区域，尽量增大燃料浓度，减小过量空气系数，在此之后逐步补充空气，就可明显降低 NO_x 的生成。试验表明，在烧烟煤时可使 NO_x 排放量降低到 200g/t 以下。

五、液态排渣炉的 SM 型低 NO_x 燃烧器

液态排渣炉中控制 NO_x 生成较难。为了保证顺利流渣，必须有较高的温度；为了防止高温腐蚀，要求炉内呈氧化性气氛，这些都和降低 NO_x 生成条件相矛盾的。德国的 SM 型分级燃

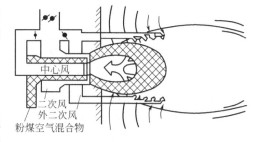

图 9-9 SM 型燃烧器原理图

烧器，对降低 NO_x 有较好的效果（见图 9-9）。其特点是外二次风是在粉煤着火后才从火焰外缘分级送入的，一般做成 4 个或 8 个圆形喷口，在燃烧器周围环形布置。试验表明，NO_x 排放量可比一般燃烧器降低 22%～32%，估计在最佳工况下可降低到 50%。

六、逆向复式射流预燃烧器

图 9-10 是逆向复式射流预燃室燃烧器示意图。一次风，粉煤在预燃室内形成一次贫氧富燃料区。二次风逐渐与一次燃烧区里的燃气混合，它不仅起着冷却内壁和吹灰的作用，而且还大大加强由逆向射流造成的回流作用。当火焰向下游传播，三次风进入炉膛进行完全燃烧，同时也起着冷却内壁的作用。由于逆向复式极其优良的火焰稳定性和燃烧特性，可以使预燃室内壁不需要耐火层。于是预燃室的容积大为缩小，从而使预燃室能纳入燃烧器原有的空间内而不需做太多的改动。它具有结构简单、体积小、较低的气流压力损失、NO_x 排放量低和煤种适应性强等优点。

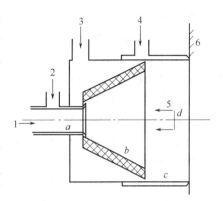

图 9-10 逆向复式射流预燃室燃烧器示意图
a——一次风、粉管；b——燃烧器锥形头部；c——燃烧器内壁；d——逆向复式射流火焰稳定器；
1——一次风；2——吹灰风；3——二次风；4——三次风；5——逆向射流；6——炉壁

七、TRW 燃烧器

美国 TRW 公司研制成功的液态排渣多级煤粉燃烧系统（简称 TRW 燃烧器）在降低 NO_x 和 SO_2 的排放方面，取得较为显著的效果。

TRW 燃烧器与前面所介绍的各种燃烧器有很大的差别。一般燃烧器和锅炉炉膛成为一个燃烧系统，使其形成最佳燃烧工况，而 TRW 燃烧器是将燃烧和排渣移出锅炉炉膛外，炉膛内管屏主要接受燃烧烟气的辐射热和对流热。TRW 燃烧器实际上是一只前置锅炉。

TRW 燃烧器由预燃烧器、主燃烧室和灰渣回收部分等组成（图 9-11）。

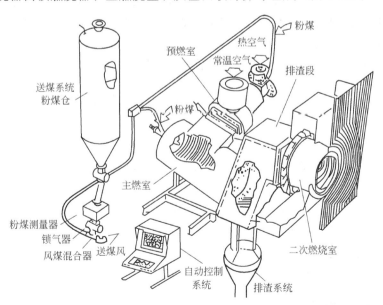

图 9-11 液态排渣粉煤燃烧系统

预燃室的主要目的和功能是把从空气预热器来的热空气温度从 260~371℃ 提高到 1093~1204℃，然后切向进入主燃烧室，使喷入的粉煤挥发燃烧。在预燃室内喷入的粉煤占总煤量的 30%~40%，并分两段燃烧，首先使煤在过量空气系数为 0.8~1.0 的情况下燃烧，第二段为混合段，过量空气系数超过 2.0，这过程产生的热量较低，不会使粉煤中的灰在预燃室内结渣或结灰。余下的 60%~70% 的粉煤在主燃烧室端部通过多孔喷射器均匀喷入。由预燃室来的高温烟气使主燃烧室内壁形成灼热的熔渣表面，同时结合强大的再循环回流保证了粉煤稳定着火和燃烧。多孔喷射器使粉煤分布均匀，更好地使煤、风混合和燃烧。主燃烧室通常在 0.75~0.90 的空气过量系数下运行，依靠控制混合和欠氧燃烧，使碳转化为气体最多，NO_x 的排放最少。

在燃烧器内主要进行富燃料燃烧，烟气进入炉膛后，受水冷壁的冷辐射影响，炉内尖峰温度降低后加入空气，使烟气中未燃碳燃烧。

为了减少 SO_2 的排放，TRW 燃烧器提供了在灰渣回收部分上方喷入石灰石进行去除 SO_2 的措施。石灰石颗粒在炉膛内与高温烟气混合煅烧成具有高度活化的快速烧结石灰颗粒，这些颗粒随烟气排出锅炉前，与烟气混合和运动过程中，大部分 SO_2 被吸收形成 $CaSO_4$。

八、浓淡燃烧

一次风分成浓淡煤粉两股气流，并各自远离燃料燃烧的物质的量比燃烧，这样的燃烧通称浓淡燃烧。

试验研究和实践表明，浓淡燃烧具有强化稳燃和低排放两个特点，其机理分析如下。

① 粉煤气流中煤粉浓度增加，着火温度下降，着火热减少，着火时间缩短，火焰传播速度加快，着火区火焰温度提高。对于不同煤种，存在一个最佳煤粉浓度值和最佳浓淡比。在最佳煤粉浓度值和最佳浓淡比燃烧时，炉内着火稳定性大大提高。

② 对于高煤粉浓度火焰气流，由于氧气不足而形成还原性气氛，NO_x 生成少；而对另一股低煤粉浓度气流则因燃料不足、火焰温度低，生成的 NO_x 也少，因此，浓淡两股火焰所生成的总和比普通燃烧器要低，NO_x 生成仅为普通燃烧器的 1/2~1/5。

实现浓淡燃烧的方法有三种，即高浓度输粉法，燃烧器浓缩法和浓缩器浓缩法。

第三节 煤的流化床和循环流化床燃烧

流化床燃烧是指小颗粒煤与空气在炉膛内处于沸腾状态下，或高速气流与所携带的处于稠密悬浮煤料颗粒充分接触进行的燃烧。流化床包括鼓泡流化床和循环流化床两种燃烧方式。流化床燃烧的突出优点是燃烧效率高，NO_x 和 SO_2 排放少，燃料适应性广，负荷调节性好，特别是循环流化床燃烧不仅具有鼓泡床燃烧的全部优点，而且几乎克服了鼓泡床燃烧的全部缺点，如飞灰不完全燃烧损失大，钙利用率低，埋管磨损大，不易大型化等。因此，循环流化床技术是流化床燃烧技术的发展方向，是新一代高效低污染清洁燃烧技术，在未来几年、十几年，循环流化床燃烧技术必将得到飞速发展。

一、鼓泡流化床燃烧

在流化床中，当空气速度高于床料粒子的临界流化速度时，空气以气泡形式穿过床层，床层粒子呈流化状态。这种流化状态称为鼓泡流化状态,煤在这种流化床中的燃烧,称为煤的鼓泡流化床燃烧。一般鼓泡流化床的流化速度小于 3.5m/s。

鼓泡流化床锅炉的结构见图 9-12,其炉膛结构形式主要有倒锥形(见图 9-13)和柱体形(见图 9-14)两种。炉膛主要尺寸推荐值见表 9-9。

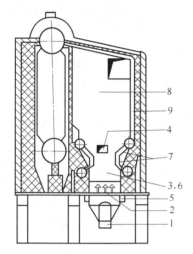

图 9-12 鼓泡流化床锅炉的结构
1—风箱;2—布风板;3—加煤口位置;
4—溢流口;5—冷渣管;6—沸腾段;
7—埋管受热面;8—悬浮段;
9—悬浮段受热面

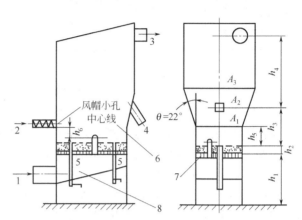

图 9-13 倒锥形炉膛结构
1—送风口;2—给煤机;3—炉膛出口;4—灰渣
溢流口;5—冷渣出渣管;6—炉膛;
7—布风装置;8—等压风室

表 9-9 炉膛结构主要尺寸推荐值

符号	名称	确定原则	推荐值/mm
h_1	布风板高度	根据锅炉容量、风室结构决定,并考虑除灰渣、检修方便	2200~6000
h_2	布风板保护层厚度	根据风帽高度而定	90~120
h_3	溢流口高度(沸腾段高度)	决定于静止料层的高度 h_0,一般对于 0~8mm 炉料,$h_0=350$~550mm	$h_3 \approx (2$~$2.4)h_0$
h_4	悬浮段高度	应大于颗粒的自由分离高度	3000~4000
h_5	垂直段高度	保证床料不分层,流化质量好	h_5 略大于 h_0
h_6	给煤口高度	布置在溢流口对面的炉墙上,使煤粒有足够的行程;使煤在床内能播散开,不结渣	≥300~400 正压给煤 $h_3+(100$~$200)$ 负压给煤
θ	倒锥角半角	应大于细颗粒的自然堆积角,保证上升气流不出现死区	≥10°~25°

布风装置对于保证建立良好的流态化过程和稳定的燃烧工况具有十分重要的作用。布风装置主要由风室和布风板组成(见图 9-15)。布风板结构主要由花板、风帽、耐火层、隔热层和密封层组合而成。花板通常是由厚度为 12~20mm 的厚钢板,或厚度为 30~40mm 的整块铸铁板或分块组合而成的。花板上的开孔也就是风帽的排列均以均匀分布为原则,开孔节距多数采用等边三角形,节距的大小一般为风帽帽檐直径的 1.5~1.75 倍,同时要保证帽檐间的流速为 4.5~7.0m/s 之间。每 1~1.3m² 花板面积中要布置一个冷渣管,冷渣管的直径为 ϕ108~133mm。冷渣管的作用是及时排出床层中沉积下来的大颗粒和杂物。

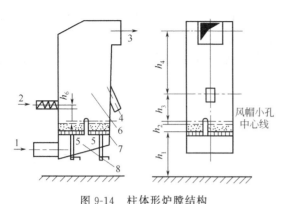
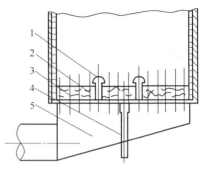

图 9-14 柱体形炉膛结构
1—送风口；2—给煤机；3—炉膛出口；4—灰渣溢流口；
5—冷渣出渣管；6—炉膛；7—布风装置；8—等压风室

图 9-15 布风装置组成
1—风帽；2—隔热层；3—花板；
4—冷渣管；5—风室

风帽最常用的有带帽头的风帽和无帽头的风帽两种。有帽头风帽布风均匀性好，但阻力大，一些大块杂物易在帽檐底下，不易清除，严重时影响正常流化，需要停炉清理。无帽头风帽阻力小，制造简单，但布风性能图略差。风帽式布风板的最大问题是风帽帽头在停炉压火时埋在高温床料中容易烧坏。所以风帽的材质一般为耐热铸铁，对耐热要求更高的情况，如采用风室点火方式时，亦可采用耐热不锈钢。

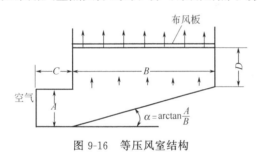

图 9-16 等压风室结构

风帽小孔直径为 $\phi 4\sim 6$mm，小孔流速 $30\sim 40$m/s，开孔率为 $2\%\sim 3\%$，风帽阻力为 $1200\sim 1800$Pa，约为整个床层阻力（布风板阻力和料层阻力）的 $25\%\sim 30\%$。

风室的作用在于均流和稳压。最常用的是等压风室（见图 9-16）。风室稳压段高度 $D>500$mm，风室进口直段长度 C 大于进口风管当量直径的 $1\sim 3$ 倍，风室底边倾角 $\alpha=5°\sim 20°$，一般为 $8°\sim 12°$，风室进口风速小于 10m/s，一般以 5m/s 左右为宜，风室内平均流速为 $1\sim 2$m/s。

鼓泡床燃烧的热力特性见表 9-10。

表 9-10 鼓泡床燃烧的热力特性数据

数值名称	煤 种					
	Ⅰ类石煤或煤矸石	Ⅱ类石煤或煤矸石	Ⅲ类石煤或煤矸石	Ⅰ类烟煤	褐 煤	Ⅰ类无烟煤
沸腾层过量空气系数 α_{ft}	1.1~1.2			1.1~1.2	1.1~1.2	1.1~1.2
沸腾层燃烧份额 δ	0.85~0.95			0.75~0.85	0.7~0.8	0.95~1.0
气体不完全燃烧热损失 $q_3/\%$	0~1	0~1.5	0~1.5	0~1.5	0~1.5	0~1
固体不完全燃烧热损失 $q_4/\%$	21~27	18~25	15~21	12~17	5~12	18~25
飞灰份额 $\alpha_{fh}/\%$	0.25~0.35	0.25~0.40	0.40~0.52	0.4~0.6	0.4~0.6	0.4~0.5
飞灰可燃物含量 $c_{fh}/\%$	8~13	10~19	11~19	15~20	10~20	20~40
布风板下风压 p/kPa	5.5~6.5			5.0~6.5	5.0~6.0	4.5~6.5
截面热负荷 $q_F/(MW/m^2)$	1.5~2.8（与煤种粒度有关）					

鼓泡床锅炉存在的主要问题有以下几点。

① 热效率低，一般在 60% 左右。主要原因是机械不完全燃烧损失大，对煤矸石，q_4 为 15%～30%，对劣质烟煤 q_4 为 12%～17%。飞灰含碳量和飞灰量大是造成 q_4 大的主要原因。

② 埋管受热面和炉墙磨损严重，需要采用防磨措施。

③ 在向鼓泡床内加石灰石脱硫时，石灰石的钙利用率较低，要达到脱硫效率 90%，钙硫物质量的比 $n(Ca)/n(S)$ 在 3 以上，需耗用大量石灰石。

④ 按照鼓泡床的截面热负荷，每平方米床面积可产 2～4t/h 蒸气，一台 400t/h 的锅炉则需要 100m² 以上的床面积，这在布置上会有许多困难，因此鼓泡床锅炉的大型化会受到床面积的限制，亦即很难大型化。

因为以上问题，鼓泡床锅炉正在逐渐被循环床锅炉所取代。

二、循环流化床燃烧

循环流化床的结构如图 9-17 所示。循环流化床与鼓泡流化床燃烧的最大区别是：在循环流化床燃烧中，布置有高温或中温分离器，可将未燃尽的煤粒分离下来，经回送装置送回床层继续燃烧。除了分离器难以分离下来的极细颗粒外，其余颗粒都要经历几次、几十次、甚至几百次的循环燃烧，大大增加了颗粒在床内的总停留时间，以保证充分燃尽。另外，循环床燃烧与鼓泡床燃烧的另一主要区别是：鼓泡床燃烧的流化速度通常只有 2.5～3.0m/s，属鼓泡床流动状态；而循环流化床燃烧的流化速度通常为 3～10m/s，甚至超过 10m/s。根据燃料粒度、一次与二次风比例及流化速度的不同，循环流化床燃烧炉膛内的流动状态有三种情况：第一种是炉膛上下均为快速床流化状态；第二种是炉膛下部呈湍动床状态，上部为快速床状态；第三种是炉膛下部呈鼓泡床状态，上部为快速床状态。显然，三种情况无论哪一种都与单一的鼓泡床在流动结构和流动特性上有很大不同。五种流动状态如图 9-18 所示。由于循环流化床燃烧的以上两个重要特征，使循环流化床燃烧具有一系列重要特点。

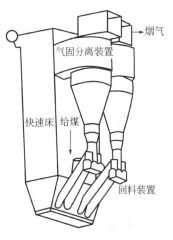

图 9-17　循环流化床的组成

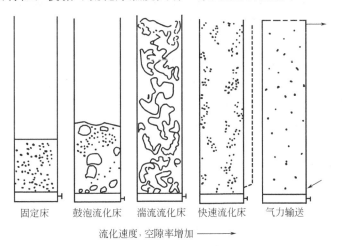

图 9-18　五种流动状态

① 循环流化床为湍流床或快速床，炉内混合或湍动强烈，且煤粒反复循环，具有足够长的反应时间，故燃烧效率高于鼓泡床，一般为 97.5%～99.5%，可与煤粉炉的气力输送相媲美。

② 循环床的操作速度是鼓泡床的 3～5 倍，炉膛截面热负荷远大于鼓泡床，一般为 3.0～5.5MW/m²，接近或高于煤粉炉，因此炉膛截面积可大为减少。各种燃烧方式的燃烧室截面热强度见表 9-11。另外可采用前后墙气力给煤，给煤点可减少，如 100MW 的循环流化床锅炉，给煤点只需 1 个。而同容量的鼓泡床锅炉则需给煤点 20～30 个。因此，鼓泡床锅炉难以解决的大型化问题，循环床锅炉则容易解决。

表 9-11　各种燃烧方式的燃烧室截面热强度

燃　烧　室	截面热强度/(MW/m²)	燃　烧　室	截面热强度/(MW/m²)
炉排炉	1.3～2.2	增压鼓泡床(1.5MPa)	约 10
煤粉炉	4.4～6.3	常压循环流化床	3.0～5.5
常压鼓泡流化床	0.7～2.1	增压循环床(1.5MPa)	约 40

③ 循环床燃烧的炉膛温度控制在 850℃ 左右，属低温燃烧，另外，在炉膛上、中、下不同位置都可以布置二次风，采用分级燃烧，因而可有效地抑制 NO_x 的生成，NO_x 的排放量为 40～120mg/MJ，满足环保排放要求。

二氧化硫与钙基脱硫剂的反应即使在最佳反应温度 850℃ 下进行也很缓慢，因此为了提高二氧化硫的脱除率和钙的利用率，延长二氧化硫与钙基脱硫剂的接触时间和增大脱硫剂的反应比表面积是至关重要的。循环床在这两方面都优于鼓泡床。鼓泡床流化锅炉中，气体在燃烧区域的平均停留时间为 1～2s，而循环流化床中则为 3～4s。循环流化床中石灰石粒径通常为 0.1～0.3mm，而鼓泡床中则为 0.5～1mm，0.1mm 颗粒的反应比表面积是 1mm 颗粒的数十倍。因此，循环流化床锅炉的脱硫效果比鼓泡床锅炉好。循环流化床锅炉即使 $n(Ca)/n(S)$ 再高，也不能达到 90% 的脱硫效率。

在循环流化床锅炉中，按质量计燃料仅占床料的 1%～3%，其余为灰渣和脱硫剂。另外，快速床中固-固和气-固混合非常好，因此，燃料进入炉膛后很快与大量床料混合，并迅速加热到着火温度以上而被点燃。循环流化床锅炉燃烧既可燃烧优质煤，也可燃烧各种劣质燃料，如高灰煤、高硫煤、高灰高硫煤、高水煤、煤泥、矸石、尾矿、废木料、垃圾等。

负荷变化时，只需调节给煤量、空气量和物料循环量，有外置式床料流化床换热器时，也可调节外置换热器中的循环灰量来调节负荷，比鼓泡流化床简单。鼓泡床当负荷变化大时需采用分床压火技术，循环流化床锅炉的负荷调节比一般可达 (3～4):1。此外，由于操作风速大和有外置换热器控制各部分的吸热量，循环流化床锅炉的负荷调节速度快，一般可达 2～5%/s。

不布置埋管受热面，不存在鼓泡床锅炉中的埋管易磨损问题。另外，床内没有埋管，启动、停炉、结焦处理时间短，长时间压火后也可直接启动。

与煤粉炉相比，循环流化床锅炉的给料粒度较大，一般为 12mm 以下，有的最大达 35mm，另外水分很高的煤也不需预热干燥，因此，燃料破碎与预处理系统简单。此外，循环流化床属低温燃烧，同时灰渣含量低，比粉煤灰更易综合利用，如可做水泥掺和料或建筑材料，也可从灰渣中提取稀有金属。

循环流化床燃烧存在的主要问题如下。

① 由于循环流化床锅炉内的高颗粒浓度和高气速,在分离之前对受热面磨损严重,限制了烟速的提高,因为磨损与烟速的 36 次方成正比,与颗粒浓度的一次方成正比。

② 高循环倍率循环锅炉中分离器工作在 800~850℃ 的温度下,一旦运行不正常,烟温偏高时分离器内就会产生结渣,使整个循环系统工作受到影响,甚至不能正常运行,国外曾发生过这类事故。

③ 循环流化床锅炉的负荷、过热气温、循环倍率和床温等均彼此关联,因此自动控制要求很高。

④ 与煤粉燃烧相比,循环流化床燃烧在技术上还不够成熟,在容量上与煤粉炉相比,还只能算小炉子。循环流化床燃烧在很多方面尚待进一步研究。

第四节 劣质煤和煤矸石洁净燃烧

劣质煤包括低热值煤和着火困难的煤。低热值煤是指不可燃物(如水分、灰分)的含量很高,发热量很低,热值($Q_{net,ar}$)一般在 14.7MJ/kg 以下,例如劣质烟煤、劣质褐煤等,还包括热值低至 4.2~8.4MJ/kg 的石煤。另外,煤炭生产过程中产生的煤矸石、洗中煤、煤泥等也属低热值煤。表 9-12 列出了我国低热值煤的划分及主要特性。

表 9-12 我国低热值煤的划分及主要特性

燃料特性 \ 燃料名称	低 热 值 煤					
	劣质烟煤	洗中煤	石 煤	褐 煤	煤矸石	煤泥
挥发分 V_{daf}/%	>16	>20	>20	42~55	—	—
水分 M_{ar}/%	≤12	≤18	≤12	20~45	—	18~35
灰分 A_{ar}/%	35~55	30~50	50~65	20~30	—	20~75
发热值 $Q_{net,ar}$/(MJ/kg)	10.5~14.7	8.4~15.9	4.2~8.4	8.4~14.7	2.1~4.2	3.4~16.7
特点	灰分较多,发热值低	灰分、水分较多,发热值低	灰分很多,发热值很低	挥发分、水分高,灰熔点低,发热值低	发热值很低	粒度细,持水性强,灰分高

着火困难的煤是指可燃挥发分低,灰分高的煤,如高灰无烟煤等。

一、劣质煤的鼓泡流化床燃烧

中国发展流化床燃烧技术的侧重点主要着重于煤矸石、石煤等低热值燃料的燃烧利用,以便充分利用当地的低热值燃料,保证能源供应,控制环境污染。据不完全统计,全国流化床锅炉总数已超过 3000 台,总蒸发量在 2 万吨/h 以上,燃烧低质褐煤、劣质烟煤、无烟煤、洗矸、石煤、油页岩及造气炉渣等低热值燃料。锅炉蒸发量可分为 10t/h 以下及 12t/h、15t/h、20t/h、25t/h、35t/h、65t/h、75~130t/h 等十多种。这些流化床锅炉中,绝大多数为 35t/h 以下鼓泡流化床工业锅炉,少数为 35t/h 以上的发电用锅炉。至今,我国工业流化床锅炉的投运数量、工业利用时间以及在使用燃料发热量下限等方面均已达世界前列。表 9-13 为几台典型的鼓泡流化床锅炉的主要技术参数。

表 9-13 典型鼓泡流化床锅炉的主要技术参数

指标 \ 锅炉	梧州锅炉厂	广州锅炉厂	武汉锅炉厂	江西锅炉厂	高坑电厂	鸡西滴道电厂
额定蒸发量/(t/h)	10	10	10	20	35	130
蒸汽压力/MPa	1.27	2.45	2.45	2.45	3.82	3.82
蒸汽温度/℃	194	400	400	225	450	450
燃料种类	矸石、无烟煤末、造气炉渣	劣质无烟煤	劣质烟煤	劣质褐煤	洗矸	洗矸
燃料热值/(MJ/kg)	8.36	12.72	12.63	11.32	6.53	7.45
热效率/%	64~68	68.2	69.2	79.0	71.39	70.0

二、劣质煤的循环流化床燃烧

循环流化床锅炉既保留了鼓泡流化床锅炉的优点,又克服了鼓泡床锅炉扬析率高、燃烧效率低、石灰石利用率低以及难以大型化的缺点。循环流化床锅炉燃烧效率高,对不同煤种的燃烧效率可达到97%~99%以上。燃用较好的煤种时,锅炉效率与煤粉炉相同,燃用劣质煤时,其锅炉热效率高于煤粉炉。在燃烧过程中,掺入石灰石脱硫,钙硫物质的量比为1.5~2.11,脱硫效率可达90%以上,采用低温燃烧和分段燃烧技术,可使NO_x排放量低于0.02%。同时,循环流化床锅炉负荷调节范围宽,最低负荷可达到额定负荷的25%,负荷变化速度快,易于实现大型化。这种燃煤新技术在技术上和经济上都呈现出巨大的优越性,具有很大的实用价值和发展前景。

借鉴国外的经验,我国开发了多种形式具有自己特点的循环流化床锅炉,这是适应我国煤质差、电力紧缺、煤矿坑口发电、城市热电联供等燃用劣质燃料而发展的技术设备。目前,我国已经建成一系列循环流化床示范锅炉。

为适应我国热电事业发展的需要,20世纪80年代末,我国又开发了75t/h中压、次高压循环流化床锅炉,并研制出220t/h循环流化床锅炉,国产循环流化床锅炉正在向大型化目标发展。

近年来循环流化床锅炉的生产量也有了较大增长。据统计,我国生产循环流化床锅炉的制造厂家已有十余个,各制造厂已生产了300余台(6~20t/h)循环流化床锅炉,正在设计制造和已安装投运的35~220t/h循环流化床锅炉已达200多台。由此可见,我国的循环流化床锅炉技术虽起步较晚,但发展较快,国内市场前景广阔。

三、煤泥流化床燃烧技术的发展

我国从"六五"开始进行煤泥流化床燃烧技术的研究,直到1985年,国内有关科研、生产单位共同完成了10t/h煤泥流化床燃烧的工业试验。1990年,我国第一座煤泥发电厂在山东兴隆庄矿建成,35t/h燃煤泥流化床锅炉直接燃用含水25%左右的煤泥,并网发电,开辟了煤泥综合利用的新途径。

此外,还开发了6t/h供暖煤泥流化床锅炉、无化学添加剂的低浓度煤泥浆流化床燃烧技术以及煤泥和煤矸石混烧等新技术。

四、低热值煤电站的发展

我国重点煤矿电力短缺,因此矿区发展矸石电厂是缓解煤矿生产电力短缺和充分利用劣质煤的重要技术手段。我国煤矸石年排放量大约1.2亿~1.8亿吨,截至2000年,全国煤矸石累计堆存量34亿吨,占地约1.3万公顷。以大容量的流化床锅炉替代分散的小锅炉,实现热电联供,大大提高了锅炉热效率,节约了大量原煤。以全国年用煤矸石1亿吨计算,将可节约原煤300万吨。同时,还可减少煤矸石的占地,改善矿区环境条件。

我国利用劣质煤发电最早的是四川永荣矿务局电厂，该厂于1975年用流化床锅炉成功地与1500kW和5000kW的机组配套。此后，江西萍乡高坑煤矿兴建两台35t/h流化床锅炉，配备2×6000kW机组。1979～1981年，鸡西矿务局滴道电厂建成两台130t/h流化床锅炉，配备2×25MW发电机组。湖南益阳电厂是我国第一座燃烧石煤的电厂，建成一台35t/h流化床锅炉配备一台6000kW机组。

1990年，我国第一座煤泥电厂在兴隆庄矿建成投产，一期工程35t/h煤泥流化床锅炉配备6000kW发电机组正式并网发电。

可见，今后燃用低热值燃料的坑口电站有逐步向大型化发展的趋向。

工程示例

一、兖州煤业集团煤泥流化床发电工程

我国第一台35t/h煤泥流化床发电锅炉于1990年在兴隆庄矿煤泥试验热电厂试煤成功，并网发电。

1. 35t/h煤泥流化床锅炉的主要技术条件

① 设计参数为：额定蒸发量，35t/h；过热蒸汽压力，3.82MPa；过热蒸汽温度，450℃；给水温度，150℃；排烟温度，167.7℃。

② 燃料。以煤泥为主要燃料，重柴油为启动点火用燃料，烟煤为点火和应急辅助燃料。设计燃料为兴隆庄洗煤厂压滤机出口的煤泥，灰分40%左右，水分为23%～28%，燃料粒度为0～0.5mm，燃料消耗量约9.5t/h，主要煤质数据见表9-14。

表9-14 兴隆庄洗煤厂煤泥煤质分析

工业分析				元素分析					灰熔融性		
M_t /%	A_d /%	V_{daf} /%	$Q_{net,ar}$ /(MJ/kg)	$w(C_{daf})$ /%	$w(H_{daf})$ /%	$w(O_{daf})$ /%	$w(N_{daf})$ /%	$w(S_{t,d})$ /%	DT /℃	ST /℃	FT /℃
25.00	29.49	25.69	12.35	34.51	2.31	7.29	0.61	0.79	1250	1290	1300

③ 锅炉燃烧效率为92%，锅炉热效率为80.7%。

2. 35t/h煤泥流化床锅炉的特点

35t/h煤泥流化床锅炉采用自然循环、双汽包D型结构，由流化床、燃料室、上下锅筒及其内部旋风分离装置、过热器、卧式减温器、对流管束、省煤器、空气预热器、点火给煤给料装置等主要部件组成。锅炉结构见图9-19。该锅炉的主要技术特点如下。

① 采用大粒度高位给料，利用煤泥的凝聚结团特性使其在流化床内形成粒度较大的凝聚团，以减少燃料的扬析损失，提高燃烧效率。

② 采用异重（不同床层高度，气固相密度不同）流化床技术，以防止大粒度凝聚团在流化床内沉积，保证稳定运行。

③ 采用不排渣运行方式，在料层稳定的前提下减少大密度床料的消耗，并避免燃料的排渣损失，进一步提高燃料效率。

与常规燃煤（包括矸石、油页岩、褐煤等劣质燃料）流化床燃烧锅炉相比，煤泥流化床锅炉具有快速

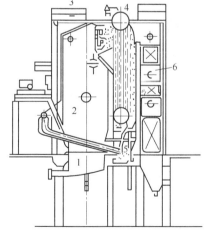

图9-19 35t/h煤泥流化床锅炉
1—风室；2—炉膛；3—煤泥给料；
4—汽包；5—飞灰回送；
6—尾部受热面

启动、不易结焦、运行操作方便,劳动强度小,除尘效果好等优点。更重要的是运行稳定性较好,锅炉的产汽量、气压、床温以及风室风压等均较稳定。该锅炉的典型运行参数为:电负荷6000kW,主气压力3.5MPa,主气温度440℃,下沸床温度950℃,风室风压7.0MPa。在正常燃用发热量为11.54MJ/kg左右的煤泥时,锅炉的燃烧效率可达95%,热效率在82%左右。运行实践表明,35t/h煤泥流化床锅炉最长压火时间可达8h,并能进行大幅度负荷调节。

二、开滦矿务局煤矸石循环流化床燃烧工程

10t/h旋涡内分离循环流化床是由清华大学设计改装而成的,是我国自行开发的新型循环流化床锅炉,具有特殊线形结构的水冷旋涡内分离器,使物料在炉内实现多次分离,采用首创的壁式多孔半自流回送阀和斗形布风板,与外分离高速循环床相比,具有很多优点。

1. 设计技术指标

额定蒸发量,10t/h;蒸气压力,1.27MPa;蒸气温度,饱和温度;排烟温度,142℃;燃料消耗量,4.2t/h;燃烧效率,86.9%;锅炉热效率,74.22%。

燃料为开滦矿务局煤矸石,主要煤质分析数据见表9-15。

表9-15 开滦煤矸石煤质分析

工业分析				元素分析				
M_t/%	A_d/%	V_{daf}/%	$Q_{net,ar}$/(MJ/kg)	$w(C_{daf})$/%	$w(H_{daf})$/%	$w(O_{daf})$/%	$w(N_{daf})$/%	$w(S_{t,d})$/%
3.95	62.03	18.11	8.16	23.64	2.06	7.59	0.33	0.40

2. 锅炉结构特点

图9-20为10t/h三旋涡内分离循环床锅炉简图。流化床浓相段上部设置结构简单的旋涡分离器,分离器的分离效率高,总分离效率可达99%。旋涡分离器及循环道全部由膜式水冷壁构成,易磨损处用耐火涂料覆盖,这样锅炉整体结构紧凑;采用斗式布风板,能燃用的粒度为0~35mm的宽筛分燃料,有明显的浓相段和稀相段,浓相段热态表观流速约5m/s,稀相段平均表观流速约8m/s。为使床温控制简便可靠并充分利用浓相段内传热系数高的特点,浓相段内布置有适量受热面。

循环物料的回送采用壁式多孔半自流阀,它既克服了完全依靠重力自流式的回送量调节范围小、不可任意控制等缺点,也无一般L形阀等需保持相当水平段长度、占地空间大等不足。其主要特点是半自流启动后可自动建立料封,加少量二次风后可大大提高回送量,调节范围大,且多点回送避免了集中回送在炉内分布不均而影响循环燃烧的效果,使整个燃料室上下温度非常均匀。

该锅炉的主要优点如下。

① 锅炉整体结构紧凑,占地空间小。
② 总分离效率可高达99%。
③ 水冷旋涡分离器壁温低,防磨内衬薄,耐磨性能好。
④ 可燃用粒径0~35mm的燃料。

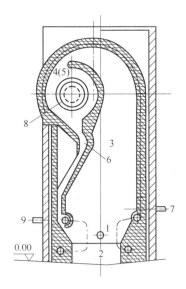

图9-20 三旋涡内分离循环流化锅炉

1—给煤机;2—浓相床;3—稀相段;4,5,6—第一、二、三旋涡室;7—二次风;8—烟气出口;9—松动风

⑤ 燃用热值为 15~17MJ/kg 的无烟煤末、焦炭末和造气炉渣混合燃料时，额定负荷下的燃烧效率为 97%，锅炉热效率为 87.59%，比同容量鼓泡床锅炉提高 15.74%，年节约煤 3300t。

⑥ 污染低，锅炉出口的排尘浓度一般只有 14g/m^3。

思 考 题

1. 煤的洁净燃烧技术主要包括哪些内容？
2. 旋流粉煤燃烧器与直流粉煤燃烧器各有何特点？
3. 什么是循环流化床燃烧？其有何特点？
4. 劣质煤主要有哪些燃烧途径？国内应用情况如何？
5. 先进的粉煤燃烧器主要有哪些类型？各有何特点？

第十章

烟道气净化技术

烟气净化技术是指根据燃煤烟气中有毒有害气体及烟尘的物理、化学性质的特点，对其中的污染物予以脱除、净化的技术。包括烟气除尘、烟气脱硫和烟气脱硝三大类技术，其作用分别是脱除烟气中的粉尘、SO_2、和 NO_x，减少因燃煤造成的大气污染。

第一节 烟气除尘技术

煤燃烧后，其中的灰分一部分变成炉渣，另一部分则以飞灰的形式与烟气一起离开锅炉，为防止其对环境的污染和对引风机的磨损，必须对其进行捕集，即除尘。目前采用的除尘设备主要有旋风除尘器、湿式除尘器、袋式除尘器和电除尘器四大类。

一、旋风除尘器

旋风除尘器是利用旋转的含尘气流所产生的离心力，将粉尘从气流中分离出来的除尘装置。目前使用的主要有大直径旋风除尘器和多管旋风除尘器两种。旋风除尘器设备结构简单，占地面积小，制造及安装费用低，维护管理方便，压力损失中等，动力消耗不大，可以用各种材料制造，能用于高温、高压以及有腐蚀性的气体，并有可直接回收干颗粒物的优点。一般用来捕集 $5\sim15\mu m$ 以上的颗粒物，除尘效率可达80%左右。缺点主要是某些部件易磨损、对捕集 $5\mu m$ 以下颗粒的效率不高，一般作为预除尘。目前，旋风除尘器在我国的使用面仍很广，今后随着环保要求的日益严格，这种除尘器将会逐渐被取代。

二、湿式除尘器

借水或其他液体形成的液网、液膜或液滴与含尘气体接触，借助惯性碰撞、扩散、拦截、沉降等作用捕集尘粒，使气体得以净化的各类除尘装置统称为湿式除尘器。湿式除尘器的种类很多，目前国内常用的有水膜除尘器、喷淋塔、文丘里洗涤器、冲击式除尘器和旋流板塔等。其优点是在除尘的同时可以去除某些气态污染物，投资比达到同样效率的其他除尘设备要低，可处理高温废气以及黏性的尘粒和液滴，安装维修方便等。缺点是能耗大，废泥和泥浆需要处理，金属设备容易腐蚀，在寒冷地区使用可能发生冻结，排烟温度低，不利扩散。另外，净化后的气体从湿式除尘器中排出时，一般都带有水滴，为了除去这部分水滴，需在湿式除尘器后附有脱水装置。

目前湿式除尘器的应用面仍很广。在东北、华北、华中地区的燃煤电站锅炉中，水膜除尘器对应的锅炉容量占全国的77%。东北地区湿式除尘器对应的锅炉容量占全国27%，全国水膜除尘器平均效率为89%，一般都不能满足环保要求，只能作为初级除尘使用。

三、袋式除尘器

袋式除尘器是利用织物制作的袋状过滤主件来捕集含尘气体中固体颗粒物的除尘装置。其优点是：除尘效率高，一般在90%以上；处理能力较大，结构简单、造价低，维护操作方便；受粉尘物性的影响较小。缺点是：体积和占地面积较大；本体压力损失较大；对滤袋质量有严格的要求，滤袋破损率高，使用寿命短、运行费用较高。

袋式除尘器也可获得与电除尘器相近的除尘效率，且对煤种的适应性强，对于某些比电阻范围的煤，除尘效率甚至高于电除尘器。对于粉尘中的细微颗粒，如可吸入颗粒物，有更好的除尘效果。在处理低硫煤烟气时，袋式除尘器投资低于电除尘器。

我国的袋式除尘器多用于冶金、建材等行业的炉窑烟气净化，处理烟气量相对较小。20世纪80年代，电力行业曾在上海杨树浦电厂、云南巡检司电厂进行布袋除尘器的试验，取得了一定的成果。但先进的布袋除尘技术在我国发展较慢。

四、电除尘器

电除尘器是利用强电场电晕放电使气体电离，粉尘荷电，在电场力的作用下使粉尘从气体中分离出来的一种除尘装置。其工作原理是在两种曲率半径差很大的金属集尘极和放电极上，通过变压直流电，维持一个足以使电极之间的气体产生电晕放电的不均匀电场，气体电离生成电子、阴离子和阳离子，它们吸附在通过电场的粉尘上而使粉尘荷电，荷电粉尘在电场库仑力的作用下，向电极性相反的电极运动而沉积在电极上，以达到粉尘和气体分离的目的。当沉积在电极上的粉尘达到一定厚度时，借助振动机构使粉尘脱离电极落入灰斗，并由卸灰器输送出除尘器，净化后的气体由排气口排出。

电除尘器的优点主要有：几乎可以捕集一切细微粉尘及雾状液滴，其捕集粒径范围在 $0.01 \sim 100 \mu m$，当粉尘粒径大于 $0.1 \mu m$ 时，除尘效率高达99%以上；适用范围广，从低温、低压到高温、高压，在很宽范围内均能使用，尤其能耐高温，最高可达500℃；本体压力损失小、能耗低、处理能力较大。缺点主要有：耗钢量大；占地面积大；对制造、安装和运行的要求较高；对粉尘的特性较敏感，最适宜的粉尘比电阻范围为 $1 \times 10^4 \sim 5 \times 10^{10} \Omega \cdot cm$。

目前我国电除尘器主要集中在大中型电站锅炉的烟气除尘，今后随着环保要求的不断提高，电除尘器将得到进一步的推广和应用。

第二节　烟气脱硫技术

燃煤烟气中的硫主要是 SO_2 及少量的 SO_3（只占氧化硫总量的0.5%～5%，且较 SO_2 易除去）。它们均是由煤中硫在煤燃烧时与氧化合而生成的。烟气中 SO_2 的浓度与燃煤中的硫含量直接相关，两者大体上成比例关系。目前，我国锅炉烟气中 SO_2 的浓度一般在0.1%～0.5%。西南地区由于其燃煤中的硫含量较高，烟气中 SO_2 的浓度也相对较大，是我国应用脱硫技术最为迫切的地区。此外，东部沿海地区经济发展较快，对能源的需求量也较大，燃煤量大，排放的 SO_2 总量也相当可观，造成的环境污染也不再限于局部地区，而是呈区域性发展，加之这些地区环保要求严格，因此也是重点应用脱硫技术的地区。

一、烟气脱硫方法的分类与原理

烟气脱硫技术根据其工艺特点可以分为湿法和干法两大类。湿法主要有石灰石/石灰法、双碱法等。干法主要有喷雾干燥法、循环流化床干法烟气脱硫法、活性炭/活性焦催化氧化吸附法等。两种方法相比，湿法的优点是操作费用较低。干法的优点是没有废水的二次处理等问题，净化后的烟气仍可保持较高温度而直接排放，而湿法则必须将烟气再加热后才能排放。

脱硫方法按含硫产物是否回收可分为抛弃法和回收法两大类，前者把含硫产物作为固体废物而抛弃，后者则把含硫产物作为副产品予以回收。抛弃法的主要优点是：设备较简单，操作较容易，投资和运行费用较低。抛弃法的主要缺点是：废渣占地大，且容易造成二次污染。当烟气中 SO_2 浓度较低时，或投资有限时，多采用抛弃法。

回收法的主要优点是：将烟气中的 SO_2 作为一种硫资源加以回收利用，变废为宝，且可避免二次污染。主要缺点是：流程复杂，运行操作难度较大，投资和运行费用较高。当烟气中 SO_2 浓度较高时，可考虑采用回收法。

石灰石/石灰法分为：石灰石/抛弃法，石灰/抛弃法，石灰石/石膏法，石灰/石膏法四类。其脱硫反应机理见表 10-1。

表 10-1　石灰石/石灰烟气脱硫反应机理

方法	脱硫剂	石灰石	石灰
抛弃法	反应步骤	$SO_2 + H_2O \longrightarrow H_2SO_3$ $H_2SO_3 \longrightarrow H^+ + HSO_3^-$ $HSO_3^- \longrightarrow H^+ + SO_3^{2-}$ $H^+ + CaCO_3 \longrightarrow Ca^{2+} + HCO_3^-$ $Ca^{2+} + HSO_3^- + 1/2 H_2O \longrightarrow$ $CaSO_3 \cdot 1/2 H_2O + H^+$ $H^+ + HCO_3^- \longrightarrow H_2CO_3$ $H_2CO_3 \longrightarrow H_2O + CO_2$	$SO_2 + H_2O \longrightarrow H_2SO_3$ $H_2SO_3 \longrightarrow H^+ + HSO_3^-$ $HSO_3^- \longrightarrow H^+ + SO_3^{2-}$ $CaO + H_2O \longrightarrow Ca(OH)_2$ $Ca(OH)_2 \longrightarrow Ca^{2+} + 2OH^-$ $Ca^{2+} + HSO_3^- + 1/2 H_2O \longrightarrow$ $CaSO_3 \cdot 1/2 H_2O + H^+$ $H^+ + OH^- \longrightarrow H_2O$
	总反应	$CaCO_3 + SO_2 + 1/2 H_2O \longrightarrow$ $CaSO_3 \cdot 1/2 H_2O + CO_2$	$Ca(OH)_2 + SO_2 \longrightarrow$ $CaSO_3 \cdot 1/2 H_2O + 1/2 H_2O$
石膏法	反应步骤	$HSO_3^- + 1/2 O_2 \longrightarrow SO_4^{2-} + H^+$ $SO_3^{2-} + 1/2 O_2 \longrightarrow SO_4^{2-}$ $Ca^{2+} + SO_4^{2-} \longrightarrow CaSO_4$	$HSO_3^- + 1/2 O_2 \longrightarrow SO_4^{2-} + H^+$ $SO_3^{2-} + 1/2 O_2 \longrightarrow SO_4^{2-}$ $Ca^{2+} + SO_4^{2-} \longrightarrow CaSO_4$
	总反应	$SO_2 + 1/2 O_2 + 2 H_2O + CaCO_3 \longrightarrow$ $CaSO_4 \cdot 2 H_2O + CO_2$	$SO_2 + 1/2 O_2 + 2 H_2O + CaO \longrightarrow$ $CaSO_4 \cdot 2 H_2O$

二、D. B. A 湿式石灰石/石膏法烟气脱硫技术

该工艺是由德国 Deutsche Babcock Anlagen Gmbh 公司开发的，是当前世界上选择电厂烟气脱硫系统时，优先选择的湿法烟气脱硫工艺。

该工艺流程见图 10-1。粉碎的石灰石粉与循环洗涤水混合形成浓度为 20% 左右的浆液，泵入吸附器底部储槽，与原有的浆液一起被泵入位于吸附器不同高度的喷嘴喷成细小的雾粒，与进入的烟气逆向反应吸收，在吸收器底部储槽鼓泡输入 O_2，石灰石与 SO_2 反应生成硫酸钙和石膏。生成的石膏浆体被连续输出通过旋流分离器和过滤器而得到石膏，分离出的液体与新的石灰石粉混合后直接送回吸收器底部储槽。

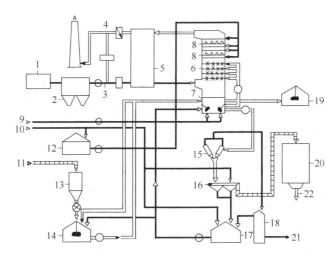

图 10-1　D.B.A 湿式石灰石/石膏法脱硫工艺流程

1—锅炉；2—电除尘器；3—未净化烟气；4—净化烟气；5—气-气换热器；6—吸收塔；7—吸收液储槽；
8—除雾器；9—氧化空气；10—过程水；11—石灰石粉；12—过程水；13—石灰石粉储罐；
14—石灰石浆罐；15—水力旋流器；16—胶带式过滤器；17—缓冲罐；18—排放罐；
19—吸收液溢流储槽；20—石膏槽；21—液体排放；22—石膏

这一过程原理相当复杂，但其总的化学反应可用下述方程式表示：

$$SO_2 + \frac{1}{2}O_2 + 2H_2O + CaCO_3(固) \longrightarrow CaSO_4 \cdot 2H_2O(固) + CO_2(气)$$

由于燃煤烟气中一般还含有少量的 Cl 和 F，因而还发生如下反应：

$$2HCl(气) + CaCO_3(固) \longrightarrow CaCl_2(固) + H_2O + CO_2(气)$$
$$2HF(气) + CaCO_3(固) \longrightarrow CaF_2(固) + H_2O + CO_2(气)$$

在此脱硫过程中，以下的几个步骤及设备是至关重要的。

1. 吸收剂的制备

高品位的石灰石被粉碎成细粉，输送到石灰石粉仓内储存，石灰石粉送到制浆罐内与循环溶液混合制成浓度为 20% 的浆液，然后用泵送入吸收器底部储槽内，也可以直接将干石灰送入吸收器的储槽内。

2. 吸收器

吸收器是脱硫过程的关键设备，在吸收器中主要发生下述过程：浆液对气体的吸收；烟气与喷淋浆液的分离；浆液的中和反应；中和生成物氧化成石膏；石膏的结晶。

吸收器底部是喷淋浆液储槽，为防结垢，安有搅拌器对浆液不停地进行搅拌，使新鲜的石灰石浆与吸收了 SO_2 的浆液充分混合。底部储槽内衬有 4mm 厚的特殊防腐橡胶。

石灰石浆流量的大小主要取决于烟气流量和 SO_2 浓度。通过测定储槽内液体的 pH 值和净化后的烟气中 SO_2 浓度来控制浆液的喷入量。

浆液由循环泵从吸收器底部储槽泵入喷嘴，喷嘴在吸收器中上部，分四层，每层喷嘴成一定的交叉角度，每层喷嘴有一半是向上喷的，另一半是向下喷的，喷嘴是由碳化硅材料制成的，非常耐磨，出口直径不小于 35mm。

吸收器顶部是两层除雾器。除雾器是由聚丙烯制成的，呈人字形，以使烟气中夹带的小雾粒凝结成较大的液滴重新回到吸收器中，除雾器上安装有喷水管定期喷水洗涤。

3. 气-气热交换器

从锅炉出来的烟气温度在 130℃ 左右，经过热交换器和吸收器后降到 48℃ 左右，必须将其再加热后才能排放。净化的烟气与刚从锅炉出来的高温烟气在热交换器中交换热量,使净化后的烟气温度升高到80℃,再由烟囱排放。

4. 石膏脱水

从吸收器底部储槽引出的石膏浆先经过旋流器除去一部分液体,再在真空过滤器中脱水,此时其水含量一般可减少到10%,同时,由于生成的$CaCl_2$也以固态的形式进入了石膏中,而$CaCl_2$的存在会大大影响石膏的使用性能,为了除去$CaCl_2$,在真空过滤器上喷水洗涤以除去$CaCl_2$,洗涤废水必须加以处理。

5. D.B.A 石灰石/石膏法脱硫工艺的优缺点及特征

该工艺的优点是:采用4层喷嘴交叉喷淋,使吸收浆料被喷成很小的微粒,能与烟气中SO_2充分均匀地反应,因而脱硫效率高达90%~95%;该工艺吸收、氧化及结晶均在1个反应器内完成,设备紧凑,节省投资;喷嘴既有向下喷淋又有向上喷淋的,因而气流压降小;吸收器底部储槽内装有搅拌器和O_2鼓泡管,扰动良好、不易结垢,同时由于有橡胶衬里,解决了腐蚀的问题;烟气流速大,与液滴逆向接触,传质效率高。

该工艺的缺点是投资较高,占电站机组总投资的16%左右。

其他各种石灰石/石膏法脱硫技术与该工艺在原理上基本一致,工艺流程上也大同小异。

三、喷雾干燥法

喷雾干燥法实际上是一种半干法,是向热烟气中喷入石灰浆雾滴,石灰浆液的固体浓度一般为30%~50%,多采用转速为10^4 r/min的离心式雾化器,雾化粒度为20~100μm。石灰浆雾滴可与烟气中大部分SO_2和全部SO_3、HCl、HF等有害气体反应生成性质稳定的、溶解度低的$CaSO_3 \cdot 1/2 H_2O$,氯化钙和氟化钙及少量的$CaSO_4 \cdot 2 H_2O$而达到脱除SO_2的目的,形成的细小雾滴可以提供较大的反应表面积,提高了脱硫效率。雾滴在吸收SO_2的同时,被烟气干燥,形成固体粉末,大部分随烟气排出脱硫塔,只有一小部分沉积到吸收塔底部。脱硫渣中尚有未经反应的$Ca(OH)_2$,为了提高脱硫剂的钙利用率,通常将吸收塔和除尘器收集的脱硫渣一部分返回供料槽与新鲜石灰配制成吸收浆循环使用,工艺流程如图10-2所示。未完全反应的脱硫剂在除尘器中还会与烟气中残留的SO_2继续反应,特别是当采用布袋除尘器时,脱硫渣在布袋上将形成一过滤层,它可吸收掉烟气中残留的1/2~3/4的SO_2,使总脱硫效率达90%~95%。

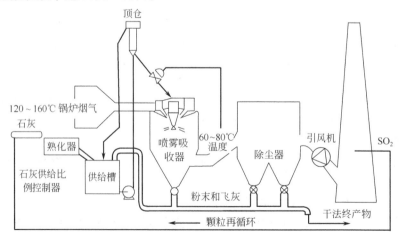

图10-2 喷雾干燥法脱硫工艺流程

喷雾干燥法的脱硫性能与物质的量比和液气比有很大关系。Ca/S 摩尔比增大，脱硫效率增大，但同时脱硫剂的利用率降低，脱硫剂原料费上升，因此 Ca/S 摩尔比一般为 1.4～2.0。从提高脱硫效率的角度考虑，液气比也是越大越好，但液气比大，烟气温降大，若出口烟气温度低于露点温度，则烟气结露使 SO_2 对金属的腐蚀加重，同时当采用布袋除尘器时，结雾会使布袋上的灰层板结，清灰时，使布袋受到破坏。因此，出口烟温一般应在 70℃ 以上，比露点温度高出 10℃ 左右。

四、循环流化床干法烟气脱硫技术

循环流化床干法烟气脱硫的工艺流程如图 10-3 所示。采用的脱硫剂为消石灰干粉，反应器为循环流化床。烟气中的 SO_2、SO_3、HCl、HF 等有害气体在循环流化床中与消石灰反应，生成 $CaSO_3 \cdot 1/2 H_2O$、$CaSO_4 \cdot 1/2 H_2O$、$CaCl_2$、CaF_2 等。这些干态的反应产物与未完全反应的消石灰粉一起随烟气离开反应器，进入百叶窗分离器及电除尘器。从百叶窗分离器和电除尘器收集下来的干灰，一部分送去飞灰储存场，另一部分则回送到循环流化床继续参与反应。这样，在反应器和分离器及除尘器之间构成了脱硫剂循环回路。根据烟气中初始含硫浓度及 Ca/S 物质的量比要求，需要向循环流化床反应器中连续补充新鲜的消石灰干粉，并使补充量与外排飞灰量达成动态平衡。

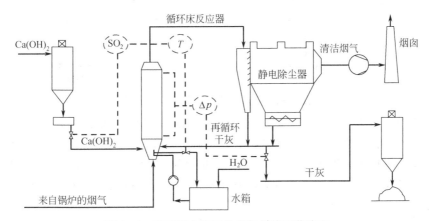

图 10-3 循环流化床干法烟气脱硫工艺流程

烟气从循环流化床反应器的下部进入，消石灰干粉和循环干灰分别从反应器下部渐扩段给料口喷入。另外，在反应器干粉喷入上方布置有喷水嘴。喷水量对脱硫过程的高效稳定运行至关重要，这一点与喷雾干燥法是一样的，因为当用 CaO 和 $Ca(OH)_2$ 为脱硫剂时，脱硫反应温度越接近露点温度效果越好，但考虑到结露会引起结垢、腐蚀等问题，喷水量一般应控制在反应器出口烟温稍高于露点温度的水平上。

循环流化床干法烟气脱硫有如下主要特点。

① 脱硫剂多次循环，大大延长了脱硫剂的反应时间，增大了反应器内实际 $n(Ca)/n(S)$ 比，而且通过控制喷水量很容易地使反应在最佳温度下进行，因此，脱硫效率和钙利用率都很高。当 $n(Ca)/n(S)$ 比为 1.1～1.5 时，脱硫效率可达 90%～97%，因此，它特别适用于燃用高硫煤而要求高脱硫效率的锅炉。

② 与湿法相比，该法系统简单，反应器内烟速大而反应器体积小，造价较低，投资仅为湿法烟气脱硫的 50%。

③ 脱硫剂、脱硫渣均为干态，易于处理。

五、磷铵肥法烟气脱硫技术

磷铵肥法是利用活性炭作吸附剂和催化剂，水洗再生稀硫酸萃取分解磷矿粉以制备氮磷复合肥料的烟气脱硫新工艺。1982 年，西安热工所首先开始探索，1986 年由四川环保所、西安热工所、成都科技大学、大连化物所以四川豆坝电厂组成联合攻关组，最终在豆坝电厂建成标准状态下 $5000 m^3/h$ 的中试装置，到 1990 年底连续运行 2000h 以上，取得了较好的成果。工艺流程如图 10-4 所示。

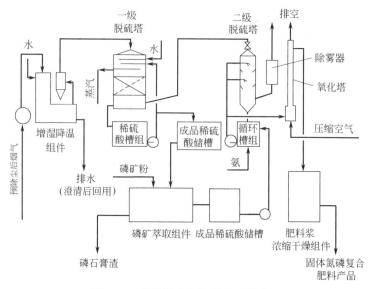

图 10-4 磷铵肥法烟气脱硫工艺流程

中试时烟气中 SO_2 浓度为 0.16%～0.27%，总的脱硫效率为 95% 以上。磷矿粉萃取率大于 90%，获得有效成分为 37% 的氮磷复合肥料。按 100MW 机组、标准状态下 $45 \times 10^4 m^3/h$ 烟量、SO_2 的浓度为 0.25%，年运行 6500h。初步概算表明：年产肥料 2.7 万吨，不会增加发电成本，且有盈利，还为我国资源不足、磷肥短缺提供了补充途径。

六、海水脱硫技术

海水脱硫是利用海水的碱度达到脱除烟气中 SO_2 的目的。如图 10-5 所示。在脱硫吸收塔内，大量海水喷淋洗涤进入吸收塔内的燃煤烟气，烟气中 SO_2 被海水吸收而除去，净化后的烟气经除雾器除雾，经烟气加热器加热后排放。吸收 SO_2 后的海水与大量未脱硫的海水混合后，经曝气池曝气处理，使其中的 HSO_3^- 被氧化成为稳定的 SO_4^{2-}，并使海水的 pH 值与 COD（化学需氧量）调整达到排放标准后排入大海。该技术一般适用于靠海边、扩散条件较好、用海水作为冷却水、燃用含硫较低煤的电厂。

深圳西部电力公司从挪威 ABB 公司引进一台 300MW 机组海水脱硫装置，作

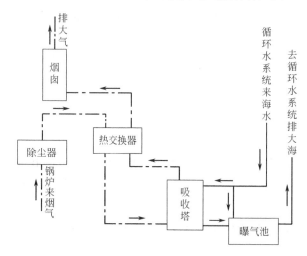

图 10-5 海水脱硫工艺流程

为海水脱硫试验示范项目，脱硫系统设计处理烟气量 $1.1 \times 10^6 \mathrm{m^3/h}$，电厂设计与校核煤质含硫分别为 0.63% 和 0.75%，在设计与校核工况下脱硫率分别为 90% 和 70% 以上，脱硫排水 pH 不小于 6.5。

七、电子束法脱硫技术

如图 10-6 所示。烟气经过除尘器粗滤处理，并冷却到 70℃ 后，进入反应器，在反应器进口处喷入氨水、压缩空气和软水混合物，经过电子束照射后，SO_2 和 NO_x 在自由基作用下生成硫酸和硝酸，再与共存的氨中和反应，最终生成粉状微粒硫酸铵和硝酸铵，从反应器底部排出，并作造粒处理。净化后的烟气向大气排放。

在成都热电厂一台 200MW 机组上安装了中日合作的电子束法脱硫装置，抽取部分烟气脱硫，处理烟气量为 $3 \times 10^5 \mathrm{m^3/h}$，该装置已投入运行。清华大学电子束法脱硫研究也取得了一定的进展。

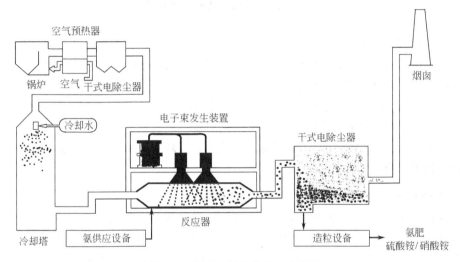

图 10-6 电子束烟气脱硫工艺流程

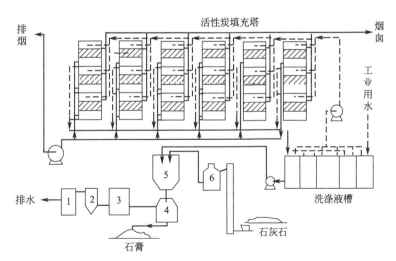

图 10-7 固定床水洗解吸式活性炭法烟气脱硫工艺流程
1—中和槽；2—沉降槽；3—过滤槽；4—脱水机；5—反应槽；6—湿磨

八、活性炭吸附干法脱硫技术

如图 10-7 所示。含 SO_2 烟气通过内置活性炭吸附剂反应塔，SO_2 被活性炭吸附达到脱除目的，脱硫率可达 98% 以上。活性炭吸附剂在反应塔内呈层状缓慢移动，排出塔外的活性炭，进入再生塔用水蒸气再生，水洗得到的稀硫酸浓度为 15%～20%，用以制造石膏，可实现硫资源回收利用。再生后的活性炭返回反应塔反复使用。

该方法在德国、日本已有工业化应用，目前国内正在进行工业示范开发。煤科院煤化工分院与南京电力自动化厂合作进行了该法小型装置开发试验。2002 年得到国家"863"高科技计划资助，目前正在贵州进行 $2\times 10^5 \, m^3/h$ 烟气处理量的放大工业示范，回收的酸直接进入该厂硫酸生产线。该技术的开发对于国内缺水地区实现 SO_2 污染治理和硫资源回收利用有广泛的应用前景。

第三节 烟气脱硝技术

烟气中 NO_x 的形成与 SO_2 的形成不同，SO_2 完全是煤中硫在燃烧时被氧化形成的。而 NO_x 一部分是由煤中所含的氮转化而来的，另一部分则是在高温下空气中的氧与氮直接化合而形成的。因此，控制 NO_x 的排放可以有两类方法，一类是改善燃烧运行条件来减少 NO_x 形成，如尽量降低燃烧温度、减小高温区的供氧量等，目前开发的先进低 NO_x 燃烧器以及流化床燃烧就是这方面的例子。另一类就是对烟气进行脱硝。虽然采用炉内脱硝已能满足目前的环保要求，但炉内脱硝效率相对说来较低。随环保要求的日益严格，研究开发先进的烟气脱硝技术具有十分重要的意义。

一、选择性催化还原法（SCR）烟气脱硝技术

选择性催化还原法烟气脱硝技术就是向烟气中喷入液氨，在催化剂（铁、钒、铬、铜、钴或钼等碱类金属）的作用下，烟气中的 NO_x 被还原为 N_2 和 H_2O。选择 NH_3 为还原剂，是因为 NH_3 有很好的选择性，它只与 NO_x 发生反应，而不与烟气中的氧反应，这样可减少还原剂的消耗量。在 SCR 法中，对催化剂的要求是活性高、寿命长、经济性好和不产生二次污染，为此，通常采用以二氧化钛为基体的碱金属催化剂，其最佳反应温度为 300～400℃。NO_x 的脱除率达 80% 以上。典型的 SCR 烟气脱硝工艺流程见图 10-8。

热烟气离开锅炉省煤器后进入 SCR 反应器，在将要进入反应器前，NH_3 被喷入烟气

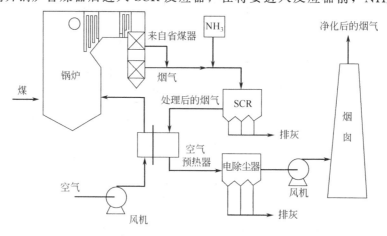

图 10-8 SCR 烟气脱硝工艺流程

中，以便 NH_3 能与烟气充分混合。通过调节 NH_3 的喷入量来达到所需要的 NO_x 脱除率。当混合气体通过 SCR 反应器中的催化层时，NH_3 与 NO_x 发生如下化学反应：

$$4NH_3 + 6NO \xrightarrow{\text{催化剂}} 5N_2 + 6H_2O$$

$$4NH_3 + 4NO + O_2 \xrightarrow{\text{催化剂}} 4N_2 + 6H_2O$$

$$8NH_3 + 6NO_2 \xrightarrow{\text{催化剂}} 7N_2 + 12H_2O$$

$$4NH_3 + 2NO_2 + O_2 \xrightarrow{\text{催化剂}} 3N_2 + 6H_2O$$

催化剂床层温度保持在 370℃ 左右。

SCR 烟气脱硝技术已经在日本和西欧等国的燃气、燃油和燃低硫煤的发电厂得到应用。目前在日本已有 36000MW 的发电机组（包括 6200MW 燃煤机组）采用了 SCR 烟气脱硝技术。西欧有 33000MW 发电机组（包括 30500MW 燃煤机组）采用了 SCR 烟气脱硝技术。美国能源部也把 SCR 烟气脱硝技术列为第三批洁净煤技术项目。目前正处在试验阶段，并对几种催化剂及高硫煤（含硫 3% 以上）烟气进行了试验研究。目前 SCR 法的主要问题如下。

① 硫酸盐的结垢。由于烟气中存在少量的 SO_3 容易与氨反应生成硫酸铵，这些硫酸盐容易在喷嘴和其他设备上结垢。

② 催化剂失活。燃煤烟气中常会夹带少量的金属氧化物，这些金属氧化物黏附到催化剂上导致催化剂中毒而失去活性。

③ 喷入 NH_3 的流量不易控制。

二、选择性非催化还原法（SNCR）烟气脱硝技术

选择性非催化还原法烟气脱硝技术是在较高温度下向烟气中喷入还原剂，如 NH_3，乙二胺和尿素等。还原剂与烟气中的 NO_x 发生反应生成 N_2 和 H_2O。与催化还原烟气脱硝技术相比，SNCR 法烟气脱硝的工艺流程与 SCR 法基本一致。

在用 NH_3 作还原剂时，脱硝效率受温度的影响很大。脱硝的最佳温度约为 960℃，且范围较窄，对锅炉烟气而言难以满足这些条件，这就大大降低了脱硝效率和 NH_3 的利用率，而且还会产生部分 N_2O 污染物。

为改善喷 NH_3 作还原剂的这些缺点，目前，美国、日本和德国等国家正在研究加入一些添加剂如乙二胺、甲胺和尿素等对其进行改进，取得了较好的成效。如加入 CH_3NH_2 后可使最佳还原温度从 960℃ 降低到 560℃ 左右，而且在 440～640℃ 较宽的温度范围内脱硝率都有很大的提高。

三、烟气联合脱硫、脱硝技术

烟气中的污染物 SO_2 和 NO_x 具有许多共性，如都是酸性氧化物，都具有一定的氧化性等。因此，有可能利用其共性同时除去烟气中的 SO_2 和 NO_x。目前许多国家正致力于研究开发烟气联合脱硫脱硝技术。下面仅介绍几种较有工业应用前景的联合脱硫脱硝技术。

1. NOXSO 烟气脱硫脱硝技术

NOXSO 烟气脱硫脱硝工艺是一种干法、利用可再生吸附剂同时吸附 SO_2 和 NO_x 的技术，在这一过程中，SO_2 被转变为单质硫、硫酸或液态 SO_2 等副产物，NO_x 被还原成 N_2 和 H_2O。

该工艺于 1979 年在实验室内获得成功，随后在 Babcock & Wilcox 公司的小型锅炉上进行了小试。1989 年，美国能源部将该技术列入第三批先进的洁净煤技术开发项目，由 MK-

Ferguson 等公司共同研究开发。

NOXSO 的工艺流程见图 10-9。锅炉烟气与硫副产物车间出来的尾气混合进入两段式流化床吸附器中，用 $\gamma\text{-}Al_2O_3$ 作吸附剂同时吸附 SO_2 和 NO_x，用碱性物质洗涤再生，向流化床吸附器内喷入水，保持床层温度为 120℃ 左右，净化后的烟气通过除尘器后进入烟囱排放。

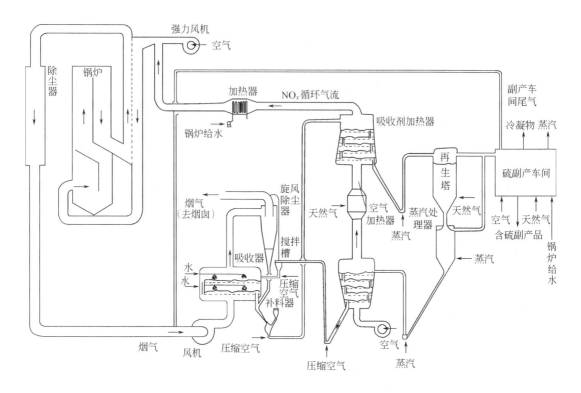

图 10-9 NOXSO 烟气脱硫脱硝工艺流程

吸附剂通过气力输送进入加热器加热到 620℃ 左右，在加热器中，NO_x 及部分被吸附的 SO_2 被脱附。脱附的 NO_x 被还原成 N_2，混合气体循环进入锅炉内。当吸附剂被加热至 620℃ 左右时，进入上段再生器，与喷入的天然气逆流接触，将吸附的 SO_2 还原成 H_2S、Na_2S、COS 等物质。产生的废气进入硫副产品车间转变为单质硫、硫酸或液态二氧化硫。再生完全后的吸附剂再进入冷却器中冷却至 120℃ 后送入吸附器中循环利用。

在吸附器中，气体停留时间为 0.8~1s，吸附剂停留时间为 37~43min 时，脱硫效率达 95% 以上。气体与吸附剂质量比为 4.6 时，脱硝效率达 93.5%。吸附剂损失率为 0.01%（每小时损失量占总吸收剂的量）。

2. $SO_x\text{-}NO_x\text{-}RO_xBO_x^{TM}$ 烟气脱硫脱硝技术

$SO_x\text{-}NO_x\text{-}RO_xBO_x^{TM}$ 工艺是由 Babcock & Wilcox 公司在 20 世纪 80 年代研究开发的烟气联合脱硝、脱硫和除尘工艺。它包括喷入干吸收剂脱硫，选择性催化还原脱硝，脉冲喷射袋式除尘器除尘三大部分。操作温度在 230~450℃，三种污染物的脱除在同一反应器中进行。该工艺的优点是：SO_2、NO_x 和粉尘在一个反应器中同时脱除；占地面积小；操作简便；改善了选择催化还原的条件；具有较高的脱硫、脱硝和除尘效率。

美国能源部已将该技术列入了洁净煤技术项目。1993 年由 Babcock & Wilcox 公司在 R.E Burger Plant of Ohio Edison 建成了 5MW 的示范装置，其简单的示意图见图 10-10。

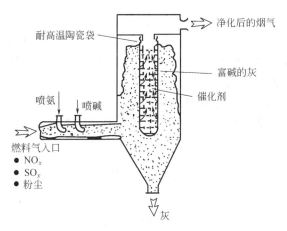

图 10-10　5MW 示范装置示意

该厂锅炉燃煤含硫量为 3%～4%，入口烟气 SO_2 浓度为 0.2%～0.3%，NO_x 浓度为 0.035%～0.05%，粉尘量为 3～4g/s，累计运行了 2300h，系统可靠性 99%。

该工艺在反应器入口处喷入水化石灰等吸收剂，通过控制烟气温度、$n(Ca)/n(S)$ 等来控制 SO_2 的脱除率。当温度为 440～460℃、$n(Ca)/n(S)$ 值为 1.2 时，脱硫率达 76%，当 $n(Ca)/n(S)$ 值为 2 时，脱硫率为 87.7%，同时还发现当向水化石灰中加入磺化木质纤维素时脱硫效率约增加 8%，石灰的利用率为 40%～45%。

选择沸石整体式催化剂，在 390℃ 以上、$n(NH_3)/n(NO_x)$ 的值为 0.85 的条件下，脱硝效率达 90.7%～93%。该催化剂对温度不太敏感，在 370～480℃ 下都能保持有较高的催化活性，SO_2 在该催化剂上的转化率低于 0.5%。

采用袋式除尘器除尘时，除尘器在 315～380℃ 条件下使用寿命达 3700h。当粉尘积累到一定厚度时，用压力为 30～40Pa 的压缩空气脉动吹落粉尘。

3. 活性焦（B-F）法烟气脱硫脱硝技术

B-F 活性焦烟气脱硫脱硝技术是由德国 Bergban-Forschung Gmbh 公司研究开发成功的。该法是用活性焦作 SO_2 的吸附剂和 NO_x 被 NH_3 还原的催化剂，同时活性焦本身也参与部分还原反应。图 10-11 为其工艺流程图。

该工艺采用两段移动床反应器。床层温度约 120℃，下段吸附脱除大部分 SO_2，在反应

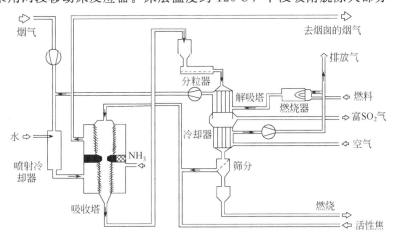

图 10-11　B-F 法烟气脱硫脱硝工艺流程

器上、下段之间喷入 NH_3，NO_x 被还原成 N_2 和 H_2O，下段残余的 SO_2 形成 $(NH_4)_2SO_4$ 被脱除。活性焦吸附剂逆流与烟气接触，从下段反应器底部输送到再生器中。再生采用燃烧的高温烟气直接加热至 400～450℃，产生含 SO_2 25%～30%（体积分数）的再生气，可将其制成单质硫、硫酸或液化成液态 SO_2。

该工艺能同时脱硫和脱硝，且效率较高；采用两段式移动床反应器，逆流接触，传质效果好；用活性焦作吸附剂和催化剂，可再生循环利用，成本较低，同时也避免了固定床脱硫效率逐渐下降的非稳态操作的缺点；没有任何二次污染和废物处理问题。

思 考 题

1. 电除尘器工作的基本原理是什么？
2. D.B.A 湿式石灰石/石膏法烟气脱硫的原理是什么？包括哪些过程？
3. 烟气脱硫主要有哪几种工艺？各有何特点？
4. 控制 NO_x 排放的方法有哪些？烟气脱硝主要有哪几种工艺？各有何特点？

第十一章

燃 料 电 池

燃料电池是将燃料的化学能通过电化学过程直接转变为电能的装置,是一种新型的无污染、高效率的发电设备。燃料电池具有高的体积比功率和质量比功率,主要用于航天、军事等特殊场合。近年来,世界发达国家开始研究开发大容量地面用的燃料电池发电技术及潜艇和汽车等用的燃料电池,并取得了显著的成果。

第一节 燃料电池的基本原理及特点

一、燃料电池的基本原理

燃料电池的基本原理与一般原电池相似,是在一定条件下将 H_2、天然气和煤气(主要是 H_2)等燃料气与氧化剂(空气中的 O_2)发生化学反应,将化学能直接转换为电能的过程。与一般原电池不同的是,在燃料电池中,燃料及氧化剂可以连续不断地供给电池,反应产物可以连续不断地从电池排出,同时连续不断地输出电能和热能。

燃料电池示意如图 11-1 所示,燃料输入阳极(燃料极),氧化剂输入阴极(氧化极),两极之间的电解质是离子导体,燃料及氧化剂分别在两个电极的电极/电解质界面进行电化学反应,两极之间产生电流。电极一般制成多孔体,以便气体反应物在电极、电解质及气体三相界面上进行电化学反应。迄今为止,实用的燃料电池都是以 H_2 为燃料,因此天然气或液化石油气在进入燃料电池之前必须进行重整和纯化。煤炭则需要进行气化及纯化。在一些高温燃料电池中,天然气经纯化后可在电池负极一面进行重整,称为"内重整"燃料电池。按目前的技术水平,每只单体燃料电池最大可产生约 1kW 直流电能,但因单体电池工作电压小于 1V,因此,必须将多只单体电池堆叠串联成电池堆以获得所需电压,再将多组电池堆并联以获得所需电流,从而组成具有一定发电能力的电池组。在燃料电池发电站系统中,除了上述两种主要子系统(即燃料重整纯化及燃料电池堆)外,还需有直流/交流逆变器和控制部分两个主要子系统。图 11-2 为燃料电池发电站各主要子系统之间的关系。

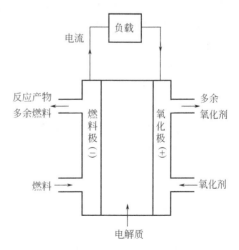

图 11-1 燃料电池示意图

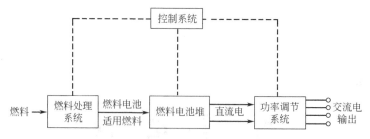

图 11-2 燃料电池电厂主要工作系统示意

二、燃料电池的特点

1. 能量转换效率高

燃料电池能量转换效率比热机和火力发电的能量转换效率高得多。无论是热机还是它带动的发电机组,其效率都受到卡诺循环效率的限制。目前,汽轮机或柴油机的效率最大值仅为40%～50%,当用热机带动发电机发电时,其效率仅为35%～40%,而燃料电池理论上能量转换效率在90%以上。在实际应用时,考虑到综合利用能量时,其总效率可望在80%以上。另外,其他的电池,像温差电池的效率为10%,太阳能电池的效率为20%,就无法与燃料电池相比了。

2. 污染小、噪声低

燃料电池作为大、中型发电装置使用时,它与火力发电相比,突出的优点是减少大气污染(见表11-1)。

表 11-1 燃料电池与火力发电的大气污染情况比较　　　单位：$kg \times 10^{-6}/(kW \cdot h)$

污染成分	天然气火力发电	重油火力发电	煤火力发电	燃料电池(试验型)
SO_2	2.5～230	4550	8200	0～0.12
NO_x	1800	3200	3200	63～107
烃类	20～1270	135～5000	30～10000	14～102
尘沫	0～90	45～320	365～680	0～0.014

此外,燃料电池自身不需冷却水,减少了火力发电热排水的热污染。对于氢氧燃料电池而言,发电后产物只有水,所以在载人宇宙飞船等航天器中兼做宇航员的饮用水。火力发电则要排放大量废渣,并且热机活塞引擎的机械传动部分所形成的噪声污染也十分严重。比较起来,燃料电池的操作环境要清洁安静得多。

3. 高度的可靠性

燃料电池发电装置是由单个电池组叠成电池组构成的。单个电池串联的电池组并联后确定整个发电装置的规模。由于这些电池组合是模块结构,从而维修十分方便。燃料电池的可靠性还在于它处于额定功率以上过载运行或低于额定功率运行时,它都能承受而且效率变化不大。当负载有变动时,它的响应速度也快。这种优良的性能使燃料电池在用电高峰期可作为储能电池使用,保证火力发电站或核电站在额定功率下稳定运行,电力系统的总效率得以提高。

4. 比能量或比功率高

同样质量的各种发电装置,燃料电池的发电功率最大。这是因为,对于封闭体系的铅酸蓄电池或锌银电池与外界没有物质的交换,比能量不会随时间变化,但燃料电池由于不断补充燃料,随着时间延长,其输出能量也愈多。这样就可以节省材料,结构紧凑,占用空间小。

5. 适用能力强

燃料电池既可用于固定地点的发电站,亦可用作汽车、潜艇等交通工具的动力源。启动或关闭时间短,对负载的响应速度快。燃料电池可以做成具有一定发电性能的模块标准组件,供应时,可按用户要求,组装成不同形式、不同功率输出的发电装置,小到一家一户的供电取暖,大到分布式电站,与外电网并网发电等都可应用。

第二节 燃料电池的分类

按照工作温度,燃料电池可分为高、中及低温型三类。工作温度从室温至373K,称之为常温燃料电池,这类电池包括质子交换膜型燃料电池;工作温度介于373～573K之间的为中温燃料电池,如磷酸型燃料电池;工作温度在573K以上的为高温燃料电池,这类电池包括熔融碳酸盐燃料电池和固体氧化物燃料电池。

按燃料的来源,燃料电池也可分为三类。第一类是直接式燃料电池,即其燃料直接用氢气;第二类是间接式燃料电池,其燃料不是直接用氢,而是通过某种方法(如蒸汽转化)把甲烷、甲醇或其他烃类化合物转变成氢(或含氢混合气)后再供应给燃料电池来发电;第三类是再生式燃料电池,它是指把燃料电池反应生成的水,经某种方法分解成氢和氧,再将氢和氧重新输入燃料电池中发电。

按燃料电池的电解质类型分类已逐渐被国内外燃料电池研究者所采纳。目前正在开发的商用燃料电池,依据电解质类型可以分成五大类:磷酸型燃料电池(Phosphoric Acid Fuel Cell,PAFC)、质子交换膜燃料电池(Proton Exchange Membrane Fuel Cell,PEMFC)、熔融碳酸盐燃料电池(Molten Carbonate Fuel Cell,MCFC)、固体氧化物燃料电池(Solid Oxide Fuel Cell,SOFC)和碱性燃料电池(Alkaline Fuel Cell,AFC)。几种主要燃料电池的特性见表11-2。

表11-2 几种主要燃料电池的特性

性能 \ 类别	磷酸型燃料电池(PAFC)	质子交换膜燃料电池(PEMFC)	熔融碳酸盐燃料电池(MCFC)	固体氧化物燃料电池(SOFC)	碱性燃料电池(AFC)
燃料	H_2和CO_2	纯H_2	H_2和CO	H_2和CO	纯H_2
电解质	正磷酸	质子交换膜	Li、K的碳酸熔盐	ZrO_2和Y_2O_3	KOH或NaOH溶液
温度/℃	200	100	650	800～1000	100
电极材料	石墨	石墨	金属基	金属陶瓷或陶瓷	金属或石墨
构型	双极	单极或双极	双极	单极或双极	单极或双极
电堆材料	石墨	石墨管电池	金属聚合物	陶瓷管电池	聚合物

第三节 磷酸型燃料电池(PAFC)

一、基本原理

磷酸型燃料电池是一种将燃料气(富H_2气体)和氧化剂(氧气或空气)反应时的化学能直接、连续地转换成电能的电化学装置。电解质是浓度超过95%的磷酸水溶液。其电极反应如下。

阳极：$H_2 \longrightarrow 2H^+ + 2e^-$

阴极：$2H^+ + 2e^- + \frac{1}{2}O_2 \longrightarrow H_2O$

电池反应：$H_2 + \frac{1}{2}O_2 \longrightarrow H_2O$

阳极生成的 H^+ 和电子，分别经过电解质和外电路到达阴极，与氧气发生反应生成水，形成导电回路。这样，只要连续通入氢气和氧气，就可以持续产生电流。电极除具备较大的电子导电能力外，还应具备多孔性以利于气体扩散，而电解质除具备较大的离子导电能力和较低的电子导电能力外，还应是一个良好的物理隔离层。

二、工作条件

PAFC 的工作温度为 453～483K。这是依据磷酸的蒸气压、材料的耐腐蚀性能、电催化剂的耐 CO 能力以及电池的特征确定的。

PAFC 的工作压力为常压至零点几兆帕。通常对于小容量电池采用常压操作，对于大容量电池，多采用加压操作，压力一般设定在 0.7～0.8MPa。

PAFC 典型的转化燃料气中约含 80% H_2、20% CO_2 以及少量 CH_4、CO 与硫化物。

PAFC 的燃料利用率为 70%～80%，氧化剂的利用率为 50%～60%。

PAFC 的冷却方式有水冷却式、空气冷却式和绝缘油冷却式三种方式。

三、PAFC 构造

1. 单电池构造

PAFC 单电池的基本构造如图 11-3 所示。单电池外形为正方形层状结构，边长为 70～100cm，厚度约为 5mm，它包括电极支持层、电极、集流体-隔板、介于两电极之间的电解质层。电极支持层与电极保持一定的孔隙率以维持足够的透气性；电极催化剂层由铂与合金载体组成，铂负载量约为 0.2～0.75mg/cm^2。电极与隔板必须具有良好的电导性、耐腐蚀性和较长的寿命。根据电极与隔板的结构形式，PAFC 单电池分为槽形电极型与槽形隔板型。如图 11-4 所示。

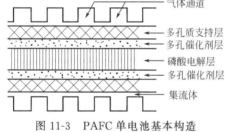

图 11-3 PAFC 单电池基本构造

2. 电池堆构造

PAFC 单电池的电压为 0.7V（$i=200mA/cm^2$）。为了提高电池工作电压，获得较高功率，必须将单电池层叠加组成 PAFC 电池堆。在 PAFC 电池堆中，每隔 5～7 个单电池就设

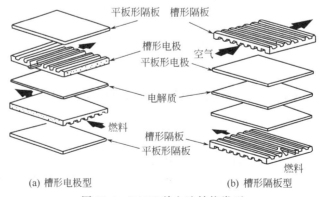

(a) 槽形电极型　　　　(b) 槽形隔板型

图 11-4 PAFC 单电池结构类型

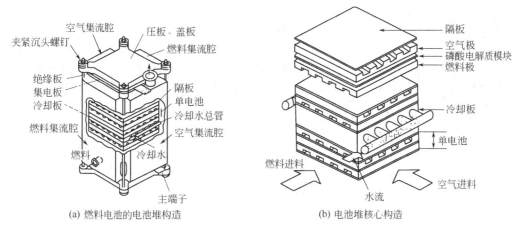

图 11-5　水冷却式 PAFC 电池堆构造示意

置一块冷却板。图 11-5 为水冷却式 PAFC 电池堆构造示意图。通常 1 个电池堆可以组成 500～800kW 级发电装置，对于容量更大的电站系统，则由数组电池堆组合而成。

3. 控制系统

对于分散型燃料电池，通常用作现场小规模发电，逆变器（直流转交流）是通过检测由于负载变化引起的输出电压变化来控制。进入燃料电池的气体流量是根据对应的输出直流电值，即逆变器的输入电流进行控制。如图 11-6（a）所示。

对于并入电网的大功率燃料电池电站系统，逆变器的输出控制是根据中央控制中心的负载要求进行控制的。如图 11-6（b）所示。

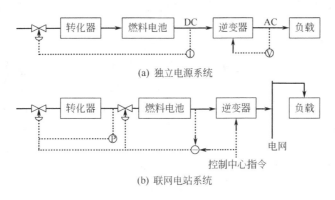

图 11-6　PAFC 电站控制原理

四、PAFC 的特点

PAFC 能在低温下发电，而且稳定性良好；余热利用中获得的水可直接作为生活用水，启动时间短。但电催化剂必须采用贵金属；若燃料气中 CO 含量过高，电催化剂将会被 CO 毒化而失去催化活性。

第四节　质子交换膜燃料电池（PEMFC）

PEMFC 由两块多孔气体扩散电极与介于两电极之间的固体聚合物电解质膜组成。如图 11-7 所示。作为电解质的固体聚合物膜，其厚度约为 50～250μm，其组成主要有酚醛树脂

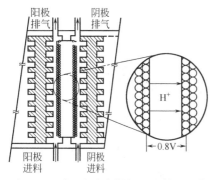

图 11-7 质子交换膜燃料电池剖面示意

磺酸型、聚苯乙烯磺酸型、聚三氟苯乙烯磺酸型与全氟磺酸型等几种。电解质膜具有质子交换功能，同时还起隔离燃料气与氧化剂气体的作用。多孔电极的一侧负载催化剂，另一侧与板极接触。板极上开设凹槽通道，以便燃料气、氧化剂或冷却剂通过。

在 PEMFC 基本构造中，分别向燃料电极（阳极）与空气电极（阴极）供应氢气和氧气。质子交换膜中的氢离子以水合 H^+ 离子形式，从一个磺酸基转移到另一个磺酸基，从而实现质子导电。电极反应如下。

阳极： $H_2 \longrightarrow 2H^+ + 2e^-$

阴极： $2H^+ + 2e^- + \frac{1}{2}O_2 \longrightarrow H_2O$

电池反应： $H_2 + \frac{1}{2}O_2 \longrightarrow H_2O$

上述电极反应与 PAFC 中的反应过程基本一致。质子交换膜的电阻与膜内水分含量、膜厚有关。但是，质子交换膜太薄，膜的机械强度、耐久性均会受到影响，易导致反应气体交叉扩散。电池工作温度受到质子交换膜的耐热性制约，现在的 PEMFC 工作温度介于常温至 373K 之间。

电池工作温度为 298K 时的单电池电动势约为 1.23V。当电池工作温度为 293~343K、电流密度为 100~150mA/cm^2 时，工作电压可达 0.8V 左右，电流中能量转换效率一般可达 50% 左右，反应物消耗量为 400g/(kW·h)，产生水量为 0.54L/(kW·h)。

PEMFC 是最早用于空间飞行试验的燃料电池。1965 年，美国的"双子星座"飞船上安装了这类燃料电池作为电源系统，效果良好。图 11-8 为"双子星座"飞船用的燃料电池单电池组件。图中进行电化学反应的基本部分是氢电极、氧电极和作为电解质的质子交换膜。为了电化学反应的连续化，还需要具有气体的供给和分配、电流的收集、热量与水分的排除等功能性附件，如氢氧电极的集流器、排水用的灯芯、排热用的冷却管、氢气输入管和排出管、电池框架等。

PEMFC 作为交通运输器具的动力电源已越来越受到人们的关注。液态烃或甲醇是电动汽车燃料电池的首选燃料，这类燃料在进入燃料电池系统之前，一般需进行转化预处理。经转化预处理的燃料混合气中一般 $\varphi(H_2)$ 为 70%~80%，$\varphi(CO_2)$ 为 20%~30%，$\varphi(CO)$ 为 0.1%~1.0%。

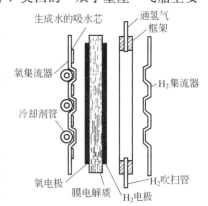

图 11-8 "双子星座"用燃料电池单体组件

PEMFC 系统对混合气中的 CO_2 基本上不敏感，但对 CO 十分敏感。当这类混合气被送至 PEMFC 阳极室时，会引起阳极催化剂"中毒"，导致电池性能急剧下降。研制新型燃料转化催化剂、改善燃料转化工艺、减少燃料转化气中的 CO 含量，是提高 PEMFC 电池性能的主要途径。

第五节　固体氧化物燃料电池（SOFC）

一、基本原理

SOFC 是用氧化钙（CaO）和三氧化二钇（Y_2O_3）等与固体陶瓷中稳定的氧化锆（ZrO_2）

在 1000℃ 高温下发生反应，生成结晶体，以晶体中的氧离子孔穴作媒介。由于氧离子在晶体中能够移动，具有导电性，SOFC 以它作为电解质。与之相匹配的阳极为 Ni/稳定化金属陶瓷，阴极为掺杂 Sr 的 $LaMnO_3$。

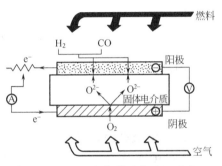

图 11-9 SOFC 电化学反应过程示意

在阴极，空气中的氧原子与外电路提供的电子反应被还原为氧离子，氧离子经固体电解质离子电导作用向阳极移动。在阳极，燃料气体（H_2、CO、CH_4 等）进入阳极反应活性位，与氧离子进行氧化反应生成水（或 CO_2）并释放出电子进入外电路，从而产生直流电。当燃料气及空气连续供应给电池时，该电池就源源不断向外输出直流电。如图11-9所示。电极上的反应如下。

阴极： $\frac{1}{2}O_2 + 2e^- \longrightarrow O^{2-}$

阳极： $H_2 + O^{2-} \longrightarrow H_2O + 2e^-$

电池总反应： $H_2 + \frac{1}{2}O_2 \longrightarrow H_2O$

当燃料气为 CO、CH_4 时，电极上的反应如下。

阴极： $\frac{1}{2}O_2 + 2e^- \longrightarrow O^{2-}$

阳极： $CO + O^{2-} \longrightarrow CO_2 + 2e^-$ 或 $CH_4 + 4O^{2-} \longrightarrow CO_2 + 2H_2O + 8e^-$

电池总反应： $CO + \frac{1}{2}O_2 \longrightarrow CO_2$

$CH_4 + 2O_2 \longrightarrow CO_2 + 2H_2O$

二、SOFC 的特点

SOFC 的优点在于，不使用贵金属材料，有利于降低成本；使用固体电解质避免了电池材料的腐蚀和电解质的管理；电池部件全部为固体，可以安装成很薄的层状结构，各个电池部件可制成特定的形状，这是液体电解质燃料电池所不允许的；一般在高温下操作，从而加快了化学反应速率，放宽了对燃料纯度的要求，而且可以在电池内进行重整，利于余热回收。不足之处在于，由于操作温度较高，所以对材料及制备技术的要求都比较高；各组成元件间的相容性、热膨胀匹配性及单电池的稳定性都是高温操作的燃料电池必须特别考虑的。

第六节 熔融碳酸盐燃料电池（MCFC）

一、基本原理

MCFC 采用碱金属（Li、Na、K）的碳酸盐作为电解质，电池工作温度为 872～973 K。在此温度下电解质呈熔融状态，载流子为 CO_3^{2-}。典型的电解质组成（质量分数）为 62% 的 Li_2CO_3 和 38% 的 K_2CO_3。

MCFC 的燃料气是 H_2 和 CO，氧化剂是 O_2 和 CO_2。当电池工作时，阳极上的 H_2 和 CO 与从阴极区迁移过来的 CO_3^{2-} 反应，生成 CO_2 和 H_2O，同时将电子输送到外电路。阴极上 O_2 和 CO_2 与从外电路输送过来的电子结合，生成 CO_3^{2-}。电池的工作原理如图 11-10 所示。电池的反应如下。

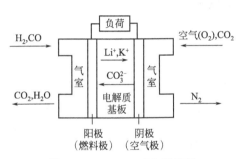

图 11-10 MCFC 工作原理图

阳极： $H_2 + CO_3^{2-} \longrightarrow CO_2 + 2H_2O + 2e^-$

$CO + CO_3^{2-} \longrightarrow 2CO_2 + 2e^-$

阴极： $CO_2 + \frac{1}{2}O_2 + 2e^- \longrightarrow CO_3^{2-}$

电池总反应： $H_2 + \frac{1}{2}O_2 \longrightarrow H_2O$

二、MCFC 的特点

MCFC 的优点在于，工作温度较高，反应速率加快；对燃料的纯度要求相对较低，可以对燃料进行电池内重整；不需贵金属催化剂，成本较低；采用液体电解质，较易操作。不足之处在于，高温条件下液体电解质的管理较困难，长期操作过程中，腐蚀和渗漏现象严重，很大程度上降低了电池的寿命，使 MCFC 大型化及实际应用受到限制。

第七节 碱性燃料电池（AFC）

一、基本原理

AFC 的电解质通常采用 30%～45% 的 KOH 溶液，在电解质内部传输的离子导体为 OH^-，电池燃料为 H_2，氧化剂为 O_2。电池的工作原理如图 11-11 所示。电池的反应如下。

阳极： $H_2 + 2OH^- \longrightarrow 2H_2O + 2e^-$

阴极： $\frac{1}{2}O_2 + H_2O + 2e^- \longrightarrow 2OH^-$

电池总反应： $H_2 + \frac{1}{2}O_2 \longrightarrow H_2O$

阳极一侧生成的水必须及时排除，以免将电解质溶液稀释或淹没多孔气体扩散电极。电池的工作温度一般维持在 333～353K。电池的工作压力为 0.4～0.5MPa。

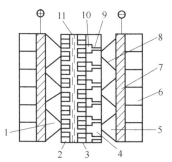

图 11-11 AFC 的结构
1—氧气室；2—阴极；3—阳极；4—水吸收板；5—氢气室；6—冷却板；7—集电板；8—集电网；9—贯通孔；10—氢气通路；11—保持电解液的石棉基质

二、AFC 的特点

ATC 的优点在于，工作温度低，电池本体结构材料选择广泛，电极极化损失小；可以不用贵金属铂系催化剂，成本低；启动速度快。不足之处在于，电池对燃料气中 CO_2 十分敏感，一旦电解液与含 CO_2 的气流接触，电解液中会生成 CO_3^{2-}，若含量超过 30%，电池输出功率将急剧下降。因此，对含碳燃料，AFC 系统中应配 CO_2 脱除装置。

第八节 中国燃料电池发展现状及今后发展方向

一、中国燃料电池发展现状

在 AFC 方面，中国科学院长春应用化学研究所研制出 1kW 的通讯用燃料电池，中国科学院大连化学物理研究所研制出 10kW、20kW 以 NH_3 分解造气为燃料的大功率燃料电池。

在 MCFC 方面，哈尔滨发电设备成套所 1991 年完成探索性研究，试制出 30W，效率 45% 的试验电池组。中国科学院大连化学物理研究所于 1993 年开始研究 $LiAlO_2$ 粉末及隔膜的制备方法，完成了 110cm² 的单电池试验研究。中国科学院化学物理研究所是 "九五" 重大科技攻关项目的主要承担单位，2000 年完成了 2～3kW 试验电池系统，功率密度达到

$0.1 \sim 0.15 W/cm^2$，工作时间不小于1000h。上海交通大学与日本合作进行 MCFC 研究，并引进一套 MCFC 评价装置。此外，北京科技大学、中国科学院长春应用化学研究所、上海冶金研究所、沈阳金属研究所等7个单位进行 MCFC 电极材料的研究以及不锈钢和表面改性的研究。

在 SOFC 研究方面，中国科学院上海硅酸盐研究所于1971年开始研究，作为"九五"重大科技攻关项目 SOFC 的主要承担单位，1999年完成了10个串联板式（50cm×50cm）电池堆的组装和运行，输出功率达到10W。于2000年完成1kW 平板式电池堆，工作时间不小于1000h。中国科学院大连化物所、中国科学院化学冶金所、清华大学等也开展了 SOFC 的研究工作，但都未进行电池堆的组装试验。

在 PEMFC 研究方面，中国科学院大连化物所在 AFC 的基础上，1995年全面开展 PEMFC 的研制，先后研制出 300W、1.5kW 和 5kW 的电池堆。现正在进行 800W 改进型的试验研究。北京富源新技术开发总公司在引进、吸收国外技术基础上，1997年底已研制出 5kW 的 PEMFC 电池堆。长春应用化学研究所、天津电源研究所、清华大学、天津大学等也进行了相关的研究工作。

我国非常重视燃料电池汽车技术（以 PEMFC 为动力）的研究与开发。"九五"和"十五"期间，都把燃料电池汽车及相关技术研究开发列入国家科技计划，2001年，科技部开始组织实施以燃料电池汽车为重要内容的"电动汽车专项"，作为12个国家重大科技专项之一，国家投入近9亿元。中国燃料电池公共汽车商业化示范项目于2003年启动，由全球环境基金（GEF）、联合国开发计划署（UNDP）和中国政府共同支持，总投入3236万美元。2008年8月，北京奥运会期间，已有国产燃料电池公共汽车运行。

国内在 PAFC 方面的研究很少。在燃料电池发电技术方面，国外 PAFC 已发展到 11MW 的示范阶段，$200\sim 250kW$ 的 PAFC 已商业化，MCFC 已发展到 2MW 电站的工程性示范阶段，SOFC 也发展到 $25\sim 10kW$ 的实用演示阶段，PEMFC 已发展到 250kW 容量的示范阶段。国内目前尚无 10kW 以上的燃料电池试验机组。在电池结构、电极、隔膜材料、密封、催化剂以及燃料电池发电的辅助系统等方面有较大的差距。国家电力公司热工研究院正在研究开发燃料电池发电系统的技术。

二、中国燃料电池发展方向

中国燃料电池的研究开发工作比美、日等发达国家晚了二十多年，差距较大。中国发展燃料电池技术应选择适合于中国发展需要的燃料电池技术。

对于 MCFC，应走引进、吸收、研究创新、实现国产化的技术路线，并尽快投入商业应用。在引进的基础上，建立 $100\sim 250kW$ 以天然气为燃料的 MCFC 示范电站，掌握燃料电池发电系统的运行等特性；掌握 250kW 等级 MCFC 电站辅助系统的设计和制造技术；初步掌握燃料电池组成的燃气（或蒸汽）联合循环系统的关键技术；研究开发煤气化燃料电池发电的关键；研究 MCFC 本体的关键技术。

对于 SOFC，应立足于自主开发，走创新和跨越式发展的技术发展路线，研究开发 SOFC 本体的关键技术，开发出 $20\sim 50kW$ 的 SOFC 电池组。

对于 PEMFC，应以跟踪国外 PEMFC 技术的发展为主。

燃料电池电动汽车应以产业化为目标，通过对燃料电池技术、制氢以及储氢技术、车载燃料电池系统技术、燃料电池电动汽车电气动力系统以及燃料电池电动汽车整车的研究与开发，建立相应的研究开发基地。

思 考 题

1. 什么是燃料电池？其基本原理是什么？
2. 与其他电池相比，燃料电池有何特点？
3. PAFC 的基本原理和工作条件各是什么？PAFC 有何特点？
4. PEMFC 是由什么构成的？其有何特点？
5. SOFC 的基本原理是什么？其有何特点？
6. MCFC 的基本原理是什么？其有何特点？
7. AFC 的基本原理是什么？其有何特点？

第十二章

煤制活性炭技术

活性炭是一种具有丰富孔隙结构和巨大比表面积的炭质吸附材料，它具有吸附能力强、化学稳定性好、机械强度高，且可方便再生等特点。因此，活性炭广泛用于食品、化工、石油、纺织、冶金、轻工、造纸、印染等工业部门以及农业、医药、环保、国防等诸多领域中，活性炭被大量应用于脱色、精制、回收、分离、废水及废气处理、饮用水深度净化、催化剂、催化剂载体以及防护等各个方面。其需求量随着社会发展和人民生活水平的提高，呈逐年上升趋势，尤其是近年来随着环境保护要求的日益提高，使得国内外活性炭的需求量越来越大。

第一节 活性炭的分类

活性炭产品种类很多，具体分类见表12-1。

表12-1 活性炭的分类

分类	活性炭名称	特征
按形状分类	粉状活性炭	外观尺寸小于0.18mm的粒子（约80目）占多数的活性炭
	颗粒活性炭	外观尺寸大于0.18mm的粒子（约80目）占多数的活性炭
	圆柱形活性炭	圆柱形，横截面的直径用乘上10的数字标出，单位为mm
	球形活性炭	球形，球体直径用乘上10的数字标出，单位为mm
	纤维状活性炭	纤维直径8~10μm，具有可绕性，能加工成各种形状的织物
	其他异状活性炭	蜂巢状活性炭、中空微球状活性炭、活性炭成型物
按原料分类	木质活性炭	以木屑、木炭等制成的活性炭
	煤质活性炭	以煤炭制成的活性炭
	果壳(果核)活性炭	以椰子壳、核桃壳、杏核等制成的活性炭
	石油类活性炭	以沥青等为原料制成的沥青基球状活性炭
	再生炭	以用过的废炭为原料，进行再活化处理的再生炭
	含炭有机废料和农业副产品制炭	用稻壳、稻草、棉籽壳、咖啡豆梗、油棕壳、糠醛渣、甘蔗渣、纸浆废液、合成树脂等制成的活性炭
按制造方法分类	化学药品活化法活性炭	活化剂为氯化锌、磷酸、氢氧化钾、氢氧化钠等化学药品
	强碱活化法活性炭	活化剂为氢氧化钾、氢氧化钠等
	气体活化法活性炭	活化剂为水蒸气、二氧化碳、空气等
	水蒸气活化法活性炭	活化剂为水蒸气
按用途分类	气相吸附活性炭	空气净化炭、防护炭、脱硫炭等
	液相吸附活性炭	净水炭、针剂炭、糖炭、味精炭、黄金炭、药用炭等
	催化剂载体活性炭	催化剂和催化剂载体
	炭分子筛	孔径非常小，用于分离气体

目前,我国除西藏、青海外的所有省、市、自治区均有活性炭生产厂家,生产厂达300多家,活性炭品种40多个,牌号100多种,年产量已超过10万吨,其中煤质活性炭约占2/3,主要集中在宁夏、山西等几个优质煤产区。

国家标准活性炭型号用大写汉语拼音字母和一组或两组阿拉伯数字表示。由三部分组成。见表12-2。

表 12-2 活性炭的型号

符号	第一部分				第二部分		第三部分			
	Z	G	M	J	H	W	F	B	Y	Q
意义	木质	果壳	煤质	废活性炭	化学法活化	物理法活化	粉状活性炭	不定形颗粒活性炭	圆柱形活性炭	球形活性炭

第一部分,表示制造原料,用汉语拼音字母表示;第二部分,表示活化方法,用汉语拼音字母表示;第三部分,表示外观形状及尺寸,用汉语拼音字母表示活性炭的外观形状,并以一组或两组阿拉伯数字表示颗粒活性炭的尺寸。

活性炭型号命名示例如下。

型号:GWB35×59。G表示用果壳(核)为原料,W表示用物理法活化,B35×59表示不定形粒度范围为0.35~0.59mm的颗粒活性炭。

第二节 煤质活性炭的结构

自然界中以游离状态存在的碳有金刚石、石墨和无定形碳三种同素异构体,活性炭属于无定形碳。其基本的微晶结构据研究有两种(见图12-1),一种是类似于石墨的片状结构,但平行的片状之间角位移是紊乱的,即各层片之间不规则地相互重叠,这种结构称为乱层结构;另一种是由不规则的交联碳立体交叉形成的空间格子,这是由于石墨片状体的偏斜引起的,这种结构含有杂原子。一般认为这两种结构在活性炭中均存在,所占的比例则随原料的种类及制造工艺的

(a) 空间格子　　(b) 乱层结构

图 12-1 活性炭微晶结构示意

不同而异。

一、活性炭的孔隙

活性炭的孔隙是在活化过程中,基本微晶结构之间的含碳化合物和非有机成分的碳被清除以及部分碳与活化介质反应而产生的。其形状各异,有些孔隙具有缩小的入口(墨水瓶状),有些是两端敞开的毛细管孔或一端封闭的毛细管孔,还有些是两平面之间或多或少呈规则状的狭缝、V形孔、锥形孔和其他孔等。

杜比宁(Dubinin)于1960年提出把活性炭的孔分为大孔、中孔(或称过渡孔)及微孔三类,见表12-3。这个方案已被"国际纯化学和应用化学学会"(Internation Union of Pure and Applied Chemistry,IUPAC)所接受。

大孔是吸附发生时吸附质的通道,其比表面积一般很小,小于$0.5m^2/g$,本身也无吸附

作用。但当活性炭用于催化领域时，较大的孔隙作为催化剂沉积的场所显然是很重要的。

中孔的作用有两个，一是在足够的蒸气压下按毛细凝聚原理吸附蒸汽，这表现在中孔发达的活性炭对有机大分子有很好的吸附作用，常用于除去溶液中较大的有色杂质或呈胶状分布的颗粒而使溶液脱色；二是作为吸附质进入微孔的通道。中孔的比表面积一般在 20～70m^2/g，不超过活性炭总比表面积的 5%。

表 12-3　Dubinin 活性炭孔隙分类方案

孔类型	孔径/nm
大孔	>50
中孔	2～50
微孔	<2

微孔由于其比表面积一般达 400～1000m^2/g，约占活性炭总比表面积的 90%～95%，因此它主要决定活性炭的吸附特性。微孔不发生毛细凝聚。

采用特殊的方法可以制成孔径基本均一的活性炭用于选择性吸附，这类活性炭称碳分子筛。

此外，不同用途对活性炭的孔径分布要求是不同的。例如，用于溶剂回收、气体分离的气相吸附用活性炭应以微孔结构为主，并含有相当量的大孔；而用于脱色、液体净化的液相活性炭，其孔结构主要以过渡孔为主，以保证尽快达到吸附平衡。

二、活性炭的化学组成

活性炭的吸附性能不仅取决于孔隙结构，也取决于其化学组成。因为活性炭的吸附作用主要由分子间的范德华力决定，因此非碳原子的存在也会显著改变碳骨架中电子云的排列，从而影响吸附力的大小和方向。

1. 元素组成

活性炭主要由碳元素组成，煤基活性炭中碳含量一般在 80%～90% 之间。用于制造活性炭的原料煤中所含有的非碳元素如氢、氧、氮、硫等，尽管在炭化和活化过程中以不同的化合物析出，但仍有部分残留在活性炭中。一般活性炭的有机组成中，氢、氧含量分别为 1%～2% 和 4%～5%。另外，制备过程中也有外来非碳元素进入活性炭中，如水蒸气活化引入了氢、氧，氯化锌活化和磷酸活化分别引入了氯和磷。

2. 灰分

成品活性炭的灰分受原料、活化方法、成品炭后处理方法的影响很大。煤质活性炭的灰分一般在 6%～16% 之间，有的甚至高达 20% 以上。主要是 SiO_2、Al_2O_3、CaO、MgO、Fe_2O_3 等。活性炭灰分中的碱金属化合物，一般溶于水；碱土金属如钙的化合物，溶于盐酸或醋酸；最难处理的是酸性化合物，它们可用氢氟酸除去。制备的活性炭经过蒸馏水抽提、醋酸处理或氢氟酸洗涤，其灰分含量将依次减少。

3. 有机官能团和表面氧化物

活性炭中的氢和氧大部分以化学键的形式和碳原子结合在一起形成有机官能团和表面氧化物。有机官能团和表面氧化物由于其极性和本身的酸碱性，因此影响活性炭的疏水性从而影响活性炭某些吸附性能，也影响活性炭对酸或碱的吸附。

第三节　原料煤的选择

制备活性炭的原料性质在很大程度上决定了活性炭的性能。原料煤的选择注重煤种、煤岩成分、煤中非碳元素的构成以及煤中所含矿物质的种类与数量。

一、煤种

在各种煤中，泥炭和褐煤中以光学各向同性结构占优势，是生产活性炭的优质原料。实践证明，以褐煤、泥炭为原料可制得比表面积高达 1600m^2/g 的活性炭。

黏结性煤炭化一般要软化、熔融，使分子进行重排而生成易石墨化炭，不利于生产优质活性炭。但在生产定型活性炭时除了要求活性炭具有极高的吸附性能外，还要求它有较高的机械强度，此时只有选择黏结性烟煤为原料才能保证机械强度。对此，可以对黏结性煤的炭化路径进行选择与控制达到兼顾吸附性能和机械强度两方面的要求。

无烟煤是光学各向异性（易石墨化）占主体结构的物质，对炭化终温非常敏感，当温度升高时就开始收缩，造成在炭化初始阶段形成的微孔体积大幅度降低。因此，无烟煤不是制备高比表面积活性炭的最佳原料。

当然，煤化程度较高的煤（从气煤到无烟煤）制得的活性炭微孔发达，适用于气相吸附、净化水质和作为催化剂载体。煤化程度较低的煤（褐煤和长焰煤）制成的活性炭，大、中孔较发达，适用于液相吸附（脱色）、气体脱硫以及需要较大孔径的催化剂载体。

二、煤的显微组分

煤的显微组分中，以丝质体为代表的惰性成分总是各向同性的，因此，丝质体含量高的煤，利于活性炭造孔，生产优质活性炭。

变质程度相同的煤的不同显微组分中，稳定组的膨胀度最大，镜质组次之，丝质组仅为收缩。膨胀度大，炭化时形成大量的气孔，这样，一方面降低机械强度，另一方面，气孔不仅对比表面的增长无实质性的贡献，反而不易均匀活化，孔壁易破裂而使微孔难以大量形成。

变质程度不同的烟煤中，丝质组均表现为炭化时不熔、不膨，即经固相炭化过程且气孔极不明显。在气、肥、焦、瘦阶段的镜质组炭化时表现出较强的熔融、流动和膨胀性，气孔大而多，而长焰煤和贫煤的镜质组热融性低。随变质程度的加深，各煤种中的稳定组炭化时的膨胀熔融性由极强稍稍降低，而孔由多转为较不明显。

因此，若从利于活性炭造孔和保持颗粒活性炭强度综合考虑，应选择含丝质组多而又有一定量镜质组的煤，稳定组应尽量少。

三、煤中的杂原子——O、N、S

对活性炭的吸附性能和其他特性有较大影响的是氧的存在，氧既可来源于原料，也可来自于活化过程，甚至还来自成品炭的后处理。原料中含有一定量的氧（或氧官能团）是在活化过程中形成最佳孔径的关键。一般地，富氧原料经活化后比贫氧原料有更为均匀的孔径。

煤中的硫和氮一般较氧少。煤中的有机硫多以硫醇（—SH）、硫醚（—R—S—R′）和二硫化物（—S—S—）等形式存在。氮或是呈杂环或桥状存在，或是以氨基（—NH_2）存在。煤中所有官能团都是随煤化程度的增加而减少，但各种官能团减少的幅度彼此不同。同含氧官能团一样，N、S 化合物对炭化时的石墨化也起着阻碍作用。因此，煤中的 N、S 含量应较高。

四、煤中矿物质

很少的灰分含量对活性炭的性能就有很大的影响，这可能是由于基本结构极性的改变造成的。活性炭中的灰分在气相吸附时是惰性物质，在液相吸附时，根据灰分中氧化物及碱金属盐的含量有不同程度的不利影响。

无机质对活性炭性能的影响，更多的是由于矿物质的存在影响了活化过程中孔的形成。特定的灰成分，如 Fe，Ca，碱金属化合物对水蒸气活化有催化作用，碱金属化合物（如 K、Na 的氢氧化物和碳酸盐）对狭缝状微孔的形成有促进作用；无机矿物质对碳与水蒸气反应起催化作用使得活性炭的孔隙由小变大，造成中孔和大孔增大，活性炭比表面积下降。

可见，矿物质对活性炭的活化过程、活性炭的结构与性能有很大程度的不利影响。显而易见，活性炭中无机质含量的增大，意味着碳含量的降低，比表面积等指标必然下降。

综上所述，低变质程度的煤（如褐煤、长焰煤），甚至泥炭，是制备活性炭的良好原料。

一些黏结性的烟煤也可用于制造颗粒炭,但应进行炭化路径的选择和控制;煤中应含较多的丝质体,适量的镜质组和较少的稳定组;煤的有机质中含较多的杂原子(O、N、S)有利于生产优质活性炭;煤中无机矿物质的量应尽可能的低。另外,一般要求原料煤的全水分小于10%;软化温度(ST)应在1250℃以上;硫含量在0.5%以下;灰分小于10%。

第四节　煤质活性炭生产的基本原理

煤制活性炭的生产常采用物理活化法,物理活化法包括炭化和活化两个过程,并且炭化和活化分开进行。

一、炭化原理

炭化过程是将原料煤隔绝空气加热到550~600℃的低温干馏过程。炭化目的主要是得到具有适于活化的初始孔隙及一定机械强度的炭化料。该过程大致分为以下四个阶段。

① 100~200℃区间。原料处于干燥脱水过程,同时析出煤中吸附的二氧化碳、甲烷等气体。烟煤在110℃以前吸附水分全部逸出,褐煤、无烟煤在150℃以前吸附水分也全部逸出。此时炭条表面开始变硬。

② 200~350℃区间。原料开始分解,煤结构单元中的侧链包括一些含氧官能团断裂,气体逸出量增加,炭条表面开始形成孔隙通道。烟煤开始有焦油析出;褐煤因为含氧量高,热分解时易与氢化合生成水,一般没有焦油生成;无烟煤因为氢含量低、挥发分少,在此阶段也无焦油产生。

③ 350~450℃区间。是煤及焦油分解最剧烈的阶段。原料中除碳外的元素大部分呈气态逸出,从而在炭条内形成大量的孔隙,但随后大部分孔隙被游离无序碳及杂原子氧化物填充。活性炭的基本微晶结构开始形成。此阶段黏结性烟煤产生胶质体,褐煤和无烟煤热解过程一般不生成胶质体。

④ 450~650℃区间。煤及焦油进一步分解直至完毕,形成的自由基发生缩聚缔合反应,形成以碳骨架为主的炭化料。

二、影响炭化的主要因素

1. 炭化温度

炭化温度过低,将造成炭化程度不够,炭化料中含有过高的挥发分,因而炭化料具有较高的反应活性。这种炭化料在活化时极易引起产品的烧结。反之,炭化温度太高,炭化料的挥发分含量过少,也难以保证活化反应的正常进行。一般地,炭化料的挥发分含量在6%~13%之间为宜。

炭化料的机械强度随炭化温度的升高而升高。但炭化温度过高,会造成炭化料颗粒变实、收缩增大、孔隙度减小,不利于活化的进行。较低的炭化温度能使炭化料内部微晶尺寸较小,微晶呈不规则排列而形成较多的活性点,利于活化阶段造孔。

煤种不同,对炭化温度的要求也不一样。黏结性烟煤要求炭化温度偏低,无黏结性煤的炭化温度可稍高,无烟煤和半无烟煤的炭化温度最高。

综合以上各方面的因素,以煤为原料制备活性炭时,炭化温度一般选择在600℃左右。

2. 炭化的升温速度

炭化的升温速度太快,煤及焦油分解异常剧烈,一方面使合适的孔隙结构难以形成,同时也会因分解的气体无法及时逸出而造成原料膨胀(俗称鼓泡),对于挥发分高的原料煤更明显。而炭化的升温速度太慢,则炭化料的骨架无法完全形成,强度会较差。

3. 炭化气氛的影响

无氧或少氧是生产合格炭化料的条件。氧气的存在主要造成炭化过程中大量逸出的气体中可燃组分的燃烧，从而造成炭化温度失控；同时氧气的存在也会使原料发生氧化及燃烧，影响炭化料的孔隙结构、强度和产率。

三、活化原理

对于煤质活性炭而言，几乎所有的商业化生产均采用气体活化法。气体活化法是利用活化气体进行碳的弱氧化作用，使炭化料的孔隙疏通，进而扩大、发展，从而形成活性炭特有的多孔微晶结构。目前常用以下四个过程来表述活化过程中孔隙产生的机理。

1. 原来闭塞的孔被疏通

炭化过程形成但被游离无序碳及杂原子堵塞的孔被活化气体的弱氧化作用疏通，提高了炭表面的活性。

2. 疏通后孔隙的扩大

由于炭表面杂质被清理后微晶结构暴露，碳原子趋于活动条件下与活化气体发生反应，使孔壁氧化，孔隙加长、扩大，形成多孔结构。

3. 新的孔隙形成

微晶结构中的边角或有缺陷部分具有活性的碳原子也与活化气体反应而形成一部分新的孔隙，使活性炭表面积进一步扩大。

4. 最终活性炭的生成

高温下，原来排列不整齐的碳原子逐渐整齐排列，杂原子不断脱去，最后形成完整的类似石墨的层片结构。

由此可见，孔隙的生成与碳的氧化程度有直接关系。碳的氧化必然造成原料损耗，因此常用烧失率（活化时原料质量减少的百分率）来衡量活化程度。通常认为，烧失率小于50%时，得到微孔为主的活性炭，烧失率在50%~70%时，活性炭具有混合孔隙结构，而烧失率大于75%时，活性炭主要为大孔，吸附能力反而降低。

四、气体活化指标

煤质活性炭的气体活化法主要以水蒸气、烟道气（以CO_2为主）、空气（O_2）或它们的混合气体作为活化气体，其中以水蒸气最为常用。我国煤质活性炭生产则全部采用水蒸气法。水蒸气活化的适宜温度为850~950℃；水蒸气与炭的适宜质量比（水蒸气的流量）为(8~10)∶1；活化时间也不宜过长，因为"过度"活化会造成大孔的增加；炭化料的直径一般要求在1~6mm之间，且大小应尽量均匀。

第五节　煤质活性炭的生产工艺

一、无定形炭（破碎炭）生产工艺

1. 用无烟煤、天然焦或不黏、弱黏结烟煤为原料的生产工艺

该工艺（见图12-2）适于较年轻无烟煤、天然焦或不黏、弱黏结烟煤等原料。原煤破碎除杂后，直接炭化和活化，再进一步破碎到使用粒度即为成品炭。该工艺的优点是流程简单，成本低，加工容易。缺点是需用块煤，成品炭孔隙率较低，比表面积小，强度不高。该工艺生产的活性炭适合于水质净化及工业污水的前期处理。

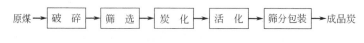

图 12-2　破碎炭生产工艺示意框图

2. 用低阶煤为原料的生产工艺

该工艺（见图12-3）适于挥发分较高的低阶煤。压块的目的是为了保证成品炭有足够的强度和适宜的堆积密度。该法可以生产出大孔、中孔和微孔均较发达的破碎炭，工艺过程简单，成本低，缺点是成品炭灰分较高，产率较低。此类炭用途较广，由于大中孔发达，尤其适合于大规模工业废水的处理和化工产品的精制脱色，也适合于煤气及烟气等的脱硫工艺。

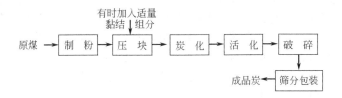

图12-3 破碎炭生产工艺示意框图

二、颗粒活性炭生产工艺

1. 柱状活性炭生产工艺

该工艺（见图12-4）几乎所有煤种都能适应，因此使用最普遍。由于配入黏结剂（主要为煤焦油，或用纸浆废液、淀粉溶液等）且采用加压成型工艺，因此产品粒均匀，强度好；另外由于可以采用配煤或其他方法，故产品的孔隙率和孔径分布可以按不同用途随意变化。该方法生产的成品炭可以应用于气相、液相等许多领域，可作催化剂载体。缺点是工艺复杂，成本较高；由于添加黏结剂，因此容易污染生产环境。

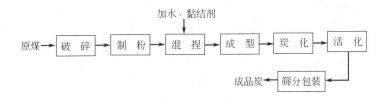

图12-4 柱状活性炭生产工艺示意框图

2. 球形活性炭生产工艺

球形活性炭由于均匀性好，用于吸附时床层阻力小，近几年来逐渐被开发并得到应用。该工艺见图12-5。它适合于较强黏结性的烟煤，因为在一定温度造球时烟煤的黏结性有利于物料间互相黏合，且炭化时烟煤所含焦油成分可热解缔合形成骨架从而增加成品炭强度。该方法成本不高，但工艺条件要求严格，产品孔隙以大中孔为主，适合于污水处理或用作催化剂载体等。

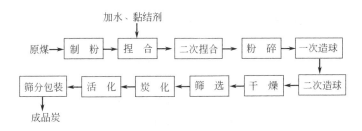

图12-5 球形活性炭生产工艺示意框图

三、对原料或成品的一些处理工艺

1. 脱灰

随着活性炭产量不断增加，采用的原料煤种越来越广，而对成品炭的灰分要求又越来越严，因此降低灰分的处理在煤质活性炭的生产中越来越普遍采用。有两种化学方法比较适合于目前活性炭生产中的脱灰处理，一是用稀盐酸溶液浸泡处理，即酸洗。根据灰成分不同，酸洗后灰分能降低20%～50%。且工艺简单，投资少，但这种方法因生产过程中酸雾浓度大而易造成污染。另一种方法类似于美国的"无灰煤生产法"，即将原料与强碱液按一定比例混合在15MPa压力以上充分反应，然后经盐酸处理。这种方法能除去灰的40%～60%，甚至更高，且操作过程密闭，无污染，但成本高，对设备要求也很严。

脱灰可以在生产前进行，既脱除原料煤的灰分，也可以在活化完成后进行，即脱除成品炭灰分。前一方法能消除原料灰分对生产过程的不利影响，但处理量大；后一种脱灰方法较为彻底，效果较好，但脱灰时有一部分成品炭损失，同时处理后成品炭吸附能力略有下降。这是因为活性炭经酸洗后，在其表面上往往形成含氧化合物，使活性炭的表面由疏水性转化为亲水性，从而影响到活性炭的吸附性能。目前，国内普遍采用的是活化后处理法，但随着原料煤品种越来越广，原料煤脱灰处理亦将越来越普遍地采用。

2. 除铁

由于原料煤中常有含铁杂质混入，不仅威胁制粉、成型等工段的设备，而且铁的存在对原料的活化及成品炭的使用均有不利影响，因此在原料制备过程中应除去铁杂质。

3. 浸渍

所谓浸渍，即将活化完毕的成品炭浸入某些化学试剂中，使活性炭表面均匀地附载（吸附）一定量的某些物质。浸渍的目的是为了使活性炭增强吸附选择性或对特定物质的吸附能力，或者使活性炭具备某些如防毒、催化等的特殊性质。目前应用较多的是将煤质炭经某些树脂或沥青、煤焦油等浸渍后，经热处理，使成品炭中大中孔径变小且形成均一的墨水瓶状结构而制成碳分子筛（MSC），用于变压吸附分离空气中的N_2和O_2。此外较成熟的浸渍方法还有经$AgNO_3$溶液浸渍后制成载银炭用于饮用水的深度净化；经溴或氯化碘溶液浸渍后分离甲烷与氮的混合物；经碱或含碘溶液浸渍后用于脱硫处理；经高锰酸钾和碳酸钠处理后用于防毒面具填充等。由于浸渍后能从根本上改变活性炭的吸附性质，因此浸渍大大拓宽了活性炭的应用领域。

4. 涂层

尽管活性炭特别是成型颗粒炭的强度很好，但仍有少量粉尘（俗称浮灰）附着于表面，这种情况在反复使用时更严重。浮灰有可能污染使用环境，特别是医用领域是严格禁止浮灰存在的，目前采用涂层方法来解决浮灰问题。涂层实际上是在成品炭表面覆盖一层高分子惰性物或胶体（如血液过滤用炭所用的与人体蛋白相容的聚羟基甲基丙烯酸乙酯），涂层后再经热处理或其他特殊处理，既消除了浮灰影响，又基本不影响吸附性能。

第六节 煤质活性炭的生产设备

概括煤质活性炭的生产工艺，可将其分为六个工序，即原料制备；混捏成型；干燥；炭化；活化；后处理。原料制备过程是将原煤经除杂（除去铁、矸石、灰分杂质）破碎、改性后制备成一定粒度的原料煤。所谓一定粒度，对破碎炭而言一般为2～5mm颗粒，而成型炭则应制成至少小于180目粉末。洗选脱灰一般在选煤中完成。改性则仅对黏性原料煤而言，目前常采用预氧化的方法，用回转炉来进行。除制粉外，原料制备的其他过程均采用常规设备。制粉设备则主要有球磨机、振动磨、雷蒙磨及气流粉碎机等。

一、雷蒙磨

雷蒙磨又称悬辊磨粉机，它利用圆形磨室内立式主轴上固定的四根磨辊旋转时产生的撞击力及与磨室壁的辗磨力粉碎原料。粉碎后的物料经气流提升后由旋风除尘器收集。其制粉过程密闭，无粉尘飞扬，生产效率高。但结构复杂，能耗高，且生产过程仍有铁质对原料的污染。目前国内80%左右厂家采用雷蒙磨制粉。

气流粉碎机是近几年才应用于制粉过程的新型制粉设备。它利用高压气流使物料进入磨室，然后与器壁反复撞击而粉碎，粉碎好的物料也利用气流提升后用旋风除尘器收集。它比雷蒙磨价格低，结构简单，能耗小，且由于磨室钢材能经表面改性处理，消除了铁质的污染，所以有较好的应用前景。

二、混捏设备

对煤质成型炭，混捏成型过程对炭化、活化时炭的孔隙生成和强度形成有较大影响。

混捏即是将合格煤粉与定量黏合剂在一定温度下搅拌均匀。混捏好的煤膏经造粒机旋转造球，则制造球形炭。

目前国内90%采用Z式搅拌机进行混捏，又由于间歇生产，效率低，成型工艺更落后，迄今国内尚无专门的活性炭成型设备。常采用的有二柱或四柱液压机，尽管成型压力大，但无法连续生产，效率低。连续成型的卧式液压机或螺杆挤出机，由于成型压力一直达不到生产要求，一直未能很好地应用。

球形活性炭的生产目前尚未大规模商业化，故一般采用制药行业常用的圆盘造粒机稍作改进后来造球。

国外普遍采用的混捏成型设备是一体化的螺旋搅拌及螺杆挤出机，由于解决了混合效果及成型压力的难题，使用效果很好。与国内现有设备比，其自动化程度高，生产能力大，具有明显优势。

压块工艺生产不定型颗粒炭，由于不加或少加黏结剂，降低了生产成本，减少了生产过程污染，因此国外采用较普遍。但高压压块工艺在国内无合适设备，因此一直未得到推广生产。

三、炭化炉

炭化过程不仅基本形成了成品活性炭的孔隙结构，而且决定了成品炭的强度，因此它是活性炭制造过程中的关键工序。

目前应用最广泛的炭化设备有回转炉和耙式炉，但以回转炉用得最多。我国的煤质活性炭生产几乎全部采用回转炉作为炭化设备，仅少数采用耙式炉。

回转炉炭化系统示意见图12-6。干燥好的生料（或制备好的原料煤）经胶带机送入炭化加料斗，由螺旋导板均匀加入炭化炉内。炉内设有炒板，并呈一定坡度（一般为3°）。生产时，炉体以一定速度旋转，物料因重力及炒板的作用以一定速度分散流向出料口，流动过程中与燃烧产生的高温烟气逆向接触，温度逐渐升高而达到均匀炭化，生产的炭化料最后由出料口卸出。

炭化过程的温度曲线控制是依靠加料速度、炉体转速和高温烟气显热共同调节，炉内无氧气氛则靠炭化炉端面密封保持。目前，国内回转炉端面密封效果差，炉内过氧严重，这是造成炭化产率低、炭化料大孔多、强度差的主要原因之一。

与回转炉相比，耙式炉密封性好，温度易控制，自动化程度高，且可使炭化与活化在同一设备内进行生产，效率高，但造价昂贵，材质要求严格。

四、活化炉

活化是生产活性炭最重要的工序，活性炭的吸附性能主要在活化过程中形成。目前，气

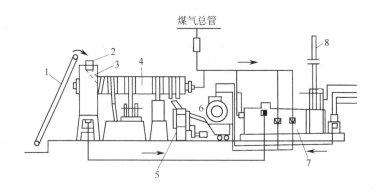

图 12-6 炭化系统示意

1—胶带输送机；2—炭化料加料斗；3—螺旋导板；4—炭化炉；5—炭化振动筛；6—风机；7—焚烧炉；8—烟囱

体活化法生产煤质炭的炉型很多，使用较普遍的有斯列普炉、回转炉、耙式炉、管式炉和沸腾炉，它们的性能比较见表 12-4。

表 12-4 几种活化炉的性能比较

炉 型	优 点	缺 点
斯列普炉（鞍式炉）	质量稳定，产量大，操作简便，寿命长，燃料消耗少	设备大，建造复杂，建设周期长，停炉困难，对原料粒度、灰熔融性有要求
回转炉	炭化与活化可连续操作，工艺条件易调整，质量稳定，生产周期短，开、停炉简便	结构材料复杂，燃料消耗大
耙式炉（多段炉）	炭化与活化连续进行，产量大，质量均匀，操作简便、容易，维修间隔期长	要求耐高温防腐蚀材料，自动化水平要求高，造价昂贵
管式炉（多管炉）	操作简便，周期短，产品纯净，造价低	过热蒸汽温度低，炉管的耐火材料导热系数小，传热差，产量小，质量较差
沸腾炉	生产效率高，周期短，接触均匀，造价低，适于粉状或球形炭制造	燃料消耗大，质量不易控制，原料粒度范围要求高，产率低

目前，管式炉由于产品质量低、设备检修周期短，沸腾炉由于产率低、对原料均匀性要求严已逐渐淘汰。耙式炉我国已从美国引进（山西大同力源活性炭厂引进该设备），但因工艺技术方面的原因一直处于试生产。回转活化炉国内既有引进的，也有自行研制开发的，但目前也由于产量低、经济效益不佳、对煤质炭活化效果不理想而未大规模推广。因此国内使用最普遍的仍是 20 世纪 50 年代引进的斯列普炉。该炉型经过几十年的使用、改造和改进设计，目前已有年产量 200t、300t、500t、700t、1000t 等多种系列，由于技术成熟，质量稳定，热利用率高，可以同时生产多种品种等优点，因此国内 90% 以上的煤质活性炭厂均采用此炉型。

1. 斯列普活化炉

斯列普炉又称鞍式炉，是一种以水蒸气和烟道气为活化剂交替进行活化的炉型。斯列普炉适用于各种颗粒活性炭的生产，目前是我国应用最广泛的活化炉。

活化炉本体为正方体，尺寸为 5572mm×6244mm×1200mm。活化炉外墙由红砖砌成，内墙衬有耐火砖以承受炉内高温。炉膛正中用 464mm 厚的耐火砖墙将活化炉分为左、右两个半炉，由下连烟道（燃烧室）把两个半炉连接起来。炉膛内的活化道用 30 种异型砖堆砌而成，分为 8 个互不相通的活化槽，因此用斯列普炉可同时生产 8 个不同品种的活性炭。每个炭化槽顶部有一个加料槽给 30 个活化道加料。

每个活化槽自上而下分为四段：预热段（1610mm）、补充炭化段（850mm）、活化段（3900mm）和冷却段（1200mm）。

活化炉蓄热室的作用有两个：回收废烟气的热能；加热活化剂（水蒸气）。每台活化炉有两个蓄热室，半炉的上近烟道通过上连烟道与一个蓄热室相连。活化炉通过蓄热室的调节，达到热能平衡，正常操作时不需另加热能，降低了生产费用。

斯列普炉的结构见图12-7。炭化料经电动葫芦提升至活化炉顶部后，由活化料槽口加入活化炉内，借助重力作用，炭化料沿活化道缓慢下降，最后由下料口卸出。炭化料在下降过程中，首先被炉内热量预热，去除残余水分，然后被高温活化气体间接加热，温度进一步升高进行补充炭化。补充炭化完毕后，物料与高温活化气体垂直接触发生活化反应，物料不断被活化，活化后的成品炭经下段自然冷却后由卸料口卸出。活化时间由下料间隔来控制，一般为2～3d。

斯列普炉最主要的优点是自热平衡，即生产时不需外加热源，热利用率高。其原理见图12-8。两半炉分别由左、右连烟道与左、右两蓄热室相通，两半炉之间则由下连烟道连通。

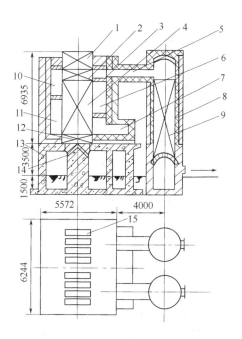

图 12-7　斯列普活化炉结构示意
1—预热段；2—补充炭化段；3—上近烟道；
4—活化段；5—上连烟道；6—中部烟道；
7—燃烧室；8—蓄热室；9—格子砖层；
10—上远烟道；11—下远烟道；12—冷
却段；13—基础；14—下料口；15—加料槽

生产时，如饱和水蒸气由左蓄热室下部进入，则与左蓄热室中1000℃以上的格子状耐火砖进行热交换，然后温度达950℃以上形成过热水蒸气。过热水蒸气经左上连烟道进入左半炉，沿水平气道逐渐向下运动，运动过程中与垂直方向下移的炭化料不断发生吸热的活化反应，气体温度逐渐降低，但气体中活化反应生成的水煤气（$CO+H_2$）浓度越来越高。这些气体最后由下连烟道进入右半炉，沿水平气道自下而上运动，运动过程中炉内水煤气不断与炉外配入炉内各燃烧室的空气发生燃烧反应，产生大量的热以补充活化反应损失的热量，同时气体温度越来越高，最后温度达1100℃左右的高温烟气自右上连烟道进入右蓄热室顶部并向下移动，移动过程中烟气显热大部分传至右蓄热室中的格子状耐火砖上，最后250℃左右的低温烟气由右蓄热室底部的烟气出口中排出。每半小时左、右半炉气体流向转换一次，如此循环往复，即达到自热平衡的目的。

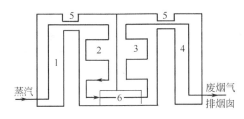

图 12-8　斯列普炉混合气体流程示意
1—左蓄热室；2—左半炉；3—右半炉；
4—右蓄热室；5—上连烟道；6—下连烟道

斯列普活化炉活化温度稳定，产品质量好，生产能力大，不需外加燃料，使用寿命长。不足之处在于原料要求高；筑炉时需要多种异型砖，筑炉技术要求严格，基建投资大。

2. 回转式活化炉

回转式活化炉燃用煤气或重油，燃烧产生的高温烟气与水蒸气混合作为活化剂使用。操作一般在负压（78.45～117.68Pa）下进行。炭化料通过加料装置连续不断地加入炉内，沿炉体坡度

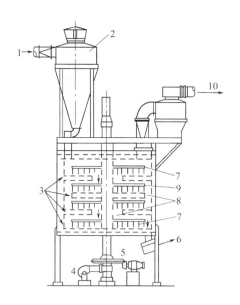

图 12-9 多层耙式炉结构示意
1—原料进口；2—旋风分离器；3—炉床；
4—风机；5—扇形齿轮；6—螺旋卸料器；
7—搅拌耙；8—料孔；9—中心转轴；
10—气体出口

（炉体安装斜度为1%）方向缓慢由炉尾移向炉头，在依次经过500～600℃预热干燥、700℃深度炭化、800～900℃活化，在冷却段降温到400℃后，经由螺旋管卸料器排出炉体，得到合格的活性炭产品。

回转炉也可用于活性炭的炭化。

3. 多层耙式炉

多层耙式炉的结构如图12-9所示。在圆柱形炉内设有几层室，中轴上有悬臂耙。从炉上端加入的原料，边搅拌、边移动、边炭化（活化）。由于悬臂耙的作用，物料的炭化、活化均匀。

多层耙式炉的外径在1.5～7.5m之间，高3～15m，分为4～12层。每层炉床均设有料孔。炉体用耐火水泥、耐火砖砌成，中轴由特殊钢（25Cr12Ni）制成。

五、后处理

后处理最重要的工序是脱灰、浸渍与涂层。脱灰目前多用酸洗工艺，其主要设备有反应釜、罐或桶，因为需耐酸，故材料一般为搪瓷、耐酸橡胶及木材等。活化产品经酸浸泡、加温、搅拌后，再经热的清水漂洗至中性，然后干燥。在这个过程中，一定压力的蒸汽常用作热源与搅拌的动力。干燥一般采用沸腾炉或回转炉。而浸渍与涂层一般依所用化学试剂不同而有不同的工艺和设备，但搅拌法应用较多。无论浸渍或涂层，最后均需干燥，有时还需高温焙烧，其所用设备亦以沸腾炉与回转炉最多。

第七节 煤质活性炭的应用

作为一种基础性吸附材料，煤质活性炭的应用领域多以气相吸附、液相吸附和催化作用为主。

1. 气相吸附

气相吸附是活性炭最早应用的领域。根据活性炭的吸附理论，微孔发达的活性炭适合于气相吸附。煤质活性炭在气相吸附方面的应用一般可分为精制、回收和分离几类。精制是在以有效成分或成分组为主的气体中，将所含的无效、有害成分或成分组通过活性炭表面吸附除去，以提高气体的价值；回收（或捕集）是从由几种成分组成的气体中，将有效成分吸附于活性炭中，作为更浓或更纯的状态解吸而利用；分离是将几种成分组成的气体，利用活性炭的吸附作用分成不同的成分，以提高各成分的价值。气相吸附的具体应用领域大致如下。

① 气相精制。主要是从低分子，低沸点气体为主要成分的气体中除去高分子、高沸点气体杂质。如从H_2中分离CO_2、CH_4、NH_3等；从C_2H_2中分离二烯烃、高级烃和硫化物；从水煤气中分离硫化物；除去汽车尾气中的硫化物及NO_x；净化仪器室，食品工业生产场所等特殊条件下的空气等。

② 气相回收与分离。如从高分子合成工业中回收有机溶剂；在石油工业中回收轻质碳氢化物及石油气；自城市煤气及焦炉煤气中回收苯类；自烟道气中回收SO_2及SO_3等。

③ 环境保护。主要用于净化工业废气及环境空气。如除去化工厂废气中的硫化物、烃类及氯气；除去食品厂、饲养场、垃圾场中的蛋白质、脂类、食物碎屑分解时产生的恶臭；除去医院排气中的消毒剂及臭气；除去空气中的硫化物、NO_x、O_3、体臭、烟臭、装饰材料的分解气体以净化空气等。

④ 防毒面具填充。主要对 HCN 及其衍生物、砷化物、CO、NH_3、H_2S、各种有机物蒸气及其他有毒气体吸附起防护作用。

2. 液相吸附

与气相吸附一样，煤质活性炭在液相吸附中的应用也大致分为精制、回收和分离三个方面。稍有区别的是，相对于气体分子，液相中分子较大，因此用于液相吸附的煤质活性炭要求中孔较为发达，这样以低阶煤为原料生产的活性炭较为适宜。具体应用领域大致如下。

① 食品、医药或化学工业中对最终产品的脱色、脱臭，以提高产品结晶性及除去胶体臭味等。

② 水处理。包括上水处理、城市下水及工业废水处理等。利用活性炭的吸附性能去除水中苯类和酚类化合物、石油及石油产品、洗涤剂、合成染料、TNT 等有机废物及铅、汞、镉、锌、铬等重金属元素，达到净水目的。

③ 复杂大分子烃类的吸附法分离。

④ 冶金、制碘及煤气工业中用于富集回收废液中金、银、铀、钯等贵金属和碘、酚等。

⑤ 电镀工业中用于除去镀液中金属杂质以简化工艺，提高产品纯度。

3. 催化作用

作为催化用的煤质活性炭，既要求大、中孔发达以保证催化剂进入活性炭的通道，又要求有足够的强度以利于长期反复使用，因此除了选用活性好的低阶原料煤外，黏结剂的选择及成型和炭化等工艺的严格控制是十分必要的。

目前，煤质活性炭在催化方面的应用领域如下。

① 在烃类卤化加成、卤化置换、氧化及醇脱水、酯化、聚合等有机或高分子反应中直接用作催化剂。

② 在氯乙烯制造中，用于催化剂升汞的载体；在焦油加氢裂解中，用作钼钨氧化物催化剂的载体；在烯烃的异构化中，用作催化剂 H_3PO_4 的载体；在烯烃还原时，作镍、钴催化剂的载体等。

工程示例：大同惠宝活性炭厂生产工艺

山西大同惠宝活性炭厂是以大同弱黏煤为原料，生产各种规格型号的煤质活性炭，年设计能力为 5000t，2005 年规模上万吨。产品远销美国、日本、韩国、意大利、南非、德国等国家及中东地区，是国内较大的煤质活性炭生产企业。

一、生产工艺

生产工艺包括原煤洗选、破碎、制粉、成型、炭化、活化及后处理等，工艺流程如图 12-10 所示。

二、产品规格及性能指标

产品按用途主要分为净化空气用煤质颗粒活性炭、净化水用煤质颗粒活性炭、吸附用煤质颗粒活性炭、脱硫用煤质颗粒活性炭、回收溶剂用煤质颗粒活性炭和作为催化剂及催化剂载体用煤质颗粒活性炭，其产品规格及性能指标分别见表 12-5、表 12-6、表 12-7、表 12-8、表 12-9、表 12-10 所示。

表 12-5 净化空气用煤质颗粒活性炭

型号	粒径/mm	强度/%	水分/%	四氯化碳吸附/%	灰分/%	碘值/(mg/g)
ZK-40	4.0	94～99	3～5	50～70	3～15	800～1050

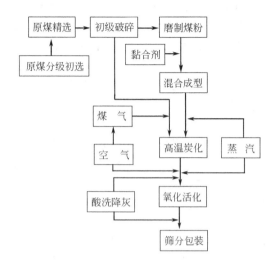

图 12-10　大同惠宝活性炭厂生产工艺流程

表 12-6　净化水用煤质颗粒活性炭

型　号	粒径	强度/%	水分/%	四氯化碳吸附/%	灰分/%	碘值/(mg/g)
PJ-03	300～100 目	90～95	3～5	50～70	3～15	900～1050
PJ-06	18～45 目	90～95	3～5	50～70	3～15	900～1050
PJ-09	12～40 目	90～95	3～5	50～75	3～15	900～1050
PJ-20	8～30 目	90～95	3～5	50～75	3～15	900～1050
ZJ-15	1.5mm	94～99	3～5	50～75	3～15	900～1050
ZJ-25	2.5mm	94～99	3～5	50～70	3～15	900～1050

表 12-7　吸附用煤质颗粒活性炭

型　号	粒径/mm	强度/%	水分/%	四氯化碳吸附/%	灰分/%	碘值/(mg/g)
DX-15	1.5	94～99	3～5	50～70	3～15	900～1050
DX-30	3.0	94～99	3～5	50～75	3～15	900～1050
ZX-15	1.5	94～99	3～5	对苯防护时间：50min		

表 12-8　脱硫用煤质颗粒活性炭

型　号	粒径/mm	强度/%	水分/%	灰分/%	硫容量/(mg/g)
ZL-30	3.0	94～99	3～5	3～15	850～1000

表 12-9　回收溶剂用煤质颗粒活性炭

型　号	粒径/mm	强度/%	水分/%	四氯化碳吸附/%	灰分/%	碘值/(mg/g)
DH-30	3.0	94～99	3～5	50～75	3～15	900～1050
ZH-15	1.5	94～99	3～5	50～70	3～15	900～1050

表 12-10　催化剂及催化剂载体用煤质颗粒活性炭

型　号	粒径/mm	强度/%	水分/%	四氯化碳吸附/%	灰分/%	碘值/(mg/g)
ZZ-35	3.5	94～99	3～5	50～75	3～15	900～1050
ZZ-30	3.0	94～99	3～5	50～75	3～15	900～1050
DZ-25	2.5	94～99	3～5	50～75	3～15	900～1050
ZZ-15	1.5	94～99	3～5	50～75	3～15	900～1050

思 考 题

1. 什么是活性炭？煤质活性炭主要应用在哪些方面？
2. 煤质活性炭对原料煤有何要求？主要有哪些因素影响煤质活性炭的质量？
3. 煤质活性炭主要有哪些生产工艺？各有何特点？
4. 活化炉主要有哪些炉型？各有何优缺点？
5. 煤质活性炭主要应用在哪些方面？

第十三章

煤制其他碳素材料

碳和石墨制品统称为碳素材料，它具有一般金属、陶瓷等材料所不具备的优异物理化学性质，如有较好的导电、导热、耐腐蚀、耐高温等性质。因此是冶金、电机、化学、机械、建材、军工、航天、原子能反应堆等现代化工业中必不可少的重要材料之一。

第一节 碳素材料的分类和特性

用煤及其制品生产的碳素物质主要有碳素电极（炭电极、石墨电极）、电极糊、炭砖、碳纤维、塑料、炭黑、填料和吸附剂等。表 13-1 列出了各种碳素物质的主要原料和主要用途。

表 13-1 碳素物质的主要原料和主要用途

碳素物质	开发现状	主要原料	主要用途
炭电极、石墨电极	商业化	无烟煤、冶金焦、铸造焦、煤焦油沥青、沥青焦、石油焦	炼铝、电炉炼钢、碳化钙炉、氯碱电解用电极、纯金属冶炼、电机电刷
电极糊（自焙电极）	商业化	无烟煤、冶金焦、铸造焦、沥青或焦油、沥青焦或石油焦、碎石墨	炼铝、碳化物、铁合金、冶炼等
炭砖	商业化	无烟煤、冶金焦、铸造焦、煤焦油沥青	砌筑铝电解槽、高炉炉身和炉底、矿热炉内衬等
碳纤维	开发中	煤焦油沥青	航天和航空工业运动器械
塑料	开发中	低阶煤	建筑材料
炭黑	商业化	煤焦油沥青	橡胶工业、印刷颜料
填料	商业化	无烟煤、烟煤	橡胶和塑料添加剂

碳素材料主要有下列特点。

① 耐热性强。碳在 100kPa 下，温度为 4473K 时升华，在高于 2273K 的高温条件下，其机械强度更高，在没有氧的条件下，碳素是耐热性最强的一种材料。

② 耐久性好，耐腐蚀性强，性质极其稳定。除磷酸和重铬酸类氧化能力强的药品外，在常温下可抗一般药品的腐蚀。

③ 是电和热的良导体，导电和导热性能类似金属。

④ 热膨胀率小，抵抗热冲击能力强。

⑤ 真密度小。一般为 $1.5\sim2.1\text{g/cm}^3$，最大为 2.26 g/cm^3。

⑥ 润滑性好，质地坚硬。

⑦ 抗放射性强，由于中子吸收较少，减速能很大，因此，用放射线照射时，碳几乎不发生变化。

⑧ 无毒性和腐蚀性。

第二节 炭和石墨电极

一、炭电极

炭电极是一种焙烧后的炭制品，以无烟煤、冶金焦及煤沥青为原料，在焙烧后经机械加工即可作导电材料使用，无需石墨化处理。它生产成本低，仅为石墨电极的一半。由于未经石墨化处理，其导电性差，比电阻比石墨电极大3~4倍，而且热导率及抗氧化能力均不如石墨电极。它只能在电流密度为 $5A/cm^2$ 左右的条件下使用，虽然价格低廉，但使用性能差，趋于淘汰。

二、石墨电极

石墨电极以其应用于电弧炉的功率密度划分为三个品级，即石墨电极、高功率石墨电极、超高功率石墨电极。普通功率电弧炉的功率密度为 250~300kW/吨炉容；高功率电弧炉的功率密度为 350~450 kW/吨炉容；超高功率电弧炉为 450~550 kW/吨炉容。各品级石墨电极的物理、化学指标见表13-2。

表13-2 各品级石墨电极的物理、化学指标

指标		电极制品	石墨电极（部分） 公称直径/mm				高功率石墨电极 公称直径/mm		超高功率石墨电极 公称直径/mm	
			75~130		350~500		200~400	450~500	300~400	450~550
			优级	一级	优级	一级				
电阻率/μΩ·m	≤	电极	8.5	10.0	9.0	10.5	7.0	7.5	6.2	6.5
		接头	8.5		8.5		6.5	6.5	5.5	5.5
抗折强度/MPa	≥	电极	9.8		6.4		10.5	9.8	10.5	10.0
		接头	13.0		13.0		14.0	14.0	16.0	16.0
弹性模量/GPa	≤	电极	9.3		9.3		12.0	12.0	14.0	14.0
		接头	14.0		14.0		16.0	16.0	18.0	18.0
体积密度/(g/cm³)	≥	电极	1.58		1.52		1.60	1.60	1.65	1.64
		接头	1.63		1.68		1.70	1.70	1.72	1.70
热膨胀系数/(10^{-6}/K)	≤	电极	2.9		2.9		2.4	2.4	1.5	1.5
		接头	2.7		2.8		2.2	2.2	1.4	1.4

普通石墨电极的原料中一般是石油焦及沥青焦占75%，以改质后的煤沥青为黏结剂，由这些材料制成的电极坯经过煅烧后，再在石墨化炉中进行石墨化处理；高功率石墨电极采用喹啉不溶物（QI）值低的沥青焦或针状焦为原料，煤沥青为黏结剂；超高功率石墨电极需用QI值为零的超级针状焦为原料，煤沥青为黏结剂。三个品级石墨电极的制造工艺基本上是相同的，其制造工艺如图13-1所示。

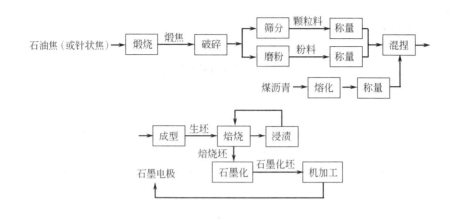

图 13-1 石墨电极制造工艺流程图

第三节 碳素糊类制品

碳素糊类制品分为两大类,一类为导电材料,有阳极糊、电极糊;另一类是用于砌筑炭块时的黏结填料,有底部糊、粗缝糊和细缝糊等。

阳极糊全部由石油焦及沥青焦等少灰原料制成,用于铝电解槽作为阳极导电材料使用。由于阳极糊的原料中没有煤炭,故不作介绍。

一、电极糊

1. 制备电极糊的原料

制造电极糊的原料为煅烧无烟煤和冶金焦作骨料,沥青和焦油作黏结剂。其中要求无烟煤的灰分小于 8%,挥发分小于 5%,含硫低,比电阻大于 $1000\mu\Omega \cdot m$,热强度指数大于 60%。无烟煤需经 1200℃ 以上高温煅烧,以脱除挥发分。要求冶金焦的灰分小于 14%,要求沥青的软化点为 60~75℃,灰分小于 0.3%,水分不大于 0.5%,挥发物为 60%~65%,游离炭含量不大于 20%~28%。要求焦油的密度为 $1.16 \sim 1.20 g/cm^3$,水分不大于 2.0%,灰分不大于 0.2%,游离炭含量不大于 9%。也可用焦油馏分蒽油调整软化点。

2. 电极糊的制备和使用

电极糊的生产工艺非常简单,将煅烧的无烟煤、冶金焦,经破碎、筛分、配料加入煤沥青混捏后即成。为提高电极糊烧结速度,在配料中可加入少量石墨化冶金焦、石墨碎或天然石墨,以提高自焙电极的导热性能,使烧结速度加快。

配料中无烟煤约占 50% 或更多,将无烟煤破碎至 20mm 以下,焦炭磨成粉加入。粒度组成的控制要以颗粒的密实度大为原则,这样可以得到强度大、导电性好的电极。两种粒度混合时,要求大颗粒的平均粒度至少为小颗粒粒度的 10 倍;混合料中的小颗粒数量应为 50%~60%。一般黏结剂的加入量为固体料的 20%~24%。各种料按配比称量后加入混捏机中,混捏温度要比黏结剂软化点高 70℃ 以上,搅拌时间不少于 30min。电极糊的质量指标见表 13-3。

表 13-3　YB/T 5215—1993 电极糊的理化指标

型号 指标	THD-1	THD-2	THD-3	THD-4	THD-5
灰分/%	5.0	6.0	7.0	9.0	11.0
挥发分/%	12.0～15.5	12.0～15.5	9.5～13.5	11.5～15.5	11.5～15.5
耐压强度/MPa	17.0	17.5	19.6	19.6	19.6
电阻率/$\mu\Omega \cdot m$	68	75	80	90	90
体积密度/(g/cm^3)	1.36	1.36	1.36	1.36	1.36

电极糊就其使用性质而言，是一种自焙电极，是生产铁合金和电石的重要消耗性材料。每生产 1t 产品，电极糊的消耗量一般为：45% 的硅铁约 25kg，75% 的硅铁约 45kg，硅铬合金约 30kg，硅锰合金约 30kg，碳素铬铁约 25kg，中低碳铬铁约 50kg，碳素锰铁约 40kg，电石约 30kg。

如图 13-2 所示，连续自焙电极的外层是由 1～2mm 的钢板制成的圆筒，电极糊定期添加在圆筒内。随着生产的进行，下部电极逐渐消耗，电极糊下移，高温使电极糊逐步软化、熔融随电极糊继续下移，在更高温度作用下熔融的电极糊就会焦化，最后电极糊转化为导电电极，而钢板焊成的圆筒则熔入炉料中。由电炉本身热量将电极糊焙烧成导电电极，所以称为自焙电极。

二、底部糊

砌筑铝电解槽的底部炭块时，先在槽底部铺一层底部糊，放入底炭块后在每行炭块之间也填上经过捣碎及加热至软化的底部糊，再用风镐捣实。有些小型铝电解槽及熔炼某些金属的电炉，其炉底及炉壁不用炭块或其他耐火材料砌筑，而完全用底部糊捣制而成。由于铝电解槽底部用作阴极，因而底部糊又称阴极糊。

生产底部糊的原料为煅烧无烟煤（生产半石墨糊，则用 1800～2100℃ 的电煅无烟煤）、冶金焦、石墨碎，黏结剂是煤沥青和蒽油，生产工艺与电极糊相同。底部糊的质量指标见表 13-4。

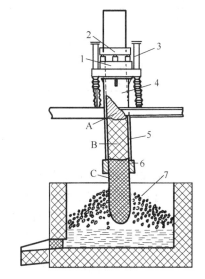

图 13-2　连续自焙电极使用示意
1—下夹环；2—上夹环；3—吊挂液压缸；
4—电极套筒；5—钢板外壳；
6—导电铜瓦；7—炉料；
A—受热变软的电极糊；
B—部分烧结的电极糊；
C—已烧结成的炭电极

表 13-4　底部糊的质量指标

牌号	名称	灰分/%	电阻率/$\mu\Omega \cdot m$	挥发分/%	抗压强度/MPa	体积密度/(g/cm^3)	真密度/(g/cm^3)
BSZH	半石墨周围糊	≤7	≤73	7～11	≥17	≥1.44	≥1.86
BSTH	半石墨炭间糊	≤7	≤73	8～12	≥18	≥1.42	≥1.87
BSGH	半石墨钢棒糊	≤4	≤73	9～13	≥25	≥1.44	≥1.86
BSTN	半石墨炭胶泥	≤5	—	≤50	—	—	—
PTRD	普通热捣糊	≤10	≤75	9～12	≥18	≥1.40	≥1.84
PTLD-1	普通冷捣糊	≤12	≤95	≤12	≥18	≥1.42	≥1.84
PTLD-2	普通冷捣糊	≤10	≤90	≤10	≥20	≥1.42	≥1.84

三、粗缝糊和细缝糊

砌筑高炉炭块时，炉底找平和炉壁膨胀缝等需用炭糊充填。这种填塞高炉炭块间较宽缝隙的炭糊称为粗缝糊，而填塞较小缝隙（1～2mm）的炭糊称为细缝糊。粗缝糊和细缝糊生产工艺与电极糊相同。

粗缝糊和细缝糊的原料配方和产品质量指标分别见表13-5、表13-6。

表13-5 粗缝糊、细缝糊的配方

粗 缝 糊			细 缝 糊		
原 料	配方1/%	配方2/%	原 料	配方1/%	配方2/%
无烟煤0~8mm	47±2	—	冶金焦0~0.5mm	50±1	59±1
冶金焦0~0.5mm	38±2	64±2	煤沥青	22.5±1	—
土状石墨0~8mm	—	20±2	蒽油	27.5±1	—
煤沥青	10.5±1	4±1	煤焦油	—	35±1
煤焦油	—	12±1	柴油	—	6±1
蒽油	4.5±1	—			

表13-6 粗缝糊和细缝糊的质量指标

产 品	灰 分/%	挥 发 分/%	抗压强度/MPa	挤压缝试验/mm
粗缝糊	≤8	≤12	≥14.7	
细缝糊		≤45		≤1

第四节 炭质耐火材料

在砌筑炼铁高炉、铁合金炉、电石炉和铝电解槽时需大量使用炭质耐火材料。主要利用碳素材料的耐高温、抗渣、导电、导热和耐化学腐蚀等性能。这类产品也可以用于化学工业的储罐、反应器等作防腐衬里使用。炭质耐火材料主要是各种炭块,由优质煅烧无烟煤、冶金焦、石墨碎和煤沥青等为原料,经配料、混捏、成型、焙烧而成。

一、铝电解槽用炭块

在工业铝电解槽中,电解质是熔融的冰晶石——氧化铝。在熔融温度下,它的腐蚀性很强。在各种耐火材料中,只有碳素材料能够耐高温、耐腐蚀且价格低廉、导电性好。因此,工业上采用炭块砌筑铝电解槽的底部和侧部。炭块既是铝电解槽的阴极又是电解槽的内衬,故又称为阴极炭块或电解槽内衬。

目前用来砌筑铝电解槽的炭块种类较多,主要有普通无烟煤基炭块(无烟煤煅烧温度为1250~1300℃,炭块焙烧到1200℃);半石墨质炭块(无烟煤煅烧温度为1800℃,炭块焙烧到1200℃);半石墨化炭块(将普通无烟煤基炭块焙烧到2000℃以上)等。其理化性质见表13-7。

使用石墨化程度高的炭块,抗腐蚀能力强,电解槽的使用寿命长。同时,阴极炭块的石墨化程度越高,电阻率越小,电能消耗越小。但使用完全石墨化的阴极炭块也有问题。首先,完全石墨化的炭块硬度低,质地软,耐机械磨损能力差;其次,石墨化炭块表面还易于与铝反应生成碳化铝,碳化铝层较厚时,会使阴极电压降增大;最后,完全石墨化炭块的生产成本太高。表13-8、表13-9分别为普通阴极炭块和半石墨质炭块的质量指标。

表13-7 各种阴极炭块的理化性质

阴极炭块试样	普通无烟煤基炭块	半石墨质炭块	半石墨化炭块	石墨电极
平均层间距/nm	0.34094	0.3376	0.3367	0.33584
平均石墨化指数	0.356	0.744	0.849	0.956
灰分/%	9.32	5.63	6.07	0.3
体积密度/(g/cm³)	1.558	1.534	1.497	1.616
真密度/(g/cm³)	1.941	1.896	2.004	2.158

续表

阴极炭块试样	普通无烟煤基炭块	半石墨质炭块	半石墨化炭块	石墨电极
孔隙度/%	19.8	19.1	28.3	25.1
抗压强度/MPa	28.0	27.2	20.4	24.7
电阻率/μΩ·m	58	44	30	11

表 13-8　铝电解用普通阴极炭块的质量指标（YB/T 5229—1993）

牌号	灰分/%,≤	电阻率/μΩ·m,≤	破损系数≤	体积密度/(g/cm³),≥	真密度/(g/cm³),≥	抗压强度/MPa,≥
TKL-1	8	55	1.5	1.54	1.88	30
TKL-2	10	60	1.5	1.52	1.86	30
TKL-3	12	60	1.5	1.52	1.84	30

表 13-9　铝电解用半石墨质炭块的质量指标（GB 8744—1988）

牌　号	灰分/%,≤	电阻率/μΩ·m,≤	电解膨胀率/%	抗压强度/MPa,≥	体积密度/(g/cm³),≥	真密度/(g/cm³),≥
BSL-1	7	42	1.2	30	1.56	1.90
BSL-2	8	45	1.4	30	1.54	1.87
BSL-C(侧部炭块)	8	—	—	30	1.54	1.90

二、高炉炭块

用炭块作高炉炉衬材料，具有耐高温、导热性和化学热稳定性高、高温强度高、耐磨损等特点。在普通高炉炼铁过程中，炼铁渣可以冷凝在下部炉衬上，保护耐火砖衬免受摩擦和侵蚀。随着高炉的大型化和冶炼强度的提高，高炉喷粉量越来越大，与此同时，鼓风强度也随之增大。这就使整个炉温处于较高水平，炉身下部金属和铁渣的熔融物不断冲刷和侵蚀炉衬，因而由非炭质耐火材料砌筑的炉衬寿命较短。为适应这种要求，高炉炭块应运而生。

制备高炉炭块的主要原料是煅烧无烟煤、冶金焦，有时也加入一定量的沥青焦、石墨化冶金焦和石墨碎块，黏结剂是煤沥青。经筛分、配料、混捏、成型、焙烧和机械加工而成。

高炉炭块的理化指标见表 13-10。

表 13-10　高炉炭块的理化指标（YB 2804—1991）

项　目	指标 炭块	指标 碳键	项　目	指标 炭块	指标 碳键
灰分/%,≤	10	2	体积密度/(g/cm³),≥	1.50	—
耐压强度/MPa,≥	30	30	耐碱性/级,≥	C	—
气孔率/%,≤	22	28	抗折强度/MPa,≥	—	8

三、电炉炭块

电石炉、铁合金炉、石墨化炉等的炉底、炉缸、炉墙也用炭块砌筑。生产电炉炭块的原料及工艺与高炉炭块完全相同。其质量指标如下。

灰分　　　　　　　　　　≤8%　　　　孔隙率　　　　　　　　　　≤25%
抗压强度　　　　　　　　≥30 MPa

第五节　炭　　黑

炭黑是烃类不完全燃烧制得的，具有高度分散性的，主要由碳元素组成的黑色粉状物质,其微晶具有准石墨结构。

一、炭黑的分类

按炭黑生产方法可分为接触法炭黑、炉法炭黑、热解法炭黑。接触法炭黑是使原料气的燃烧火焰与温度较低的收集面接触,让裂解产生的炭黑冷却并附着在其上加以收集即得,属于这类炭黑的有槽法炭黑和滚筒炭黑。炉法炭黑是以气态烃或液态烃为原料并通入适量空气,在特制的裂解炉内,在一定温度下燃烧、裂解,经冷却后收集得到炭黑,这是炭黑最主要的生产方式。热解法炭黑是以天然气或乙炔气为原料,在已预热的反应炉内隔绝空气,在1600℃左右进行间歇或连续热裂解产生的炭黑。

按炭黑用途又可分为橡胶炭黑、色素炭黑、导电炭炭黑。橡胶炭黑是最主要的炭黑品种,占炭黑总产量的90%左右;炭黑对橡胶的补强作用在于加入炭黑后橡胶制品的模量、硬度、耐磨性和抗撕裂性等都有提高;一般将橡胶炭黑分为硬质和软质两大类,前者的补强能力好,后者的补强能力差,主要起填充作用。色素炭黑主要用于油墨和油漆中作黑色颜料,按粒度和黑度分为高色素炭黑、中色素炭黑和色素炭黑。导电炭炭黑主要是乙炔炭黑,因其导电性好,用于生产导电橡胶、导电塑料和电子元件等。

二、生产炭黑的原料

可用作生产炭黑的原料很多,主要有油类-煤焦油和石油系原料油;天然气和煤层气;焦炉煤气和炼厂气;乙炔气等。我国有丰富的煤焦油资源,目前我国炭黑工业用油中有3/4来自煤焦油,煤焦油系原料油主要是高温煤焦油加工得到的重质馏分油,有蒽油、一蒽油、二蒽油和防腐油等。无焦油加工的小型炼焦厂,现在还提供未经加工的煤焦油给炭黑厂作掺混原料。另外,低温和中温干馏煤焦油和气化焦经蒸馏切取相应的馏分也是优质原料油。煤焦油炭黑原料油的组成和性质见表13-11。

表13-11 煤焦油炭黑原料油的组成和性质

指标		蒽油	一蒽油	二蒽油	沥青馏出油	防腐油
20℃密度/(g/cm³)		1.0660	1.1190	1.1329	1.1296	1.1130
沸点范围/℃		220~480	220~380	220~460	260~420	210~240
凝固点/℃		18	29	35	32	—
族组成 w/%	烷烃-环烷烃	0.0	0.0	0.0	0.0	0.12
	单环芳烃	0.0	1.1	0.0	0.0	0.0
	双环芳烃	52.6	25.6	13.2	12.1	1.6
	蒽及同系物	4.0	0.1	5.3	4.2	80.8
	菲及同系物	35.7	50.1	60.5	64.5	80.8
	三环杂原子化合物	1.0	6.9	5.0	3.3	80.8
	酚类	1.2	3.5	6.6	4.5	11.2
	吡啶类	3.5	5.0	0.4	3.0	11.2
	胶质	2.0	1.8	9.0	7.9	—
元素组成 w/%	C	91.00	91.18	91.20	90.00	91.50
	H	5.29	6.01	5.58	5.70	5.95
	S	0.61	0.36	0.94	0.60	0.66
	N	—	1.65	1.30	1.30	0.51
	O	—	0.80	0.98	2.40	1.38
残碳值/%		0.74	0.95	3.56	2.09	—

三、炭黑的生产工艺

如前所述，炭黑生产工艺有炉法，接触法和热裂解法三类，其中炉法因为生产橡胶炭黑，故其产量远远超过后两种，在当今炭黑生产中占主体地位。

炉法工艺根据进料不同可分为气炉法、油炉法和油气炉法，这里仅介绍最常用的油炉法。用蒽油生产中超耐磨炭黑的工艺流程如图 13-3 所示。蒽油由油库泵送至储油槽，加温至 85℃ 左右，静置脱水。脱水后的原料油用齿轮油泵升压，经蒸汽夹套油管将油温提高到 110～130℃，再经喷燃器内的油嘴雾化喷到用耐火材料砌成的反应炉内。由罗茨鼓风机送来的空气经孔板流量计进入第三级空气预热器，预热后达到 350～400℃ 离开第一级空气预热器进入喷燃器与油雾充分混合后进入反应炉内。一部分原料油与一定量的助燃空气进行燃烧反应，使反应炉温维持在 1300～1600℃，另一部分原料油在此高温下裂解，产生炭黑，炉温通过调节风油比来控制。反应后的炭黑与燃烧废气离开反应炉后立即喷淋冷水急冷至 900～1000℃，以便终止反应。急冷后的烟气再经两级废热锅炉冷却至 600～650℃，随后进入列管式冷却器，使烟气冷却至 450～550℃，接着进入三级空气预热器，烟气温度由 450～550℃ 降低到 200～250℃，空气温度由 30～45℃ 升高到 350～400℃，两者逆向流动。从空气预热器流出的烟气送到三级旋风分离器，在此分离出大部分炭黑，尾气经风冷器冷却到 80～140℃ 后进入脉冲袋滤器，经过滤后，尾气由抽风机抽吸到烟囱后排放。由旋风分离器和脉冲袋滤器收集的炭黑，在风力输送系统内除去杂质后，经造粒机的旋风分离器分离，经压缩机压缩后由造粒机造粒，最后包装出厂。

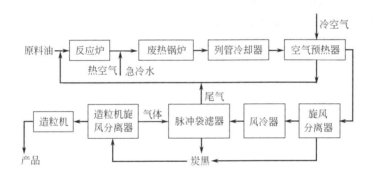

图 13-3　用蒽油生产中超耐磨炭黑的工艺流程

第六节　碳　纤　维

碳纤维具有高强度、高弹性模量、低密度、低膨胀性、耐高温、耐腐蚀和导电性好等优异性能，主要用在航空、航天、军事、高级运动器械和建筑等领域。

目前生产碳纤维的原料有三种，即人造丝、聚丙烯腈和沥青。其中沥青基碳纤维具有原料丰富、价格便宜、纤维的产率高和加工工艺简单等优点，发展较快。

沥青先经过一系列加工处理后生成可纺性沥青，处理方法有热加工、溶剂抽提、加氢处理、树脂化、添加合成树脂或其他化合物等，这些方法各有其优缺点。可纺性沥青纺丝后生成沥青纤维，一般采用熔融纺丝法。熔融纺丝法是用纺丝泵把熔融的沥青黏液从喷丝头细孔中压出，在空气中凝固成丝，再进行不熔化处理，最后在惰性气体中热处理，即可得到碳纤维。但这种产品力学性能较差。

中间相沥青是目前制备超高模量石墨碳纤维的最好原料。用中间相沥青进行纺丝，可用离心纺丝、喷射纺丝等熔融纺丝法。中间相沥青通过喷丝口时，产生切变力，使中间相平片状分子排列整齐。纺成的沥青纤维还可以通过热挥发或溶剂抽提等方法进一步增加纤维内中间相的含量。沥青纤维经过热固化后，可以快速地进行炭化，在 1000～1200℃ 炭化时，停留时间仅需 0.5～2.5min。在炭化和石墨化过程中进一步促进结晶沿纤维轴取向，故其力学性能很高。图 13-4 为沥青基碳纤维的生产流程图。

图 13-4 沥青基碳纤维的生产工艺流程简图

现在世界上生产沥青基碳纤维的主要公司有：日本吴羽化学公司、日本三菱化成和美国 Amoco 公司，其规模分别为 900t/a，通用级短纤维；500t/a，高性能长纤维；240t/a，高性能级长纤维。随着科学技术的进步，碳纤维将得到更广的应用和更大的发展。

思 考 题

1. 什么是炭电极？有何特点？
2. 什么是石墨电极？加工生产石墨电极对原料有何要求？
3. 制备电极糊的原料有哪些？电极糊的作用是什么？
4. 炭质耐火材料有哪些？各自的质量指标是什么？
5. 什么是炭黑？炭黑有哪些应用？

第十四章

煤层气资源开发利用技术

煤炭的伴生资源——煤层气（俗称瓦斯），是以腐殖型有机物在成煤过程中形成的天然气。主要成分是甲烷（CH_4），在常温下的发热量为 $34.3\sim37.1MJ/m^3$。

我国煤层气资源丰富，约有 35 万亿立方米，相当于 450 亿吨标准煤，居世界 12 个煤层气资源大国第三位。21 世纪是我国煤层气大发展的时代，将形成煤层气产业化与发展。"十一五"能源发展规划，煤层气开发目标是：全国煤层气产量达 100 亿立方米，其中，地面抽采煤层气 50 亿立方米，利用率 100%；井下抽采瓦斯 50 亿立方米，利用率 60% 以上。地面煤层气开发的重点是建设沁水盆地和鄂尔多斯盆地东缘两大煤层气产业化基地。建立煤层气和煤矿瓦斯开发利用产业体系。煤矿瓦斯抽采以保障煤矿安全生产为重点，逐步提高煤矿瓦斯抽采率和利用率。建设全长 1400 多公里的输气管道，设计总输气能力 65 亿立方米。此外，2010 年力争新增煤层气探明地质储量 3000 亿立方米，促进煤层气和煤炭资源协调开发。

煤层气是煤矿生产的安全隐患，排放到大气中又产生室温效应，污染大气环境。合理开发利用煤层气资源，弥补我国即将出现的巨大的能源缺口，改善能源结构，缓解能源紧张，提高煤矿安全程度和经济效益，保护生态环境均具有重要意义。在采煤之前先采出煤层气，煤矿生产中的瓦斯将降低 70%～85%，有效预防煤矿瓦斯爆炸事故的发生。

煤层气是热值高、无污染的新能源，可用作民用燃料、发电或汽车燃料，也是化工产品的上等原料，具有很高的经济价值。

一、煤层气的生成与赋存

（一）煤层气的生成

成煤植物的有机组分在成煤过程中，有机质在厌氧细菌的作用下，要分解出甲烷、二氧化碳气体等。如成煤初期植物纤维素分解出甲烷的化学过程为：

$$(C_6H_{10}O_5)_n + nH_2O \longrightarrow nC_6H_{12}O_6$$
$$\text{纤维素} \qquad\qquad\qquad \text{单糖}$$

$$3C_6H_{12}O_6 \longrightarrow 2C_4H_8O_2 + 2C_2H_4O_2 + 2H_2O + 2CH_4\uparrow + 4CO_2\uparrow$$
$$\text{单糖} \qquad \text{丁酸} \qquad \text{乙酸} \qquad\qquad \text{甲烷}$$

在煤化过程中，煤分子侧链和官能团不断分解并脱落，也生成低分子甲烷等气体，即煤层气。在自然条件下，生成 1t 褐煤可产生 $68m^3$ 甲烷，生成 1t 肥煤、瘦煤、无烟煤可分别产生 $230m^3$、$330m^3$、$400m^3$ 甲烷。在整个成煤过程中产生的煤层气，储存在煤层中或相邻岩层的空隙中，是一种自生、自储式为主的天然气。

(二) 煤层气的赋存

煤层气的赋存状态有三种基本形式。

(1) **游离状态** 即自由气体状态存于煤和岩石的孔隙、裂隙等空隙中，其含量取决于空隙度（自由空间）的大小和它所承受的压力（即气体压力）。游离气体分子在煤体空隙中可以自由运动，并按气体定律从压力大的地方移动到压力小的地方。因此，游离状态的甲烷一般不能在煤层中长期保存，一有条件便很快移出。这种状态的甲烷一般存在于煤或岩石的大空隙中。

(2) **吸附状态** 甲烷分子与煤固体颗粒之间由于分子引力作用，甲烷分子被吸附在煤体（或岩体）的微孔隙或超微孔隙表面，形成一层甲烷薄膜。因此，吸附甲烷就滞留在煤或岩石微孔隙或超微孔隙表面，它不服从气体规律，甲烷分子不能像游离甲烷那样自由运动，因而不容易逸出煤层。

(3) **吸收状态** 甲烷分子进入煤的分子团中就会被煤分子所吸收，与煤分子合为一体，这种状态的甲烷与吸附状态的甲烷有相似的特点，但其自由度更低，极难从煤层中逸出。这部分煤层甲烷只占少量，故一般可以忽略不计。

在一定温度和压力下，游离状态和吸附状态的甲烷处于动平衡状态，当温度、压力等客观条件变化时，则破坏了两者的动态平衡，于是便发生状态转化。当压力增加，温度减低时，煤的吸附能量增加，游离状态甲烷向吸附状态转化，但这种转化要求在煤的微孔隙和超微孔隙中的气体不饱和的情况下才能实现，故这种转化较为少见；当压力降低，温度升高时，吸附状态甲烷向游离状态转化，这种现象较为常见，称为甲烷的解吸，是一种吸热反应。所以，当大量甲烷解吸时，可吸收围岩热量而使煤壁降温，甲烷的解吸现象与矿井煤的瓦斯突出有一定的关系。

二、煤层气的开采

煤层气开采是将煤层或邻近岩层空隙中的甲烷气体采出的技术。煤层气开采主要包括钻井工程、完井工程、采气工程等几个主要方面和相关的辅助技术与设备。

(一) 煤层气开采的井下钻孔方法

大多数井下煤层气开采，主要采用在开采煤层中进行钻孔的技术。见图 14-1。煤层钻孔抽放技术是由钻孔贯穿煤层，可以最大限度地将煤层天然裂缝、空隙系统沟通，长距离水平钻进技术是提高煤层气采收率的关键。这项技术在欧洲的一些煤矿得到广泛使用，在我国的一些矿井中也有应用。

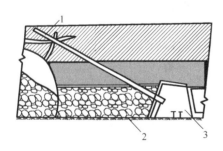
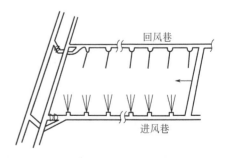

(a) 向采空区上方打钻抽放煤层气　　　　(b) 淮南谢二矿井下顺煤层平行钻进
1—抽放钻孔；2—采空矸石带；3—回风巷道　　　　布置预抽放钻孔

图 14-1　煤层开采的井下钻孔方法

（二）煤层气开采的地面钻孔方法

1. 采空区地面垂直钻孔

采空区地面钻孔是指采煤前，在采煤工作面范围内的地面钻 3～4 个垂直钻孔。当煤层采空顶板冒落后，只要在井口配以真空泵就能抽出煤层气。典型采空区钻孔示例见图 14-2。

鉴于我国当前尚未发现高渗透率，大范围煤层气及普遍采用长壁开采的实际情况，采空区钻孔煤层气开采技术必将得到较大发展。

2. 采前预开采煤层气地面垂直钻孔

通常是在采煤前几年，或在将来也不准备采煤而专门用于开发煤层气的地区，利用油气钻井和完井技术进行开采煤层气。这项技术的成败取决于四个因素：煤层渗透率、煤层气含量、储层压力和煤的等温吸附特征。煤层气生产井见图14-3所示。

利用此方法要达到规模产量，只能通过多个钻孔，形成大规模井网来实现。对于大规模的井网，储层处于拟稳态流动，全区压力降低，产生大量的解吸气。此方法是目前最广泛使用的方法。

地面设备包括水气分离器和气水计量设备。由于要维持较低的井口压力，地面管线直径应大些。气体

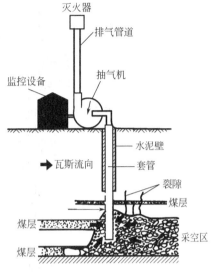

图 14-2 煤矿采空区煤层气开采钻孔示意

不论是用于化工、民用，还是管道长距离输送，都必须有压缩设备，对气体进行压缩、加压。

（三）定向钻井技术在煤层气开采中的应用

定向钻井技术是采用特殊受控钻具，钻进方向由人为控制，可垂直、倾斜、水平等任意调节。这项技术受地面地理、地形和地下地质构造的影响较小，且能降低成本，已广泛应用于常规石油天然气工业、煤矿井下沿煤层水平定向钻探等，在煤层气开采中也将得到广泛应用。利用定向钻井技术进行长距离水平井钻进还具有提高产量和采收率的优越性。

（四）煤层气强化开采

煤层气以物理吸附形式保留在煤的微空隙表面。通常煤层气是相对纯的甲烷，但在某些情况下，二氧化碳、氮气和其他轻烃也可能存在。物理吸附可以通过降低吸附气体的分压而逆转。

煤层气强化开采原理是通过氮气稀释甲烷浓度，降低甲烷分压。氮气吸附在煤基质上，避免流动甲烷的重新吸附。这项技术可利用现有的煤层气生产井网，将部分生产井转为氮气注入井。四点式常规生产井网转化为强化开采的例子见图 14-4 所示。

三、煤层气的利用

（一）煤层气作燃料

1. 以气代煤作民用燃料

煤层气是优质的洁净燃料，其热值比城市煤气高一倍多，且可大大减少对环境的污染。我国已敷设的天然气管道达 5900km。陕北天然气经管道已输送到北京，新疆天然气经管道输送到上海。称为西气东送工程。

2. 以气代煤作发电燃料

利用煤层气作燃料发电、供热、不仅能减轻环境污染，且能提高热效率。我国抚顺老虎台矿 1990 年建成了装机容量为 1500kW 的国内第一座煤层气发电厂。

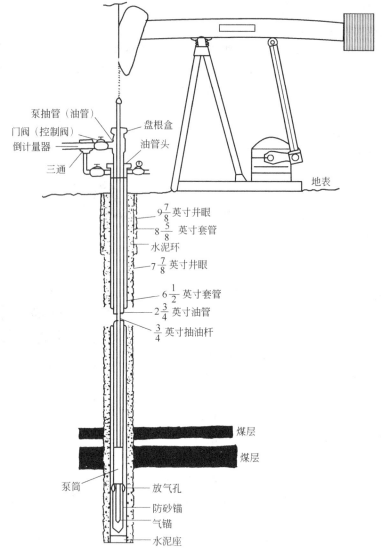

图 14-3　煤层气生产井（油梁式抽油机抽气）

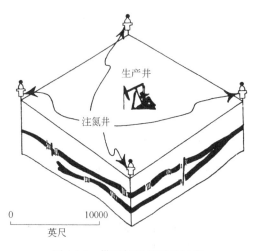

图 14-4　煤层气强化开采示意

3. 以气代油作汽车动力燃料

甲烷是煤层气的主要成分，经过富集浓度可增到95%，且乙烷以上烃类含量很小。采用压缩煤层气作为汽车燃料（CNG），压缩气的工艺参数为：CH_4浓度>90%，乙烷以上的烃类含量<6.5%。液体天然气（LNG）、吸附储存天然气（ANG）如作汽车动力燃料，具有更大的潜在市场。北京市公交系统已大量使用液化天然气清洁能源汽车在主干线运行。

（二）煤层气作化工原料

煤层气作化工原料，可生产合成氨、合成甲醇、合成氢氰酸、合成甲醛、合成二硫化碳、制炭黑等化工产品。

煤层气是介于石油天然气和煤炭之间的新兴产业，以气代煤开发利用，为矿区和附近的城镇居民提供清洁、方便、经济的燃料，不仅能提高居民生活质量，同时也改善了环境，并减少了能源交通运输负荷。我国正在开发和计划的煤层气项目有23个，其中联合国资助项目4项，有辽宁省铁法市、淮北矿区、开滦矿区、山西省晋城市选定为煤层气的开发起步试点，并将在山西省河东煤田、沁水煤田建立两个煤层气基地进行工业化生产。

思 考 题

1. 煤层气是如何生成的？煤层气对煤矿生产及环境有何影响？
2. 简述煤层气在煤层中的赋存形式。
3. 简述煤层气开采技术。
4. 煤层气主要用途有几方面？

第十五章

煤中共伴生资源的综合利用技术

我国煤田分布广,成煤时代全,在含煤岩层和煤层中,共生和伴生有丰富的其他矿产资源。有开发价值的非金属伴生矿产资源主要有:高岭岩、耐火黏土岩、膨润土、硅藻土、油页岩、石灰岩、琥珀等。金属伴生矿产资源有:硫铁矿、菱镁矿及镓、锗、钒、钴、钛、铀等。共生资源主要是指煤矸石。这些与煤共伴生资源随煤炭一起开采出来,若不利用,不仅造成浪费,还会污染环境。利用与煤共伴生的资源,正在成为煤炭企业新的经济增长点。

第一节 煤矸石及其综合利用

一、煤矸石的物理化学性质

煤矸石是成煤过程中与煤共生的含碳量低的碳质、泥质、砂质等岩石。煤矸石通常呈薄层夹在煤层中或是煤层顶、底板岩石,随煤炭开采时混入在煤中采出,是数量较大的矿山固体废物。煤矸石按主要矿物含量,分为黏土岩类、砂质岩类,碳酸盐类(石灰石)、铝质岩类。煤矸石的主要化学成分见表15-1。部分地区的煤矸石中含 Ge、Ga、U、Th 等半导体元素或放射性元素及其他稀有元素。煤矸石的热值和化学组成不同,其资源利用途径和方向各异,煤矸石分类标准及相对应的综合利用途径见表15-2 所示。

表 15-1 煤矸石的主要化学成分

采样地点	化 学 成 分(质量分数)/%							
	SiO_2	Al_2O_3	Fe_2O_3	TiO_2	CaO	MgO	K_2O	NaO
内蒙准格尔矿	43.25	38.32	0.20	0.50	0.00	0.43	0.24	0.29
大同塔山矿区	43.52	37.502	0.11	0.62	0.31	0.70	0.09	0.01
太原西山矿区	67.07	23.21	2.58	1.42	4.58	1.96		
河南平顶山	53.89	20.88	2.55	0.58	1.53	0.14	1.2	
河北开滦唐山	48.35	20.26	0.29	0.54	0.21	0.19	1.49	0.19
山东淄博博山	63.88	22.17	3.11	0.06	0.82	0.26	3.24	2.49

表 15-2 煤矸石分类标准及相对应的综合利用途径

分类方法		分类名称	分类标准	性能用途
煤矸石	按岩石成分分类	高岭石泥岩	高岭石>60%	多孔烧结砖、建筑陶瓷
		伊利石泥岩	伊利石>50%	硅铝合金、筑路材料
		砂质泥岩		工程碎石、混凝土骨料
		砂岩		建材碎石
		石灰岩		胶凝材料、工程碎石、改良土壤石灰
	按发热量分类	一类	<2090kJ/kg [$w(C)$<4%]	建材碎石、混凝土骨料
		二类	<2090kJ/kg [$w(C)$=4%~6%]	水泥混合料、复垦回填
		三类	2090~6270kJ/kg [$w(C)$=6%~20%]	水泥、砖、建材制品用料
		四类	6270~12550kJ/kg [$w(C)$>20%]	低热值燃料、煤矸石发电

续表

分类方法	分类名称	分类标准	性能用途
煤矸石 按全硫量分类	一类	<0.5%	用作燃料,应除尘、脱硫
	二类	0.5%~3%	煤渣应再处理,防止二次污染
	三类	3%~6%	煤渣应再处理,防止二次污染
	四类	>6%	可回收提取硫铁矿
按硅铝比		>0.5	可作高级陶瓷、高岭土及分子筛原料

注:热值高于 4180kJ/kg 的煤矸石通过简易洗选回收低热值煤,可用于锅炉燃烧。

二、煤矸石在建材中的利用

1. 生产煤矸石砖

利用煤矸石制砖包括用煤矸石生产烧结砖、内燃砖和超内燃砖。烧结砖是煤矸石经破碎、粉磨、搅拌、压制、成型、干燥、焙烧而成砖,煤矸石砖规格和性能与普通黏土砖相同。内燃砖是用煤矸石产生的全部热量烧得的砖。超内燃砖是煤矸石除把砖本身烧成外,还有富余热量加以利用的砖。各种原料的参考配比为煤矸石 70%~80%,黏土 10%~15%,砂 10%~15%,也可利用纯煤矸石制砖。

煤矸石制砖是基于矸石经过一定的加工处理后,具有可塑性、结合性、烧结性。可塑性是煤矸石砖塑性成型的基础,结合性是坯体能够进行干燥的关键;烧结性可以确保制品的物理性能,满足使用要求。适用制砖的煤矸石,一般要求 SiO_2 控制在 50%~70%,Al_2O_3 控制在 15%~20%,Fe_2O_3 含量在 2%~8%,MgO 在 3%以下,S 含量在 1%以下,K、Na 等碱金属及碱土金属氧化物为 1%~5%。此外,煤矸石的主要物理性能,如塑性指数一般为 7%~15%,发热量一般为 3800~5000kJ/kg。物料粒度控制在:大于 3mm 的颗粒少于 5%,小于 1mm 的细粉应在 65%以上。

煤矸石砖一般均采用塑性挤出成型。塑性挤出成型的砖坯,经过干燥后入窑焙烧,烧结温度范围一般为 900~1100℃,焙烧窑用轮窑、隧道窑比较适宜。由于煤矸石中有 10%左右的碳及部分挥发物,故焙烧过程中无需加燃料。煤矸石砖的体积密度一般是 1400~1700 kg/m³,抗压强度为 10~15MPa,抗冻、耐烧、耐碱等性能也比较好,可代替黏土砖使用。

利用煤矸石代替黏土制砖可以化害为利,变废为宝,节省土地,改善环境,创造利润。这种砖与单靠外部燃烧的砖比较可节约用煤 50%~60%。利用煤矸石制砖,在我国已积累了丰富的经验,为了适应建材发展的需要,国家对发展煤矸石建材,已出台一系列优惠政策。"十五"期间,淘汰 2 万家黏土砖企业,煤矸石综合利用率由 2000 年的 43%提高到 50%以上,重点煤矿和重点地区的煤矸石综合利用率达到 80%以上。这将促使煤炭企业产品向多元化发展。目前,已开发生产出竖孔承重空心砖、煤矸石铺地砖、釉面砖、微孔吸音砖等多种类型的新产品。

2. 生产水泥

煤矸石中 SiO_2、Al_2O_3、Fe_2O_3 的含量较高,总含量在 80%以上,是一种天然黏土质原料,可以代替黏土配料,作水泥硅、铝质组分的主要来源生产水泥。利用煤矸石可生产煤矸石普通硅酸盐水泥、煤矸石火山灰水泥、煤矸石无熟料水泥。

(1) 普通硅酸盐水泥 生产煤矸石普通硅酸盐水泥主要原料是石灰石、煤矸石、铁粉、混合煤和石膏。这中水泥是先把石灰石、煤矸石、铁粉混合磨成生料,与煤拌均匀加水制成生料球,在 1400~1450℃的温度下得到以硅酸三钙为主要成分的熟料,然后将烧成的熟料与石膏一起磨细制成普通硅酸盐水泥。

利用煤矸石生产普通硅酸盐水泥熟料的参考配比为：石灰石65%～82%，煤矸石13%～15%，铁粉3%～5%，煤13%左右（按生料质量计），水16%～18%。生产过程中可根据煤矸石及其他原料的性质确定合理的配合比。用煤矸石生产的普通硅酸盐水泥凝结硬化快，早期强度高，各项性能指标均符合国家有关标准。

(2) 火山灰质硅酸盐水泥　火山灰质硅酸盐水泥的主要原料是水泥熟料，自燃煤矸石或煤矸石渣、石膏。这种水泥是以活性SiO_2和活性Al_2O_3较高的自燃煤矸石或煤矸石渣代替火山灰质材料与石膏共同磨粉制成。

利用自然煤矸石生产火山灰质硅酸盐水泥的参考配比为：水泥熟料65%左右，自然煤矸石30%左右，石膏5%。利用矸石渣生产火山灰质硅酸盐水泥的参考配比为：水泥熟料65%～75%，煤矸石渣25%～35%。用于生产火山灰质硅酸盐水泥的煤矸石渣是经800℃左右温度煅烧得到的。这种渣的SiO_2含量一般在83%左右，Al_2O_3含量在5%左右。它们的作用是能与水泥水化时析出的氢氧化钙起反应，生成稳定的水化硅酸盐和水化铝酸钙，这些化合物在空气和水中继续硬化，使水泥强度增加。

煤矸石火山灰质硅酸盐水泥具有较好的抗水侵蚀性、抗渗水性和抗硫酸盐类的侵蚀性能；水化热较低，适宜用于大型混凝土的浇灌工程，也适用于蒸汽养护混凝土预制件生产；水泥强度可达到较高的指标。此外，还可降低水泥成本，增加水泥产量。

(3) 煤矸石无熟料水泥　煤矸石无熟料水泥是以自燃煤矸石或经过800℃温度煅烧的煤矸石为主要原料，与石灰、石膏、共同混合磨细制成的，有时也可以加入少量的硅酸盐水泥熟料或高炉渣。

煤矸石无熟料水泥的原料参考配合比为：煤矸石60%～80%、生石灰15%～25%、石膏3%～8%，如果加入高炉渣，各种原料的参考配合比为：煤矸石30%～34%、高炉渣25%～35%、生石灰20%～30%、无水石膏10%～13%。

这种水泥不需生料磨细和熟料煅烧，而是直接将活性材料和激发剂按比例配合，混匀磨细。生石灰是煤矸石无熟料水泥中的碱性激发剂，生石灰中有效氧化钙与煤矸石中的活性氧化硅、氧化铝在湿热条件下进行反应生成水化硅酸钙和水化铝酸钙，使水泥强度增加；石膏是无熟料水泥中的硫酸盐激发剂，它与煤矸石中的活性氧化铝反应生成硫铝酸钙，调节水泥的凝结时间，以利于水泥的硬化，提高强度。

煤矸石无熟料水泥，水化热较低，抗压强度为30～40MPa，这种水泥适宜作各种建筑砌块、大型板材及其预制构件的胶凝材料。

我国利用煤矸石生产水泥的发展速度非常快，生产的水泥品种有普通硅酸盐水泥、火山灰质硅酸盐水泥、煤矸石无熟料水泥、煤矸石少熟料水泥、煤矸石速凝早强水泥等，标号有225、325、425号，并已广泛应用于工业与民用建筑。

3. 生产空心砌块

煤矸石混凝土空心砌块是以煤矸石无熟料水泥作胶结剂，破碎的自燃煤矸石为粗细骨料，加适量水搅拌配制成半硬性混凝土，经振动成型，蒸汽养护而制成的一种墙体材料。其各种原材料的参考配比列于表15-3。

表15-3　煤矸石空心砌块参考配比

混凝土配比（质量比）			水灰比	混凝土空心砖用料量/(kg/m³)		
煤矸石无熟料水泥	粗骨料	细骨料		煤矸石无熟料水泥	粗骨料	细骨料
1	2.7	0.8	0.5	302	815	242

煤矸石空心砌块的生产工艺和粉煤灰砌块的生产工艺基本相同。在生产过程中要注意砌块的成型和养护问题，要根据生产砌块的规格选择合适的成型机。

4. 生产轻骨料

用煤矸石可生产两种类型的轻骨料：一种是用烧结机烧制的烧结型煤矸石多孔烧结料；一种是用回转窑生产的膨胀型煤矸石陶粒。这两种类型轻骨料都是以煤矸石为主要原料。对于生产多孔烧结料的煤矸石要求其含碳量比较高。对于生产陶粒的煤矸石，对含碳量的要求比较严格。两者都必须满足适于生产轻骨料的原料要求，即原料必须含有在熔融温度条件下，能够分散或者与其他成分发生反应而释放出气体的物质成分。在化学组分上，溶剂物质（如氧化钙、氧化镁、氧化铁、硫化铁等）与硅土、铝土之间必须保持适当的平衡，以便在加热时生成有足够黏度的熔融体，从而把气体封存起来，而又不溶于融体中。因此，最好是采用碳质页岩煤矸石或洗煤厂排出的矸石。在烧制煤矸石陶粒时，为了提高矸石料的膨胀性能，在矸石混合料中可加入不超过 4% 的工业纯氧化铁。

煤矸石轻骨料的生产工艺包括破碎、磨细、加水搅拌、选料成珠、干燥、用烧结机或回转窑焙烧、冷却等工序。用煤矸石烧制的轻骨料性能良好，煤矸石陶粒成品的松散体积密度为 $480 \sim 590 kg/m^3$，颗粒体积密度为 $850 kg/m^3$，筒压强度为 $1.27 \sim 2.50 MPa$，1h 吸水率为 $5.7\% \sim 8.2\%$。用这种骨料可配制 200~300 号混凝土。

自燃过的煤矸石经破碎加工后也可作为混凝土的粗细料使用，因为经过自燃的煤矸石体积大约膨胀 1~3 倍，与人工烧制的轻骨料相近，同样具有体积密度小、强度高、吸水率低的特点，而且具有一定活性。用煤矸石烧制的轻骨料所配制的轻质混凝土具有体积密度小、强度高、吸水率低的特点，适于作各种建筑的预制件。所以自燃过的煤矸石山可以看作是一座天然的轻骨料加工厂。

三、高岭岩煤矸石的综合利用

高岭岩是以高岭石族矿物为主的黏土或黏土岩。高岭岩首先发现于我国江西省景德镇高岭山而得名。以黏土矿物高岭石为主要成分的煤矸石（硬岩称高岭岩，软岩称高岭土），同样具有一系列优异的物理、化学性能而被广泛用于轻工、化工、石油、医药、高科技等领域。高岭岩是一种很重要的矿产资源，在许多工业部门都有重要的应用，其应用领域及主要用途见表 15-4。

表 15-4 高岭岩应用简表

应用范围	主要用途
陶瓷工业	主要用于日用陶瓷、建筑卫生陶瓷、电瓷（高压电瓷瓷瓶、低压电瓷接触开关、绝缘子等）、无线电瓷（各种无线电电子元件、如高频电瓷、各种电容器件、电阻器件、高频振荡元件等）、工业陶瓷（制作耐腐蚀容器、切削刀具、钻头等）、特种工业陶瓷及工艺美术陶瓷等，是陶瓷工业的主要原料
造纸工业 橡胶工业 搪瓷工业	用作造纸的填料和涂料 用作橡胶制品的填充剂或补强剂 白度高、粒度细、悬浮性能好的高岭土，用作搪瓷制品的硅酸盐玻璃质涂层
耐火材料工业	主要用于生产多种熟料、半酸性耐火材料及特种耐火材料（如熔炼光学玻璃、拉制玻璃纤维用的高岭土坩埚）
环保、化学工业	利用煤矸石生产聚合铝，处理工业与生活用水，制取矾（硫酸铝）、氯化铝和其他化学药剂

续表

应用范围	主要用途
石油工业洗涤剂	用于制造各种类型的分子筛,代替三聚磷酸钠制作洗衣粉
黏合剂	制作砂轮,用于油灰、嵌缝料、密封料等
油漆涂料	用作填充剂,具有良好的遮盖能力
化妆品工业	与香精配制成各类化妆用品,白而光滑
塑料工业	与高分子化合物组成有机黏性复合体、耐磨、耐酸碱、抗老化
人造革工业	填充剂、补强剂
玻璃纤维工业	作为增强材料与树脂复合成玻璃钢
水泥工业	一般用于制造白水泥
纺织工业	作纺织品的涂料、吸水剂、漂白剂等
汽车工业	汽车装燃料的陶瓷容器,用于控制燃料,制造轿车陶瓷部件
农业	用作化肥、农药(杀虫剂)的载体
建材	利用高岭土尾砂制造蒸压灰砂砖、人造大理石、墙地砖、沥青油毡等
其他	颜料、文具(铅笔、粉笔、蜡笔)、墨水、油墨、胶料、食物添加剂、动物饲料、吸附剂、过滤剂、铸造砂等

我国的煤系高岭岩(土)矿石质量普遍较好,品位可与世界著名优质高岭土相媲美,如华北石炭二叠纪煤系的高岭岩中,高岭石含量则近100%;我国目前最大的赋存于第三纪含煤岩系中沉积型砂质高岭土矿床的高岭石含量亦多在16%～20%,其品位与非煤系的花岗岩风化淋滤型等成因的"原生高岭土"相比仍可列入优质土之列。近年来调查统计结果表明,我国煤系高岭岩(土)资源量巨大,现已探明的储量在 16.73×10^8 t 以上,远景储量达 56×10^8 t,估算储量超过 110×10^8 t。这一数字是我国非煤系高岭土资源总量的10倍左右。由此可见,煤系高岭岩是我国重要的优势资源,随着世界范围内高岭土资源日益减少,它将愈来愈被世界所瞩目。

(一) 化工利用

高岭岩在一定的物理、化学条件下经深加工,高岭石矿物可转变成结晶的或无定形的单晶相或多晶相产品,生产硫酸铝、聚合氯化铝、氢氧化铝、氧化铝等系列化工产品。

1. 生产硫酸铝

硫酸铝[$Al_2(SO_4)_3 \cdot 18H_2O$]是白色或灰白色粉粒状晶体。以煤系高岭岩为原料生产硫酸铝的反应式为:

$$Al_2O_3 \cdot 2SiO_2 \cdot 2H_2O + 3H_2SO_4 \longrightarrow Al_2(SO_4)_3 + 2SiO_2 + 5H_2O$$

生产硫酸铝的工艺流程如图15-1所示。

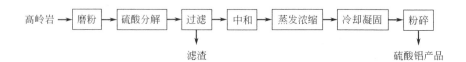

图15-1 高岭岩生产硫酸铝工艺流程

硫酸铝主要用于造纸工业,另外还用于净水剂、媒染剂、木材防腐剂、泡沫灭火剂、石油的除臭剂、脱色剂等方面。

2. 生产铵明矾

铵明矾$[NH_4Al_3(SO_4)_2·12H_2O]$。生产工艺是高岭岩原料经破碎、磨矿和焙烧活化后，在 400~500℃加热条件下，加入硫酸铵，生成含有硫酸铝的产物，经固液分离后的液体中再加入硫酸铵，生成铵明矾。

铵明矾主要用于造纸业，也用作净水剂、分析试剂、食品添加剂和媒染剂、收敛剂，此外在鞣革、人造宝石、半导体工业上也有应用。

3. 生产氢氧化铝

氢氧化铝 $[Al(OH)_3]$。白色单斜晶体，是典型的两性氢氧化物。用煤系高岭岩生产氢氧化铝的工艺流程如图 15-2。

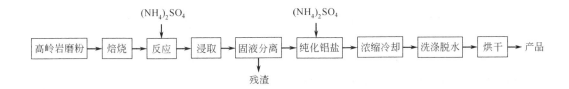

图 15-2　生产氢氧化铝的工艺流程

氢氧化铝广泛用作聚氯乙烯及其他塑料和聚合物的无烟阻燃填料，合成橡胶制品的催化剂和阻燃填料，造纸的增白剂和增光剂，牙膏的摩擦剂，油墨增稠剂，此外陶瓷、搪瓷、玻璃、医药工业也被普遍采用。

4. 生产氧化铝

氧化铝（Al_2O_3），是电解炼铝的基本原料，具有耐高温、耐腐蚀、耐磨损等优点。生产工艺流程如图 15-3 所示。

图 15-3　氧化铝生产工艺流程

氧化铝主要用于生产铝，高铝耐火材料与电气绝缘材料。在化工上用作催化剂载体、干燥剂和吸附剂，此外它还是一种优质研磨材料。高纯氧化铝用途更为广泛，主要用作催化剂或催化剂载体，空气和其他气体的脱湿剂，变压器油和透平油的脱酸剂。纳米级 α-氧化铝微粒是生产集成电路基片、荧光粉、激光材料和高性能结构陶瓷的重要化工原料。

5. 生产氯化铝

氯化铝的产品包括结晶氯化铝、碱式氯化铝、聚合氯化铝系列。聚合氯化铝分子式为 $[Al_2(OH)_nCl_{6-n}·xH_2O]_m$，式中 $m<10$，n 为 3~5。生产流程如图 15-4 所示。

氯化铝因其具有除铁、镉、氟、油等特性，是一种高效净水剂。此外，在精密铸造、造纸、医药、制革等方面也有广泛用途。

6. 生产 4A 分子筛

天然或人工合成的 4A 分子筛，是一种 Al_2O_3 和 SiO_2 四面体的三维架状结构晶胞，晶胞构成自由直径为 41.2nm 的空穴，通常称为 4A 分子筛。其传统生产工艺是用氢氧化铝、

图 15-4　氯化铝生产工艺流程

水玻璃、烧碱等为原料人工合成。因原料短缺、价格昂贵及工艺流程复杂，从而限制了其生产的发展。利用高岭岩生产这一产品，原料充足、价格低廉、生产成本低，生产工艺流程简单，适合大规模生产，是高岭岩极有前途的开发利用途径。生产工艺流程如图 15-5 所示。

图 15-5　高岭岩生产 4A 分子筛工艺流程

4A 分子筛的主要特征是选择性吸附和高的阳离子交换力。它广泛应用于化学工业、石油精炼、用作催化剂、吸附剂，它更主要的用途是用作合成洗涤剂中的助洗剂，以取代价格昂贵且造成环境污染的三聚磷酸钠。

7. 生产莫来石砂、粉（精密铸造砂）

莫来石（$Al_2O_3 \cdot 2SiO_2$）。它具有热稳定性好、高温强度大、导温系数高等一系列较好的物化特性。因为热稳定性好，故在高温过程中铸模型壳变形小，从而保证铸件的高精度要求，是一种理想的精密铸造用砂。此外，高岭岩制成的精铸砂透气性好，这既有利于金属熔体填充型腔，也使脱壳性能良好并便于清砂。莫来石生产成本低廉，广泛用于机械、航空、兵器、轻工、石油等工业部门的精铸工艺。利用高岭岩建莫来石加工厂，经济效益、社会效益显著，是煤矿发展多种经营的好项目。

8. 生产白炭黑

高岭岩生产化工铝盐产品后剩余的尾渣是无定形 SiO_2，含量可达 80%～90%，是生产白炭黑的良好原料。白炭黑是浅色橡胶的补强剂，塑料、造纸、涂料、化妆品及牙膏的填料，油墨的吸附剂和农业产品等的添加剂。

利用高岭岩化工残渣制备水玻璃白炭黑，化学反应如下。

酸浸：$H_2Al_2(SiO_4)_4 \cdot H_2O + 3H_2SO_4 \longrightarrow Al_2(SO_4)_3 + 4H_2SiO_4 + H_2O$

干燥：$H_2SiO_4（水玻璃）\longrightarrow SiO_2 \cdot xH_2O（白炭黑）+ H_2O$

工艺流程如图 15-6 所示。

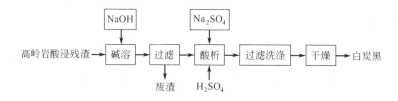

图 15-6　用酸浸残渣制备水玻璃及白炭黑工艺流程

（二）高岭岩煤矸石的精细加工利用

以高岭石矿物为主的高岭岩煤矸石经过破碎、细磨、煅烧或再经进一步超细粉碎、剥片、改性等工艺处理所得到的系列高岭岩的精加工产品煅烧粉，其产品附加值高，用途广泛。高岭岩的精加工技术，关键是煅烧、超细粉碎、剥片、改性，以及除铁、钛技术。

1. 煅烧

高岭岩矿石中碳质含量高，经济简便的除碳方法就是煅烧法。质纯性优的矿石经煅烧，白度可达80%～90%或更高。煅烧高岭岩与普通高岭岩相比，有较高的电阻率，较高的硬度，较好的光散射能力和较大的表面积。

2. 超细

高岭岩粉要达到造纸、橡胶、石化等工业部门对高岭岩的细度要求，需对岩粉进一步进行超细粉碎，使粉小于$10\mu m$或$2\mu m$的粒级达到60%～80%。目前<$2\mu m$粒级产品的加工是技术难点，国内目前均选择湿法磨粉工艺。

3. 除铁、钛技术

铁、钛是煤系高岭岩中主要有害组分，含量较高时，在很大程度上降低了其利用价值。为提高精加工产品的白度，往往必须对矿石进行降低其铁、钛含量的预处理。目前采用的方法主要有化学法和高梯度磁选法。

目前新汶、蒲白、徐州、大同、包头等矿务局有关企业已初具生产高岭岩精加工制品的能力，开发生产的精加工产品有：硅铝炭黑（高岭岩生粉），粒度200目或325目（>85%）；偏高岭石粉（含超细粉），白度>80%～90%，粒度625目（>85%）。2004年大同已建成初期年产1.2万吨的"双90"煅烧煤矸石高岭岩精细加工厂，发展高附加值的煤矸石产品。

四、煤系其他伴生矿产资源的利用

我国煤系伴生的矿产资源，因含煤地层沉积环境有异，各地与煤所伴生的矿产资源也有差别。下面仅就主要的具有工业开采利用价值的资源做一下简介。

（一）耐火黏土

耐火黏土系工业名称，泛指可做耐火材料的黏土和用于耐火材料的铝土矿。其主要矿物成分是含Al_2O_3、SiO_2高的高岭土、一水硬铝石、二水软铝石、三水铝石等黏土矿物。有些煤层的顶、底板由耐火黏土岩组成。耐火黏土矿石经过度煅烧除碳、破碎、筛分、配料、混炼、成型、干燥、烧成等工艺流程，制成各种耐火产品。

耐火黏土是工业上有广泛应用价值的非金属矿物原料之一，主要用于耐火材料工业；其次可作为陶瓷、高铝水泥、研磨材料、人造分子筛及提取化工产品的原料；另外还可作坩埚的掺和料，造纸、橡胶、塑料等的填充料和造型材料等。

（二）膨润土的利用

煤系中膨润土呈层状、似层状出现，十分稳定，规模大，绝大部分为大型和超大型矿床。成煤环境有利于膨润土的形成，故煤系中的膨润土品位高，矿石中蒙脱石含量均在80%以上。我国煤系中的膨润土资源是我国这一类资源的主体，特别是钠基土资源几乎全部赋存于煤系地层中。

1. 物理性质与化学成分

膨润土又名斑脱岩、膨土岩，是一种以含水层状铝硅酸盐蒙脱石为主要矿物的黏土岩。膨润土通常呈白色，有时带浅红、浅绿、淡黄等色，土状块体。硬度为1，密度约为$2g/cm^3$。吸水后其体积能膨胀增大几倍到十几倍，具有很强的吸附力和离子交换性能。其

表 15-5　国内外部分膨润土矿石主要化学成分

矿 区	化 学 成 分(质量分数)/%								
	SiO_2	Al_2O_3	Fe_2O_3	TiO_2	MgO	CaO	K_2O	Na_2O	烧失量
美国怀俄明	64.32	20.74	2.94	—	2.45	1.72	0.29	1.61	—
中国辽宁黑山	73.06	16.17	1.63	0.16	2.72	2.01	0.40	0.39	4.81
中国浙江仇山(钠质土)	68.01	15.40	3.94	—	2.50	2.50	—	—	5.90
中国浙江仇山(钙质土)	70.66	17.58	2.59	0.24	2.04	2.04	0.86	0.30	4.47
中国河南信阳	70.02	15.76	1.44	0.21	3.27	2.19	0.38	0.22	5.91
中国吉林双阳	71.58	14.56	2.59	0.37	2.72	2.30	0.25	0.37	4.58
中国福建连城	65.92	20.72	1.70	0.31	2.66	0.14	1.14	0.32	6.70
中国山东潍坊	71.34	15.14	1.97	0.19	3.42	2.43	0.43	0.31	5.05
中国河北宣化	68.18	13.03	1.24	0.25	5.07	3.80	0.44	0.78	—

成分复杂,主要化学成分见表 15-5。

2. 工业用途

膨润土是一种极有价值,多用途的非金属矿产,有"万能黏土"之称。膨润土及其加工产品具有良好的物理性能和工艺性能,如吸水性、膨胀性、胶结性、阳离子交换性、分散性及润滑性能等。它可作黏结剂、悬浮剂、触变剂、增塑剂、润滑剂、絮凝剂、稳定剂、催化剂、净化脱色剂、澄清剂、充填料、动物饲料、化肥、农药载体及化妆品、医药原料等,而广泛地应用于冶金、铸造、石油钻探、化工、建筑、土壤改良、环境保护以及造纸、橡胶业中。其用途达四百多种,应用于一百多个生产部门。其性能用途见表 15-6。

膨润土用途虽然繁多,但其中最主要和用量最大的只有三种用途,即作钻井泥浆的原料、铁矿球团的黏合剂和铸砂的黏结剂。这三种用途的膨润土用量约占 3/4 以上,其次为土木工程、动物饲料、防水密封材料及农药载体等。其他用途的膨润土消费量所占比例很小。

表 15-6　膨润土及膨润土产品的用途

使用部门	漂白土(酸性活化)	膨润土(Ca^{2+}、Mg^{2+}膨润土)	钠膨润土(活化的或天然的)	有机膨润土
动植物油炼制工业	动植物油、油脂的脱色和净化			
石油工业	石油、油脂、石蜡、石蜡油(煤油)的精炼、脱色和净化,石油裂化			润滑油脂(油脂)的稠化剂
造纸工业	复写纸的染色剂、颜料、填料			
林业和水(土)保护	灭火器的粉末,消除水中油的黏结剂			
食品(粮食)工业	葡萄酒和汁液的澄清剂、啤酒的稳定化处理、糖化处理,糖汁的净化			
化学工业	催化载体和催化剂、杀虫剂农药和杀菌剂的载体、橡胶和塑料的填充剂、干燥剂和过滤剂、放射性废物的吸附剂			
水净化和污水处理	吸附絮凝剂			
洗涤剂工业	有机干燥洗涤剂再生	抛光、修理和清洁(洗涤剂),肥皂和洗涤剂的添加剂		
钻井工业		盐水钻井泥浆	作钻井泥浆的触变(摇溶)乳浊液	
采矿工业			铁精矿球团的黏结剂	

续表

使用部门	漂白土(酸性活化)	膨润土 (Ca^{2+}、Mg^{2+}膨润土)	钠膨润土 (活化的或天然的)	有机膨润土
民用工业		泥浆槽的悬浮液、土的稳定剂、打夯的润滑剂、混凝土的增塑剂和添加剂		
陶瓷工业		陶瓷原料的增塑剂、增加干强度、作为一种熔剂		
农业		土壤改良、混合肥料的添加剂、动物饲料填料		
铸造工业、制药工业		一种专门造型砂的黏合剂	作为合成造型砂和型芯砂的黏合剂	作水化型砂的黏合剂、表面的稳定剂
染色颜料与涂料工业			颜料、原浆涂料的触变和增稠	
焦油(沥青)利用工业			制备焦油-水的乳化液	沥青表层的稳定剂
制药工业			医用药物的原料、药膏和美容(化妆)的底料	

(三) 硅藻土的利用

硅藻土是一种生物成因的硅质沉积岩，主要由近海型成煤环境中的水生单细胞硅藻及少量放射虫类的硅质遗体组成。

1. 化学成分与性质

硅藻土的矿物组成中主要为均质蛋白石（$SiO_2 \cdot nH_2O$）。纯净的硅藻土，一般呈白色，常因含铁的氧化物和有机质而显灰白、浅黄、灰至黑色。土状光泽，多孔，质轻，易碎成土状。硬度可达 4.5~5。一般纯净干燥的土块密度为 $0.4 \sim 0.5 g/cm^3$。熔点 1400~1650℃，除氢氟酸外不溶于其他酸类，溶于碱，孔体积为 $0.4 \sim 1.4 cm^3/g$，比表面积为 $19 \sim 65 cm^2/g$，孔半径为 50~800nm。

2. 工业应用

由于硅藻土具有显微孔隙，作为助滤剂，可过滤含亚微米级杂质的食用和药物液体，如可作为制糖、酿酒业的过滤剂和漂白材料。作催化剂载体，用于 V_2O_5、V_2O_5-MoO_3、V_2O_5-K_2SO_4、V_2O_3-P_2O_5、V_2O_5-Co_2O_3、V_2O_5-CeO、MoO_3、WO_3、P、Co、Zn、Fe、Sn-Mo-Bi-Fe-Co-In-W、Ni、Cu、ZnO、Mn、H_3PO_4、$HgCl_2$、KCl、Co-Th、Pd、碱金属、碱金属硫酸盐、硝酸镍等 20 多种活性物的载体。另外也可以在硫酸工业中用作钒触媒载体，在石油工业中用作磷酸催化剂载体，在加氢工业中用作镍触媒载体以及色谱分析中的气相色谱担体等。作功能填料，硅藻土广泛应用于油漆、塑料、橡胶、医药、牙膏、制药等行业；在涂料中加入细颗粒的硅藻土可使光洁的涂料薄膜变粗糙，产生消光效果。硅藻土粉吸水性很强，可吸附自身质量 2.5 倍的水，常作吸着剂。它还可以作隔声、隔热材料。硅藻土质量轻，也是制造轻质建筑砖、防水建筑材料的原料之一。作柔性磨料配制研磨膏、液体研磨剂和其他金属磨光粉，汽车抛光剂。作聚硅酮橡胶制品和机械橡胶制品等的增强剂。硅藻土还可用于硝酸铵球粒的防结块剂、火柴头的成分、电焊条的成分、电池箱的分隔器、火山灰水泥和混凝土的添加剂，也用于乙炔容器、炸药稳定剂、钻井泥浆添加剂、动物饲料的补充剂等。

(四) 石膏

石膏是我国主要的煤系共伴生矿产资源，煤系共生石膏总储量 $115.7 \times 10^8 t$，超过世界其他国家石膏探明储量的 4.45 倍。石膏和硬石膏是成分相似的同一类矿产的两个类型。硬石膏又称无水石膏，化学式为 $CaSO_4$；石膏又称冰石膏或软石膏，化学式为 $CaSO_4 \cdot H_2O$。

石膏在工业、农业、医疗、建筑、工艺、美术等方面具有广泛的用途。

(五) 石墨 (隐晶质石墨)

我国已探明的煤系中石墨资源 5251.64×10^4 t，占世界同类资源探明储量 12451×10^4 t 的 40% 以上。石墨是一种自然元素矿物，是由碳元素组成，隐晶质石墨是煤热变质的产物。

石墨耐高温，熔点达 3652℃，沸点 4200℃。石墨晶格里存在着容易运动的电子，它们能传递电流并将热波在原子间传递，故其导热性、导电性好，甚至优于铜、铝。石墨还具有良好的热稳定性，热膨胀系数也很小。升温时导热性变小，在超高温条件下甚至趋于绝热状态。此外，石墨还具有良好的化学稳定性。由于石墨具有上述一系列特性，它在工业中有着广泛用途，可生产耐火材料、润滑材料、制造不渗性石墨制品、制造电碳制品、碳素制品等。此外，石墨在核工业、航空工业、国防工业领域有着广泛用途。

(六) 硫铁矿

硫铁矿是指已经富集成工业矿床的硫化铁矿物。据不完全统计，我国煤系硫铁矿主要产地 204 处，保有储量 346334.66×10^4 t，资源总量（预测储量）为 136605.1×10^4 t。

我国工业硫 67.64% 来自硫铁矿，其直接用途是制取硫酸和烧炼硫黄。硫的用途非常广泛，传统用途有：生产化肥、化学农药，以及生产塑料、化纤等；还用于冶金、石油、化工及医药等工业；在国防、原子能工业中也有应用。硫的新用途有：硫泡沫保温材料，硫混凝土、硫-沥青铺路材料，交通画线油漆，表面喷涂材料，彩管用硫粉，音像带磁粉，制太阳能电池等。

第二节 粉煤灰综合利用

煤炭燃烧后剩余的残渣以及从烟气中搜捕下来的细灰称为粉煤灰，炉底排出的称炉渣。煤完全燃烧后的粉煤灰和炉渣除某些物理特征有所差别外，其他性质并无本质上的不同。燃煤火力发电厂采用粉煤喷燃锅炉，排出的煤灰渣中粉煤灰占绝大部分。以下主要讨论粉煤灰。

粉煤灰是一种人工火山灰质材料，即硅质或硅铝质。粉煤灰的物理化学性质取决于煤的种类及煤中无机矿物质成分、粉煤粒度和燃烧方式、粉煤灰的收集和排灰方式。

一、粉煤灰主要成分及性质

1. 化学组成

粉煤灰主要成分 SiO_2、Al_2O_3、Fe_2O_3、CaO 及未完全燃烧的炭，另含少量 K、P、S、Mg 等化合物和微量元素，与黏土成分类似。粉煤灰依 CaO 含量分为低钙灰 $W(CaO) < 10\%$、中钙灰 $W(CaO)$ 为 10%~19.9% 和高钙灰 $W(CaO) > 20\%$。我国多数电厂粉煤灰化学组成见表 15-7 所示。

表 15-7 粉煤灰的化学组成

成分	SiO_2	Al_2O_3	Fe_2O_3	CaO	MgO	SO_3	Na_2O	K_2O	烧失量
平均值	50.6	27.2	7.0	2.8	1.2	0.3	0.5	1.3	8.2
波动范围	33.9~59.7	16.5~35.4	1.5~15.4	0.8~0.4	0.7~1.9	0~1.1	0.2~1.1	0.7~2.9	1.2~23.5

2. 矿物组成

粉煤灰的矿物组成十分复杂，主要有无定形相玻璃体，约占粉煤灰总量的 50%~80%；

另外未燃尽的炭粒也属无定形相，含量取决于燃烧方式和技术，多数粉煤灰中碳含量约在8%。粉煤灰冷却速度较快时，无定形相玻璃体含量高；冷却速度较慢时，玻璃体易析晶。粉煤灰中的结晶相，主要有莫来石、石英、赤铁矿、磁铁矿及无水石膏，总含量<40%。粉煤灰的矿物组成见表15-8所示。

表15-8 粉煤灰的矿物组成

矿物名称	石英	莫来石	赤铁矿	磁铁矿	玻璃体
范围	0.9~18.5	2.7~34.1	0~4.7	0.4~13.8	50.2~79.0
均值	8.1	21.1	1.1	2.8	60.4

3. 物理性质

粉煤灰呈灰色或灰白色，外观似水泥；含水量大或含碳量高的粉煤灰颜色深，可呈灰黑色。粉煤灰微粒具有多孔结构，孔隙率60%~70%，比表面积2000~4000cm²/g，灰微粒多呈玻璃状，粒径0.5~300μm，细度为45μm方孔筛，其筛余量为10%~20%，密度1.8~2.8g/cm³，体积密度600~1000kg/m³。

4. 粉煤灰活性值

掺30%原状粉煤灰的水泥砂浆强度与同龄期的纯水泥砂浆强度的比值，即粉煤灰活性值。反映粉煤灰在和石灰、水混合后所显示的凝结硬化性能。具有化学活性的粉煤灰，其化学成分以SiO_2和Al_2O_3为主，矿物成分以玻璃体为主，本身无水硬性，但在潮湿条件下，能与$Ca(OH)_2$等反应，显示水硬性。根据粉煤灰具有化学活性，可用于生产粉煤灰水泥、粉煤灰砖等建筑材料，还可制作化工产品及用于筑路。

二、粉煤灰提取化工原料

1. 分选空心微珠的利用

空心微珠是SiO_2、Al_2O_3、Fe_2O_3及少量CaO、MgO等组成的熔融结晶体，它是在1400~2000℃温度下或接近超流态时，受到CO_2扩散、冷却固化与外部压力作用而形成的。快速冷却时形成能浮于水上的薄壁珠，慢速冷却时形成圆滑的厚壁珠。空心微珠的体积密度只有粉煤灰的1/3，其粒径多在75~125μm，通过浮选或机械分选，可回收利用这一资源。

① 保温耐火材料。粉煤灰是高温热动力作用的产物，高熔点成分富集，热稳定性好。具有耐热、隔热、阻燃的特点，是新型保温、低温制冷绝热材料与超轻质耐火原料，利用它可生产多种保温绝（隔）热、耐火产品。

② 塑料橡胶填料。是耐高温塑料的理想填料，其用于聚氯乙烯制品，可以提高软化点10℃以上，并提高硬度和抗压强度。用环氧树脂作黏结剂，聚氯乙烯掺和空心微珠材料可制成复合泡沫材料。用它作聚乙烯、苯乙烯的充填材料，不仅可提高其光泽、弹性、耐磨性，而且具有吸声、减振和耐磨效果。

粉煤灰是无极性物质，它与有机组分是不相容的，两者间缺乏化学键力，特别是在高分散度和超细微化的情况下，复合材料各组分间产生强烈的界面效应，加剧了不相容和不稳定程度，但通过活化处理，活化剂的多种官能团与粉煤灰表面上的羧基反应，形成Si—O—C或Al—O—C键，改善复合材料的稳定性和相容性。活化处理后提高了粉煤灰与橡胶、树脂和塑料等有机成分的亲和力，使无机和有机组分牢牢地合成一个整体，提高复合材料的使用性能。

③ 空心微珠表面微孔丰富，可用作化工、医药、酿造、水工业等行业的无机球状填充

剂、吸附剂、过滤剂；也可作化学反应催化剂或石油化工的裂化催化剂。另外，微珠硬度大、耐磨性能好，厚壁微珠可生产耐磨涂料，航天航空设备的表面复合材料、防火隔热材料、坦克刹车材料；也常作为染料工业的研磨介质，耐磨墙面、地板装饰材料。

④ 空心微珠比电阻高，且随温度升高而升高，是电瓷和轻型电器绝缘材料的极好填料，利用它可制成绝缘陶瓷和渣绒（绵）绝缘物。

2. 粉煤灰制絮凝剂

利用粉煤灰中含的 Al_2O_3（25% 左右），主要以富铝水玻璃体形式存在。用 $HCl(H_2SO_4)$-NH_4F 浸提，溶出后的铝盐溶液经中和生成 $Al(OH)_3$，并再与 $AlCl_3$ 溶液反应制成聚合铝。或用粉煤灰与铝土矿、电石泥等高温熔烧，提高 Al_2O_3、Fe_2O_3 的活性，再用盐酸浸提，可制成具有强大凝聚功能和净水效果的水解产物，即液态铝铁复合混凝水处理剂。

3. 用于废水治理

粉煤灰中含有 Al_2O_3、CaO 等活性组分，它能与氟生成[$Al(OH)_3 \cdot F_x$]、[$Al_2O_3 \cdot 2HF \cdot nH_2O$]、[$Al_2O_3 \cdot 2AlF_3 \cdot nH_2O$]等配合物或生成[$xCaO \cdot SiO_2 \cdot nH_2O$]、[$xCaO \cdot Al_2O_3 \cdot nH_2O$]等对氟有絮凝作用的胶体离子，具有较好的除氟能力；它对电解铝、磷肥、硫酸、冶金、化工、原子能等工业生产中排放的含氟废水进行处理，具有一定的效果。

粉煤灰中含沸石、莫来石、炭粒、硅胶等，具有无机离子交换特性和吸附脱色作用。粉煤灰处理电镀废水，对铬（Cr^{3+}）等重要金属离子具有很好的去除效果，去除率可达 90% 以上；若用 $FeSO_4$ 粉煤灰法处理含 Cr^{3+} 废水，Cr^{3+} 去除率可达 99% 以上。此外，粉煤灰用于含汞废水的处理，吸附了汞的饱和粉煤灰经焙烧将汞转化成金属汞回收，回收率高，其吸附性能优于粉末活性炭。

电厂、化工厂、石化企业废水成分复杂、乳化程度高，甚至还会出现轻焦油、重焦油、原油混合乳化等情况。用一般的处理方法效果不太理想，而利用粉煤灰处理，重焦油被吸附后与粉煤灰一起沉入水底，轻焦油被吸附后形成浮渣，乳化油被吸附、破乳，便于从水中去除，处理效果好。

除此之外，粉煤灰具有脱色、除臭功能，能较好地用于制药废水、有机废水、造纸废水的处理。粉煤灰用于活性污泥法处理印染废水，不仅能提高脱色率，并能显著改善活性污泥的沉降性能，克服污泥膨胀。用于处理含磷废水，能有效地使废水中的无机磷沉淀，降低有机磷浓度，并中和废水中的酸。

4. 回收有用金属元素

粉煤灰中 Al_2O_3 含量一般在 17%～35%，当 Al_2O_3 含量高于 25%，可作为铝资源回收。从粉煤灰中提取氢氧化铝或铝盐常用的方法国内外主要有：石灰石烧结法或碱石灰烧结法、酸浸法、气体氯化法三大类。粉煤灰中含 Fe_2O_3 一般在 4%～20%，最高可达 43%。当粉煤灰中 F_2O_3 含量大于 5%，即可采用磁选法回收。山东省某电厂粉煤灰含 Fe_2O_3 大于 10%，一年可磁选回收铁精粉 15×10^4 t，其经济价值和社会价值优于开矿。

另外，粉煤灰中还含有大量稀有金属元素，如 Mo、Ge、Ga、Sc、Ti 及放射性元素 U 等。美国、日本等少数国家从粉煤灰中工业化提取 Mo、Ge、U 等元素。所以粉煤灰被誉为预先开采的矿藏。

三、粉煤灰的建材利用

1. 生产粉煤灰水泥

粉煤灰水泥是由硅酸盐水泥熟料和粉煤灰加适量石膏磨细制成的水硬胶凝材料，即粉煤灰硅酸盐水泥。

粉煤灰水泥生产工艺和技术装备与生产普通硅酸盐水泥大体相同，无特殊工艺技术要求。水泥中粉煤灰的掺入量按质量分数计为20%～40%，也可掺入不超过混合材总掺量1/3的粒化高炉渣，此时混合材料可达50%。粉煤灰的掺入量，通常与水泥熟料的质量、粉煤灰活性和要求生产的水泥标号等因素有关。

粉煤灰硅酸盐水泥的优点是：对硫酸盐类侵蚀的抵抗能力及抗水性较强；水化热低；干缩性较小，抗拉强度高，抗裂性好；耐热性好；后期强度增率较大。缺点是：早期强度较低；抗冻性较差；抗碳化性能较差。

我国已经将粉煤灰水泥列为国家三大水泥品种之一，已生产出225、275、325、425、525五个标号的水泥。利用粉煤灰生产水泥，用灰量大、工艺设备简单、成本低、便于推广。既可增加水泥产量，也能改善水泥的某些性能，又利用了工业废物，减少对环境的污染。

粉煤灰水泥可用于工业及民用建筑，用来生产预制楼板、建造梁、基础、修筑地面等；还可用于水利工程及浇筑大坝。

2. 生产粉煤灰砖

粉煤灰砖是以粉煤灰为原料，掺入一定比例的骨料、石灰、石膏配料，加水搅拌，压制成型，经过养护或焙烧而成。根据砖的配料及工艺，粉煤灰砖分蒸养粉煤灰砖、烧结粉煤灰砖、免烧粉煤灰砖、泡沫粉煤灰砖等。

(1) 蒸养粉煤灰砖　蒸养粉煤灰砖是以粉煤灰为主要原料，再掺入一定比例的石灰、石膏和适量的颗粒含硅材料（如煤渣或矿渣等），经坯料制备、压制成型、常压或高压养护而制成的砖。

生产蒸养粉煤灰砖是用粉煤灰与石灰、石膏（或石膏代用品），在蒸汽养护条件下相互作用，生成胶凝物质（水化产物），来获得砖的强度。粉煤灰用量可为60%～70%，石灰（电石渣也可）的掺量一般为12%～20%，石膏的掺量为2%～3%，蒸养粉煤灰砖生产工艺流程见图15-7所示。

图15-7　蒸养粉煤灰砖生产工艺流程

以湿法排出的粉煤灰，从渣场捞取后，需要经过人工脱水或自然脱水，将含水量降至18%～20%才能使用。配置好的混合料，必须经过搅拌、消化和轮碾才能成型。搅拌一般在搅拌机中进行。使用生石灰时，混合料必须经过消化过程，否则，被包裹在砖坯中的石灰颗粒继续消化会产生起泡、炸裂、严重影响砖的成品率和质量。轮碾的目的在于使物料均匀、增加细度、活化表面、提高密实度，从而提高粉煤灰砖的强度。成型设备可用夹板锤或各种压砖机，成型后的砖坯即可进行蒸汽养护。目前生产中采用高压蒸汽养护和常压蒸汽养护。其主要区别是采用的饱和蒸汽压力和温度各不相同。常压养护用的饱和蒸汽绝对压力一般为

0.1MPa，温度为95～100℃；高压养护用的蒸汽绝对压力为0.9～1.6MPa，温度为174～200℃，常压养护通常为砖石或钢筋混凝土构筑的蒸汽养护室，高压养护则为密闭的圆筒形金属高压容器——高压釜。常压蒸汽养护和高压蒸汽养护的养护制度都包括静停、升温、恒温和降温几个阶段。

多年来的实践表明，在我国南方这种砖可以应用于一般工业厂房和民用建筑中。

(2) 烧结粉煤灰砖　粉煤灰烧结砖是以粉煤灰、黏土及其他工业废料为原料，经原料加工、搅拌、成型、干燥、焙烧制成的砖。粉煤灰掺量30%～70%。其生产工艺及主要设备与普通黏土砖基本相同。其工艺流程主要为原料的加工、分配料、对辊、加水、搅拌、加汽、成型、切坯、干燥、焙烧等工序。粉煤灰不仅能生产普通砖也可生产烧结空心砖。

烧结粉煤灰砖利用了工业废渣，既节省了部分土地，又保护了环境，是制砖企业的发展方向。粉煤灰中含有少量的碳，可作为内燃料掺入，节省了燃料；砖的坯体中掺入粉煤灰和工业废渣，形成大量低熔点共熔物，增强了砖体密度，提高了烧结砖内在质量；烧结粉煤灰砖比普通黏土砖轻20%，可减轻建筑物自重和造价。

(3) 免烧粉煤灰砖　免烧粉煤灰砖是以粉煤灰为主要原料，用水泥、石灰等固化剂混合，经搅拌、半干法压制成型、自然养护（28d）而成。其配合比是：粉煤灰大于80%，水泥、石灰用量12%～15%，外加剂少量。强度可达15MPa，各项性能可以达到JC239—77《粉煤灰砖》的要求。

免烧粉煤灰砖的生产工艺简单，主要工序如图15-8所示。

图15-8　免烧粉煤灰砖生产工艺流程

免烧粉煤灰砖不用黏土、不用烧制、也不用蒸养、是一种节土、节能建筑砌料。其制作工艺简单，一次投资少，便于小规模生产，适合农村推广应用。

(4) 蒸压泡沫粉煤灰保温砖　以粉煤灰为主要原料，加入一定量的石灰和泡沫剂，经过配料、搅拌、浇注成型和蒸压而成的一种新型轻质保温砖，称为泡沫粉煤灰保温砖。其配料比可采用：粉煤灰78%～80%、生石灰20%～22%和适量泡沫剂。

泡沫剂是由松香、氢氧化钠、水胶，经皂化反应而成。具体方法是1000kg松香加上180～200g氢氧化钠，进行皂化反应。将其反应物松脂酸皂进行过滤清洗，加水胶1000g进行浓缩反应，生成母液，再配上适量水。

蒸气泡沫粉煤灰保温砖的生产工艺流程见图15-9所示。

图15-9　蒸压泡沫粉煤灰保温砖生产工艺流程

操作时要先把粉煤灰和生石灰混合均匀，再加入适量的泡沫剂，待其体积密度降至650～700kg/m³时，向模内进行低位浇注，盖好盖板，最后送入卧式蒸压釜内进行蒸压养护。蒸压制度是静停1h，养护3h，升温1h，使温度和压力缓慢上升，直至达到温度185℃和压力0.83MPa为止，恒温4h，然后使温度自然缓慢下降。

蒸压泡沫粉煤灰轻质保温砖适用于各种建筑墙体，热管道、屋面和墙体绝热材料。另外，利用粉煤灰还可以生产轻质耐火保温砖、空心砖等特殊建筑材料。

3. 制作粉煤灰硅酸盐砌块

粉煤灰硅酸盐是用粉煤灰作原料制成的一种质量较轻、强度较高、体积较大的新型墙体材料。目前生产的粉煤灰砌块主要有蒸养粉煤灰硅酸盐砌块、蒸压粉煤灰泡沫混凝土砌块两种。

(1) 蒸养粉煤灰硅酸盐砌块　蒸养粉煤灰硅酸盐砌块的主要原料是粉煤灰、煤渣、再掺入少量石灰和石膏。各种原料的配比为：粉煤灰35%左右，煤渣55%左右，石灰8%，石膏2%，用水量大约为30%~33%。用于制作砌块的粉煤灰中三氧化二铝和二氧化硅的含量要高，含碳量要低，粒度要适宜，石灰和石膏为胶结剂，目的是为了提高砌块的强度，石灰中有效氧化钙的含量在15%~20%的范围之内，煤渣是砌块的骨料，粒径不大于40mm。

蒸养粉煤灰硅酸盐砌块的生产工艺流程包括原料的准备、石灰和石膏的磨细、加水搅拌、振动成型、蒸气养护等工序。

实践证明，这种砌块在我国北方及南方地区均适用，都具有良好的耐久性，平均抗压强度在12MPa以上。经大气中的二氧化碳和冻融（冻结、消融）循环作用，也不会引起酥松和粉化。

目前，我国已有20多个生产厂家，生产多种规格的蒸养粉煤灰硅酸盐砌块，规格有880mm×380mm×240mm、550mm×380mm×240mm、430mm×380mm×240mm、280mm×380mm×240mm等。

利用蒸养粉煤灰砌块建造的墙体与黏土砖墙体相比，具有质量轻、造价低、节约水泥、施工周期短、生产效率高等优点，是一种有广泛发展前途的墙体材料。

(2) 蒸养粉煤灰泡沫混凝土砌块　蒸养粉煤灰泡沫混凝土砌块是以粉煤灰为主要原料，加适量的磨细石灰、石膏和泡沫剂。各种材料的配合比为：粉煤灰67%~76%，石灰21%~28%，石膏3%~5%，泡沫剂为松香皂和骨胶水溶液。是一种轻质、多孔的墙体材料。

砌块生产工艺同蒸压泡沫粉煤灰保温砖大体相同，包括原料的准备、混合、泡沫剂的加入搅拌、振动成型、蒸压养护等工序。蒸压养护的温度为100℃，压力为0.8MPa。

蒸养粉煤灰泡沫混凝土砌块的体积密度为$800kg/m^3$，抗压强度为7~10MPa。砌块内部有许多小孔，具有良好的保温、吸音性能，用它来砌筑墙体既可减轻建筑物的自重，又可改善建筑物的功能。

(3) 粉煤灰墙板　目前生产的粉煤灰墙板有粉煤灰硅酸盐大板、粉煤灰矿渣混凝土墙板、粉煤灰大型墙板等。

粉煤灰墙板以粉煤灰为主要原料，以磨细的牛石灰和石膏为胶结剂，以矿渣碎石或炉渣等为骨料。粉煤灰矿渣混凝土墙板原材料的参考配比列于表15-9中。粉煤灰硅酸盐大板以粉煤灰、液态渣、生石灰和石膏粉为原料。各种原材料的配合比为粉煤灰22%，液态渣65%，生石灰9%，石膏3%。粉煤灰硅酸盐大板的抗压强度为15MPa以上，钢筋黏结强度为2.8MPa，热导率$2.44kJ/(m·h·℃)$。

表15-9　粉煤灰墙板原料质量参考配比

名　称	胶结料			胶骨比	水灰比	砂　率
	粉煤灰/%	石灰/%	石膏/%			
内墙板	65	35	5	1:(3.8~4.2)	0.75~0.85	36
外墙板	65	35	5	1:(3.0~3.3)	0.8~0.9	40

我国生产多种规格的粉煤灰大板、工业墙板及民用墙板,在工业及民用建筑中使用效果良好。

4. 生产粉煤灰加气混凝土

粉煤灰加气混凝土是用粉煤灰、磨细生石灰、石膏、水泥、加气剂作原料制成的。各种原料的配合比为:粉煤灰 63%~68%,石膏 10%,水泥 17%~27%。加气剂为铝粉,其用量为 50~450g/m³。配制过程中还要加入适量的碱液、水玻璃、废料浆、可溶油等。

铝粉在加气混凝土中的作用是产生足够多的氢气泡,在碱性料浆中,其反应如下。

$$2Al + 2OH^- + 2H_2O \longrightarrow 2AlO_2^- + 3H_2 \uparrow$$

粉煤灰加气混凝土的生产工艺包括原材料准备、搅拌混合、注模、静停、切割、入窑蒸养等工序。

粉煤灰加气混凝土的溶剂密度为 500~700kg/m³,抗压强度为 2~5MPa,具有一定的强度,且质量轻而绝热性能、防火性能好;还易于加工,是一种良好的墙体材料。

5. 粉煤灰作混凝土掺和料

在配置混凝土混合料时,可用粉煤灰作掺和料代替部分水泥,直接掺入混凝土中,以改善混凝土的性质。

用粉煤灰作混凝土掺和料的添加比例可根据工程特点来确定。在水利工程中,利用粉煤灰作掺和料,在合理的掺灰比例下,1kg 磨细粉煤灰可代替 1kg 水泥。在高层建筑工程中,根据混凝土标号的不同,可掺入 10%~40% 的粉煤灰。用粉煤灰作混合材料时,必须满足(GB 1596—1988 Ⅰ、Ⅱ)质量标准及其要求。一般来说,二氧化硅的含量、粉煤灰的烧失量、细度是最重要的指标。通过调配粉煤灰掺量,降低水灰比或加入减水剂等措施来克服早期强度偏低的缺点。利用粉煤灰作混凝土掺和料可节约水泥用量,改善和易性(混合性能),降低水化热,提高抗渗性,增加后期强度。

上海市粉煤灰利用的社会效益、经济效益和环境效益显著,到 2001 年,粉煤灰综合利用率已连续五年超过 100%,居全国领先水平,做到了当年排灰当年全部利用的良性循环。上海东方明珠电视塔、杨浦大桥、南浦大桥等大型工程中混凝土构件均采用了粉煤灰混合材料。

6. 粉煤灰制作陶粒轻骨料

粉煤灰陶粒是用粉煤灰作为主要原料,加入少量黏结剂和固体燃料,经混合、成球、高温焙烧而制得的一种人造轻骨料。生产工艺包括原材料处理、配料及混合、生料球制备、焙烧、成品处理等过程。

粉煤灰陶粒一般呈圆球形,表皮粗糙而坚硬,内部有细微气孔。其主要特点是体积密度小、强度高、导热系数低、耐火度高、化学稳定性好,因而比天然石料具有更为优良的物理力学性能。粉煤灰陶粒松散,干体积密度为 650~750kg/m³,筒压强度 6.5~9.0MPa,粒径 5~15mm,适于用来配制不同标号的轻质混凝土。

纯粉煤灰制成的生料球强度性能差,需掺入少量黏结剂改善混合料的塑性,提高生料球的机械强度和热稳定性。我国多采用黏土作黏结剂,掺入量一般为 10%~17%,也可因地制宜选择。固体燃料应根据工艺需要,可采用无烟煤、焦炭下脚料、炭质矸石、含碳量大于 20% 的炉渣等,我国多数厂家采用无烟煤作补充燃料。在实际生产中配合料的总含碳量控制在 4%~6%;细度要求:45μm 筛余量不大于 45%,20μm 筛余量不大于 85%;水分小于 20%。

制备粉煤灰陶粒,常用的搅拌设备有混合筒、双轴搅拌机、砂浆搅拌机等。制备生料球的设备,主要有挤压成球孔、成球筒、对辊压球机、成球盘等。目前国内普遍采用成球盘成球。生料成球后立即可进行焙烧，国内焙烧粉煤灰陶粒的设备主要有带式烧结机、回转窑、机械化立窑和普通立窑。

粉煤灰陶粒可用于配置各种用途的高强度轻质混凝土，应用于工业民用建筑、桥梁等许多方面。采用粉煤灰陶粒混凝土可以减轻建筑结构及构件的自重，改善建筑物使用功能，节约材料用量，降低建筑造价，特别是在跨度和高层建筑中，陶粒混凝土的优越性更为显著。

生产粉煤灰陶粒用灰量大，每生产 1t 粉煤灰陶粒需用粉煤灰 800～850kg（湿粉煤灰 1100～1200kg）。一个年产 $10×10^4 m^3$ 的粉煤灰陶粒厂，每年可处理干粉煤灰 6 万吨左右（湿粉煤灰 10 万吨左右），是综合利用粉煤灰的有效途径之一。

天津硅酸盐陶粒厂建有年产 $8×10^4 m^3$ 的烧结机陶粒生产线，生产的烧结型陶粒可用来配制强度等级 150～250、表观密度 $<1800kg/m^3$ 的各种混凝土。

原料配比为：粉煤灰：黏土：无烟煤＝100：16：5.3。

7. 粉煤灰筑路

粉煤灰可用来代替砂石作公路路基的承重层。用粉煤灰 80%，石灰 20% 的比例，掺和为二灰土，加水搅拌均匀，摊铺碾压，厚度一般 25cm 左右。这种路基具有独特的防水性能，既能防冻、防翻浆、防龟裂，又具有较高的后期强度，可使路面造价降低 10%。

利用粉煤灰筑路在国内外是一项成熟的技术。如美国每年用于筑路粉煤灰 260t，英国筑路每年利用 160t 粉煤灰。中国北京、上海、江苏等省利用粉煤灰筑路已取得了许多成功经验。山东济南—青岛高速公路粉煤灰路堤试点工程，采用纯粉煤灰筑路堤近 4km，填方平均高度 2.7m，利用粉煤灰 40 万吨，节省电厂排污费 32.5 万元，节省灰场和原筑路取土场面积 338 亩。京深高速公路石家庄到安阳段及石太高速公路石家庄到申后段，大规模利用粉煤灰，用掉石家庄、邯郸等地四个电厂的 1000 万吨煤灰，其中两个电厂的四个灰场全部腾空，节省再建灰场投资和筑路取土费用近 10 亿元。

四、粉煤灰的农业利用

粉煤灰具有疏松多孔的物理特性，还含有 P、K、Mg、B、Mo、Mn、Ca、Fe、Si 等植物所需的元素，因而广泛应用于农业生产。

1. 作土壤改良剂

粉煤灰具有良好的理化性质，见表 15-10 所示。粉煤灰能广泛用于改造重黏土、生土、酸性土和盐碱土、弥补其酸、瘦、板、黏的缺陷。

表 15-10 粉煤灰的理化性质

容量 $/(g/cm^3)$	总孔隙	通气孔隙	微孔隙	比表面积 $/(cm^2/g)$	毛细管持水量	田间持水量	pH 值	阳离子代换总量
0.5～1	80%±	20%±	2%±	2000～4000	100%	100%	7.5～8	5～8m·E/100g

粉煤灰掺入土壤后，体积密度降低，孔隙度增加，透水性与通气性得到明显改善，土壤团粒结构得到改善，酸性得到中和，并有抑盐压碱作用，提高土壤有效养分的含量和保温保水能力，增强农作物的防病抗旱能力。

2. 作农业肥料

粉煤灰中含有大量 SiO_2 和 CaO，形成构溶性硅酸钙，经干化后球磨，便制成了水稻生长必需的硅（钙）肥。当粉煤灰含 P_2O_5 达 4% 时，可直接磨细成钙镁磷肥；若含磷量较低，也可适当添加磷矿石、煤粉、添加剂 $Mg(OH)_2$、助溶剂等，经焙烧研磨，制成钙镁磷肥。粉煤灰添加适量的石灰石（$CaCO_3$）、钾长石（$KAlSi_3O_8$）、煤粉、经焙烧、研磨制成硅钙钾肥。此外，由于粉煤灰含有大量 SiO_2、CaO、MgO 及少量 P_2O_5、S、Fe、Mo、Zn、B 等有用组分，它还可被视为复合微量元素肥料。

3. 磁化粉煤灰肥料

利用电磁场处理（含 Fe_2O_3 约 10%）粉煤灰，获得具有剩余磁性的磁化粉煤灰。磁化粉煤灰施入土壤后，能增加土壤磁性，促进土壤微团粒聚体的形成，改善土壤结构，增加空隙，疏松土壤，提高通气、通水和保水能力，提高土壤的宜耕性。磁化后的粉煤灰还在很大范围内影响植物生长，弱磁能使根系固定，促进细胞分裂，定向磁场利于种子快速发芽，刺激酶的作用，促进作物生长。

4. 作农药和农药载体

粉煤灰具有高表面积和高吸附性能，能均匀吸附、储存和缓释农药，使药效稳定，因而它常被作为农药填料或农药载体，提高肥效。

工程示例

一、煤矸石生产烧结砖

阜新市烧结砖厂以阜新矿务局海州露天煤矿的煤矸石为原料，年产煤矸石烧结砖 $8×10^7$ 块，产品被广泛应用于阜新市的工业与民用建筑。

1. 原料配比

所用的煤矸石有三种：炭质页岩、泥质页岩和砂质页岩。使用时按比例搭配、混合均化。混合后供生产用煤矸石的化学成分见表 15-11。

表 15-11 混合后供生产用煤矸石的化学成分（质量分数）/%

SO_2	Al_2O_3	Fe_2O_3	CaO	MgO	K_2O	Na_2O	TiO_2	烧失量
54.33	19.55	6.39	0.76	3.01	3.41	1.17	1.10	10.11

配料时主要以发热量作为配比的基准，然后以不同塑性指数的煤矸石和物料粒度调整塑性，使配合物料符合制砖工艺的技术要求。炭质页岩的掺入量为 30%～60%，每块砖坯发热量为 5230～6170kJ。一般泥质页岩类煤矸石的掺量在 25%～30%，砂质页岩类煤矸石的掺量在 10%～25%，塑性指数控制在 7～9。

2. 工艺过程及参数

工艺流程如图 15-10 所示。

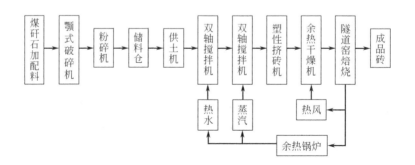

图 15-10 煤矸石生产烧结砖工艺流程

主要生产过程及工艺参数如下。

(1) 原料破碎　煤矸石在混合配料前经三级破碎：采用颚式破碎机进行粗碎，反击式破碎机进行中碎，最后用锤式破碎机进行细碎。颗粒级配比为：大于 3mm 的 <3%；小于

0.5mm 的<50%。

(2) 挤出成型　采用塑性挤出成型工艺。粉碎后的物料用给料机送入第一台双轴搅拌机搅拌，加入能基本满足成型水分要求的 70℃热水；经过搅拌的热泥浆进入第二台双轴搅拌机，蒸汽加温并加入热水调整砖坯成型水分，待泥料温度和水分符合要求后送入第三台双轴搅拌机进一步塑化。塑化好的泥料在自制的 500 型挤出砖机中完成砖坯成型。其挤出成型工艺参数如下。

成型水分：16.5%～17.4%；　　　泥料温度：45～55℃；
砖坯尺寸：长 243～245mm，　宽 116～118mm，　厚 53～55mm。

(3) 干燥　坯体通过 16 条 65m 长隧道式干燥室逆流干燥脱水，正负压操作，零点控制在距进口 20m 处。干燥用热风取自隧道窑余热，在距进口 45m 处送入隧道窑。干燥室送风由 6 条顶送风和侧送风相结合的管道、10 条底送风和侧送风相结合的管道组成。在距进车口 1.5m 的顶部装有一台轴流风机排潮。干燥室的参数和干燥工艺参数如下。

干燥室尺寸：65m×1.1m×1.04m；　送风形式：顶、底、侧送风结合；
排潮形式：分散顶排潮；　　　　　干燥周期：10～12h；
日产量：(2～2.4)×10^4 块/条；　　 进口热风温度：160～200℃；
出口温度：45～60℃；　　　　　　进口相对湿度：90%～95%；
干燥后砖坯含水量：5%～8%。

(4) 焙烧　干燥好的砖坯在窑头用螺旋顶车机，顶入连续生产并带余热利用的隧道窑进行焙烧。隧道窑分预热、焙烧、冷却三带；窑头窑尾设有封闭气幕，预热带有搅拌气幕，冷却带有注风气幕；窑顶有三排投煤孔；四条窑共有一座 65m 高的烟囱自然排风；窑内壁有砂封槽；窑车下部有检查坑道。其中三条隧道窑在焙烧带前装有预热锅炉，产出的蒸汽供全厂生产和生活用。隧道窑的有关参数见表 15-12 所示。

表 15-12　隧道窑的有关参数

窑型	长	宽	高	窑拱角	窑断面	预热带	焙烧带	冷却带	原料	余热利用
隧道窑	98.5 m	3.16 m	2.5 m	180°	5.2m²	37.4m	35m	26.1m	煤矸石	利用

焙烧主要工艺参数：预热带最高温度，500℃；推车速度，每 0.5h 进一车，每车码 1600～2000 块坯；焙烧带最高温度，1050℃；砖坯预热时间，约 4h；焙烧周期，25h。

二、煤矸石做水泥配料

河北涞县水泥厂利用煤矸石代替黏土稳定生产 425 号水泥，降低了生产能耗和产品成本，取得比较好的经济效益。

1. 原料化学成分及配比

原料采用石灰石 74%，煤矸石 12.5%，铁粉 4.5%，无烟煤 9%；外加复合矿化剂 1%，其中石膏（$CaSO_4 \cdot 2H_2O$）占 0.4%，萤石（CaF_2）占 0.6%。原料化学成分见表 15-13 所示。

表 15-13　原料化学成分及产地

原料	化学成分（质量分数）/%						产地
	SiO_2	Al_2O_3	Fe_2O_3	CaO	MgO	烧失量	
煤矸石	60.4	24.0	2.7	5.8	2.5	12.0	涞水煤矿
黏土	65.0	14.5	5.5	3.5	2.5	6.3	涞水南瓦宅
石灰石	5.5	0.6	0.4	50.0	2.5	40.0	涞水坛山
铁粉	38.0	8.0	38.0	2.0	1.0	8.0	涞水东垡子

2. 生产工艺过程

各种原料及燃料经破碎后分别送入原料、燃料储仓，用电子计量翻斗秤称量。采用开路球磨机制生料。出磨生料 $CaCO_3$ 滴定值标准偏差为 1.568，合格率 45.88%，经机械倒库均化后，标准偏差值为 0.614，合格率为 80%，均化效果为 2.55。用煤矸石配料和用黏土配料基本相同，生料化学成分比较见表 15-14 所示。

表 15-14　生料化学成分（质量分数）/%

名　称	烧失量	SiO_2	Al_2O_3	Fe_2O_3	CaO	MgO
煤矸石配制生料	39.76	12.15	3.38	2.79	39.33	1.96
黏土配制生料	40.04	12.11	3.01	2.36	38.05	2.19

熟料煅烧设备采用液压塔式机械立窑一座。用煤矸石代替黏土配料所产熟料，可以稳定生产 525 号水泥熟料。用煤矸石代替黏土配料所产生的水泥物理性能比较见表 15-15 所示。

表 15-15　煤矸石配料水泥物理性能指标

项目 名称	质量分数/%				凝结时间/min		抗折强度/(9.8×10^4 Pa)			抗压强度/(9.8×10^4 Pa)		
	熟料	沸石	矿渣	石膏	初凝	终凝	3天	7天	28天	3天	7天	28天
煤矸石配料水泥	60	24	10	6	105	400	36	42	75	168	240	452
黏土配料水泥	60	24	10	6	130	469	34	39	66	162	211	417

3. 生产工艺流程

煤矸石作配料生产水泥工艺流程如图 15-11 所示。

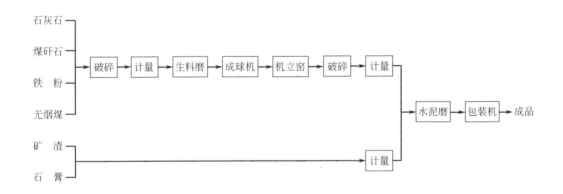

图 15-11　煤矸石作配料生产水泥工艺流程

三、利用炉渣生产空心砌块

成都市硅酸盐厂用炉渣生产空心砌块，标号为 35 号，适用于填充墙和围墙。锅炉渣性能见表 15-16。

表 15-16　锅炉渣性能及化学成分

性　能		化学成分(质量分数)/%						
粒度	安定性	SiO_2	Al_2O_3	Fe_2O_3	CaO	MgO	SO_3	烧失量
≤10mm	合格	44.32	15.6	7.29	2.62	0.82	3.05	20.98

物料配比为：水泥∶炉渣=1∶(5~5.5)。生产工艺流程图见图 15-12 所示。

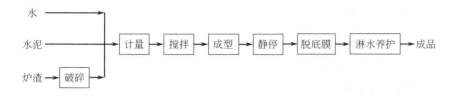

图 15-12 炉渣空心砌块生产工艺流程

炉渣空心砌块的生产工艺与用炉渣作骨料配制半干性混凝土相同，用水量为混合料质量的 20%～22%，搅拌时间≥5min。所用水泥标号为 325～425 号。对炉渣的质量要求为：烧失量≤20%；粒度≤10mm，其中＜1.5mm 的占≤25%；安全性实验合格；不含泥土、杂质。

成型工序采用杠杆固定式成型机，振动频率 2850 次/min，电机功率 750W，振动时压头以 0.03MPa 加压于砌块表面，振动时间≥15s。成型后砌块应不缺角、不缺棱、四面平整，外形尺寸合格且密实度达到要求。

养护工序采用露天自然养护。室外温度在 22℃ 以上时静停时间为 24h；室外温度在 22℃ 以下时静停时间为 24h 以上。砌块码堆后淋水养护 2～15d。

四、利用粉煤灰做水泥混合材料

(1) 粉煤灰来源及性能　上海水泥厂利用上海杨浦电厂的干排粉煤灰和吴泾电厂的湿排粉煤灰作水泥混合材料，年生产粉煤灰硅酸盐水泥和矿渣硅酸盐水泥 70 万吨。粉煤灰化学成分见表 15-17 所示。

表 15-17　电厂粉煤灰化学成分

化学成分	SiO_2	Al_2O_3	Fe_2O_3	CaO	MgO	烧失量
质量分数/%	48.64	33.40	3.99	3.58	1.36	4.53

(2) 生产工艺　粉煤灰硅酸盐水泥和矿渣硅酸盐水泥均掺入不同量的粉煤灰与矿渣。生产双掺水泥工艺流程见图 15-13 所示。

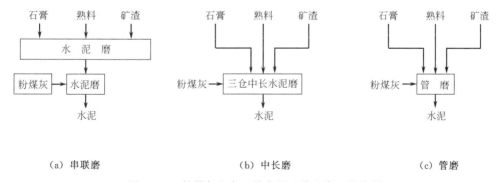

(a) 串联磨　　　　　　　(b) 中长磨　　　　　　　(c) 管磨

图 15-13　粉煤灰生产双掺水泥三种入磨工艺流程

(3) 产品性能（养护 28 天）　掺入 27% 的粉煤灰和 13% 的矿渣，生产的 425 号粉煤灰硅酸盐水泥抗折强度为 7.56MPa，抗压强度为 48.6MPa。

掺入 30% 的粉煤灰，生产的 425 号粉煤灰硅酸盐水泥抗折强度为 3.7MPa，抗压强度为

56.9MPa。冻融 50 次实验，表明抗冻性能良好。产品符合（GB 1344—1985）粉煤灰硅酸盐水泥，矿渣硅酸盐水泥国标。

思 考 题

1. 煤中的共伴生资源主要有哪些？
2. 简述煤矸石生产水泥的工艺流程。
3. 简述高岭岩质煤矸石化工利用的工艺过程及其产品的主要用途。
4. 简述煤灰的主要化学成分及其性质。
5. 粉煤灰中提取的空气微珠有何特性和用途？
6. 粉煤灰加气混凝土生产中加少量铝粉的作用？写出化学反应式。
7. 粉煤灰如何制作陶粒轻骨料？主要性能及用途是什么？
8. 简述粉煤灰农业利用途径及作用。

第十六章

煤炭清洁开采技术

鉴于采矿工业的特点,煤炭开采对环境的污染是不可避免的,重要的是控制污染,把污染减少到最低程度。控制煤炭污染的源头措施就是清洁开采,或称煤炭洁净开采。

第一节 煤炭清洁开采概念

一、概念

煤炭清洁开采技术是指在生产高质量煤炭的同时,采取综合治理性措施,使煤炭开采过程中产生的废物对环境的污染降低到最低限度的技术。是相对意义上的减少煤炭生产时对环境污染的技术。减少污染、改善环境状态的程度,原则上是要求达到在自然环境可承受的范围之内。现阶段要求达到的目标是国家制定颁布的环境保护法规、条例等各项标准,其中与煤炭开采关系最大的是土地保护和固体废物(煤矸石)、废水、废气排放的标准。

煤炭生产中实现环境保护目标,达到规定标准的途径主要有两方面:一是减少煤炭开采过程中对环境的污染,二是污染后及时加以治理。清洁开采技术的基本要求是能够减轻对环境的污染,目的是降低对生态环境的有害影响,减轻污染后治理的难度和工作量。因此,能够达到这一要求的开采技术均是清洁开采技术。

二、煤炭开采活动对环境造成的污染及破坏

1. 煤矿地下开采造成地表塌陷

在地下开采过程中形成的采空区和巷道,破坏了原岩的应力平衡状态,随着采空区的扩大,在地表形成塌陷。地表塌陷不仅引起土地资源劣化,而且破坏了土地原有的水循环系统。截止到1996年,全国因煤炭开采破坏的土地近36万亩,其中1/3为平原地区的良田,在华东、华北地区尤为严重。开采引起的地表塌陷,浪费了土地资源,加剧了工农争地的矛盾,给国家和企业造成了沉重的经济负担。煤层开采造成的塌陷见图16-1所示。

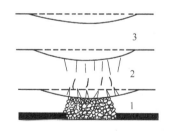

图16-1 采空塌陷三带分布示意图
1—冒落带;2—裂隙带;3—弯曲变形

2. 煤炭开采中产生大量矸石

煤矿生产的主要特点之一是工作地点不停地向前移动采出煤炭。在开采的同时,开掘大量的煤和岩石巷道,为开采工作准备出新的工作地点,这就不可避免地要开掘出一定量的矸石。目前对矸石的处理方法是运至地面,堆积成矸石山。矸石山占用了大量的土地和良田,而且形成污染源。全国现有大小矸石山几万座,国有重点煤矿有121座矸石山在自燃,排放出大量烟尘、SO_2、CO、H_2S等有害气体,对矿区的环境和大气造成严重污染。多数矸石含硫化物或其他有害物质,经雨水淋蚀后产生酸性水,还要污染周围的土地。

3. 煤炭开采中释放出大量瓦斯

瓦斯是煤层形成过程中产生的以甲烷、一氧化碳、硫化氢等为主的气体。瓦斯释放到空气中，对大气环境的温室效应有严重的影响，而且其浓度的提高使空气对流层中的臭氧增加，平流层中的臭氧减少，导致太阳照射到地球的紫外线增加，会诱发人类皮肤癌患者增加。我国煤矿每年向大气层排放的瓦斯约 $100 \times 10^8 \, m^3$，这不仅是煤矿安全生产的重大隐患，同时也对区域环境造成严重破坏。

4. 煤炭生产过程中排放污水

矿井水是由伴随煤炭开采而渗入矿坑的地下水，以及生产、防尘用水等组成。全国煤矿每年排出约 $22 \times 10^8 \, t$ 矿井水，其水质主要取决于成煤地质环境和含煤地层的矿物成分。矿井水中普遍含有以煤粉和岩粉为主的悬浮物以及可溶性的无机盐类，矿化度较高，且常呈酸性。煤矿用水泵将矿井水排至地面，一方面对地表河流等水资源会产生较严重的污染，另一方面也破坏了地下水的循环系统，常导致矿区水位下降。我国水资源匮乏，特别是西北地区，矿区生产用水及其造成的水污染，加剧了这一问题的严重性，已成为制约当地经济发展和影响人民生活的重要问题。

5. 煤炭生产过程中产生粉尘

煤矿采煤和运输等生产过程产生的粉尘，不仅给矿山带来安全问题，也容易引发煤尘爆炸等事故，而且给矿工的身体健康带来严重影响。据统计，我国煤矿每年向大气中排放 40 万吨矿井粉尘，粉尘排出地面会引起矿区大气环境的污染。

第二节 煤炭清洁开采技术的途径与措施

一、减少煤炭开采时的排矸量

煤炭开采时，必须开凿岩层，揭露煤层。揭露煤、岩层时要开掘各种巷道，不可避免地把煤层中及煤层顶、底板围岩中的岩石混在煤中采出。为了减少煤炭开采时的排矸量，通常采用如下措施。

1. 煤矿开采合理规划

目前我国对新开煤矿都要求进行环保评价，对煤炭的清洁开采做出详细评述，并提出符合国家环保有关法规和标准的合理规划和环保措施，力求减少排污，达到开采环保标准。如控制高硫高灰煤的开采比例，减少原煤硫分和灰分总量。国务院 1998 年颁发的国函字 5 号文中明确要求：禁止新建煤层含硫分大于 3% 的矿井，已建成的生产煤层含硫分大于 3% 的矿井，逐步实行限产或关停；新建、改造煤层含硫分大于 1.5% 的煤矿，应当配套建设相应规模的煤炭洗选设施。

2. 改革巷道布置，减少井下岩石巷道的开掘量

对于煤炭地下井工开采，本着"多做煤巷，少做岩巷"的原则，从总体上消除或减少矿井矸石的排放量，提高煤炭采出质量。随着现代化煤炭开采技术的发展和煤巷支护技术的提高，采用综合机械化采煤技术，采取全煤巷开拓方式，减少破岩量、排放量。如神华集团神府东胜矿区，基本上是按全煤巷开拓设计的，矿井排矸量大幅下降。

3. 合理选择采煤方法及生产工艺

采煤方法和生产工艺，直接影响着矿井生产的原煤质量和地面环境保护。应根据煤层赋存条件和生产技术条件，在安全、高效的原则下，选择合理的采煤方法和生产工艺，实现煤炭的清洁开采。

（1）加大采高，实现煤层全厚开采　采用煤层全厚开采，不仅可以减少巷道准备工作量，简化煤层开采程序，提高工作面的产量和效率。也减少分层开采时矸石和其他杂物混入煤中的概率，降低了原煤含矸率和灰分。适于放顶煤开采的厚煤层，采用合理的放顶煤工艺，可以有效地提高工作面回采率，降低原煤含矸率。

（2）合理分层　厚煤层分层开采，应根据煤层开采条件，按夹石层的位置、各层的煤质情况以及顶底板条件，综合研究确定分层界限以及分层厚度。合理分层能减少煤中的矸石混入量，提高原煤生产质量。当煤层中夹石厚度超过 0.3m 又不能进行分层时，应实行煤岩分层开采。煤岩分采适用于爆破采煤工艺，先爆破采出夹石层上部的煤，并用临时支护管理顶板；然后剥采夹石层，并将其抛掷于采空区；最后采下分层煤炭。见图 16-2 所示。

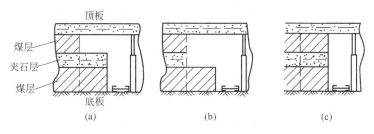

图 16-2　煤岩分层开采示意图
(a) 先采夹石层上部煤层；(b) 剥采夹石层；(c) 采出下部煤层

（3）留顶（或底）煤开采　当煤层有破碎且难以维护的伪顶或直接顶时，工作面可实行留顶煤回采，避免了伪顶或破碎顶板冒落混入煤中使煤质恶化。在底板松软的情况下，工作面可采用留底板方法回采，降低含矸率，以保证煤炭质量。

4. 利用矸石充填井下巷道

矸石不出井，实际上就是通过各种手段，将巷道掘进过程中产出的矸石就地处理于井下。通常采用的方法是宽巷掘进、沿空留巷、矸石充填等。宽巷掘进技术就是在掘进半煤岩巷时，开挖煤层宽度大于巷道宽度，掘进的矸石充填于巷道一侧或两侧，被挖空的煤层空间中和支架臂后，矸石不出井就地处理。

沿空留巷技术的推广应用，大大降低了巷道掘进率，减少了巷道工程量，同时也相应的减少了矿井的排矸量和煤中混入的矸石量，能实现煤炭的清洁开采，沿空留巷开采示意如图 16-3 所示。矸石充填技术就是把矸石送到井下集中破碎站，破碎后的矸石，可作为建筑材料和充填材料，供井下铺轨、混凝土施工、巷道壁后充填、工作面充填、消防岩粉棚等使用。

(a)完全沿空留巷　　　　　　　　　(b)留窄小煤柱的沿空留巷

图 16-3　沿空留巷开采示意

二、减少矿井废气和粉尘排放措施

1. 有害气体抽放与利用

煤炭开采中，有害气体主要是来自煤层及围岩中释放出的煤层气，即瓦斯气，以及煤岩层爆破过程和采用柴油机为动力的设备排放出的有害气体等。气体成分常见的有 CO、CO_2、

CH_4、SO_2、NO_x、H_2S、NH_3等。矿井有害气体不仅对煤矿安全生产危害大,污染矿井空气,且随矿井通风排出地表,污染大气环境。矿井瓦斯气中含有可利用的可燃成分CH_4、CO等,在煤层开采前或开采中采用人工控制,钻孔抽放、浓缩,变害为利,综合利用。如阳泉煤矿是我国矿井瓦斯抽放利用较早的范例,取得了显著的经济效益、环保效益和社会效益。

2. 矿井粉尘防治

煤炭在采掘、运输、储存过程中都能产生大量的煤炭粉尘,造成空气污染。为了减少粉尘污染,在煤炭开采前夕,采用煤层注水,将煤体预先湿润以降低开采过程中粉尘量的产生。在采煤及运输过程中,采取喷雾洒水等方法降尘减污。另外,采取粉尘净化、通风除尘、泡沫除尘、声波雾化等综合降尘技术措施,减少粉尘的产生和飞扬。

三、矿井水资源化利用

矿井水是指伴随煤矿开采,由煤层及顶底板围岩渗入或流入矿井的水,以及采掘生产和防尘用水等,是煤矿排放量最大的一种废水。矿井水水质因区域水文地质条件、煤质状况等因素的差异而有所不同。

矿井水受开拓及采煤活动的影响,水中常含有大量煤、岩粉尘等悬浮杂质或矿井水呈酸性,并含大量铁和重金属离子等污染物;有些矿井水含有相当高的盐,有的甚至含氟或放射性等污染物质。被污染的矿井水不经处理排出地表,又污染地表及地表水体,形成新的环境污染源。下面就常见的矿井水资源化利用技术作一简单介绍。

(一) 含悬浮物矿井水净化技术

1. 水质特征

含悬浮物矿井水的主要污染物来自矿井水流经采掘工作面时带入的煤粒、煤粉、岩粒、岩粉等悬浮物(SS)。因此,这种矿井水多呈灰黑色,并有一定的异味,浑浊度也比较高,pH值呈中性,含盐量<1000mg/L,含金属离子微量或者未检出,不含有毒离子。

2. 处理工艺

含悬浮物矿井水的污染物主要是煤、岩粉悬浮物和细菌。这类矿井水又经常被用作生活用水水源加以处理利用,所以去除矿井水中悬浮物和杀菌消毒是处理的关键。图16-4是含悬浮物矿井水处理经常采用的工艺流程,优点是流程相对简单,节省基建投资。

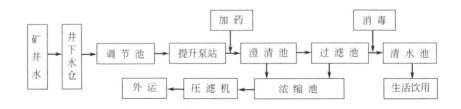

图16-4 含悬浮物矿井水处理工艺流程

(二) 高矿化度矿井水处理技术

1. 水质特征

高矿化度矿井水是指含盐量>1000mg/L的矿井水。这类矿井水的含盐量主要来源于Ca^{2+}、Mg^{2+}、Na^+、K^+、SO_4^{2-}、HCO_3^-、Cl^-等离子,其硬度往往较高。因受采煤等作业的影响,这类矿井水还含有较高的煤、岩粉等悬浮物,浊度大。

2. 处理工艺

我国北方地区煤炭储量丰富而水资源紧张，所以，处理利用这部分矿井水是解决北方矿区生活、生产用水紧张状况的良好途径。因高矿化度矿井水含盐量高，处理工艺除包括混凝、沉淀等工序外，其关键工序是脱盐。脱盐采用电渗析和反渗析脱盐技术。

高矿化度矿井水，一般分两步处理：第一步是预处理，采用常规混凝沉淀技术去除矿井水中的悬浮物，第二步是脱盐处理，使经处理后水的含盐量符合我国生活饮用水要求。工艺流程如图 16-5。

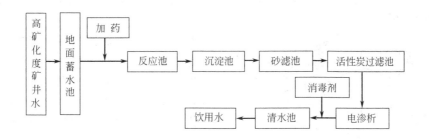

图 16-5　高矿化度矿井水处理工艺流程

（三）煤矿酸性矿井水处理技术

1. 煤矿酸性矿井水的成因及水质特征

酸性矿井水是指 pH＜5.5 的矿井水。我国海陆交互相或浅海相沉积的煤层，煤含硫量高。煤炭的开采破坏了煤层原有的还原环境，矿井通风又提供了氧，使还原态硫化物氧化。地下水的渗出并与残留煤、顶、底板岩层的接触，又促使硫化物氧化成硫酸，使矿井水呈酸性。

2. 酸性矿井水的处理方法

目前，国内煤矿酸性矿井水处理方法主要是中和法。一般是采用廉价的石灰石或石灰作中和剂进行中和处理，石灰石-石灰联合中和法工艺流程如图 16-6 所示。其原理是中和剂石灰石或石灰与酸性水中的硫酸进行中和反应，产生微溶 $CaSO_4$，反应式如下。

$$CaCO_3 + H_2SO_4 \longrightarrow CaSO_4 + H_2CO_3$$
$$\downarrow$$
$$H_2O + CO_2$$

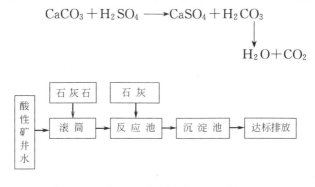

图 16-6　石灰石-石灰联合中和法工艺流程

（四）洁净矿井水

洁净矿井水通常是奥灰水（奥陶纪石灰岩层水），砂岩裂隙水，第四纪冲积层水及少量老空积水。这类矿井水水质好，pH 值中性，矿化度低，不含有毒、有害离子，低浊度，经消毒处理后，可直接作生活用水。

以上是煤矿常见的几种矿井水廉价资源化处理工艺和方法，其他水质的矿井水，经净化处理后也可作工业用水复用。我国是淡水资源贫乏的国家，人均拥有水量仅是世界人均水量的 1/4，且分布极不均匀。我国北方主要产煤区资源占全国煤炭储量的 80% 以上，但水资源仅占全国总量的 1/5。我国因采煤每年外排矿井水 $22\times10^8 m^3$，导致地下水位下降或矿区缺水，严重制约了矿区经济的可持续发展。随着全球环保意识的增强，我国近年相继出台"谁污染，谁治理"的环保政策，煤矿企业需缴纳排污费和水资源损失费。所以，煤矿企业引入矿井水处理复用技术，实现矿井水资源化或达标排放具有重要的环境、经济、社会多赢效益。矿井水处理属"三废"利用环保项目，享受国家有关税费减免优惠政策。提高矿井水复用率和达标排放是解决煤矿水资源供需紧张，减少矿区污染的良好途径，更是实现煤矿可持续发展的循环经济举措。

四、减轻地表沉陷的开采技术

为减轻由于煤层开采产生的地表沉陷，在开采技术上可以采取减少煤炭采出，或者对采空区加以充填。在开采方法上有房柱式开采、条带式开采和分层间歇式开采可以选择，关键在于经济上的合理性。

1. 房柱式开采

房柱式（或房式）采煤方法是将被开采的煤层划分为 10m 左右宽的煤房和煤柱，煤房宽度略大于煤柱。见图 16-7 所示。使留下的煤柱支撑顶板和上覆岩层，从而使地表只产生较小的移动和变形。为了减轻地表沉陷所造成的损失而采用房柱式开采时，则应考虑煤炭回收率降低所造成的经济损失和减轻地表沉陷所带来的收益，加以对比分析后进行取舍。

图 16-7 房柱式开采法示意图
1—煤房；2—煤柱；3—采柱

2. 条带开采

条带开采方法是将被开采的煤层划分为若干个条带，采一条，留一条。该方法与房式、房柱式开采相似，同属于部分开采方法，都是部分地采出地下煤炭资源，而保留一部分煤炭资源以煤柱的形式支撑上覆岩层，控制地表沉陷。条带开采可以减轻和控制地表沉陷，但造成较大的煤炭资源损失。

3. 分层间歇开采

厚煤层倾斜分层或水平分层开采时，可把各分层之间开采的时间间隔加长，使覆岩层的破坏高度减小，破坏状态均衡，以防止或减轻不均衡破坏对地表建筑物、水体的影响。对于厚松散层下浅部煤层或基岩厚度较小的开采条件，分层间歇开采的效益更为明显。

房柱式和条带开采时采用充填法管理顶板，都可以大幅度地减轻和控制地表沉陷，有利于环境和地面建筑设施的保护。但是上述方法和措施都是以牺牲一定煤炭资源或增加较大投入为代价才能实现的，因此要与取得环境保护效益对比，有利才能进入实用阶段。

4. 充填法管理顶板

向采空区内充填废石或河砂是抵制煤层顶板和上覆岩层下沉与冒落，大幅度减轻地表沉陷的最有效方法。水砂充填采煤方法是国内外早已应用多年的成熟技术，它对减轻地表沉陷，保护地面建筑，使之不对环境造成大的危害，并且对防止井下自燃发火和煤尘爆炸等危害较好的方法。但由于水砂充填，增加了生产系统、井上下建筑工程和一系列设备、器材，耗费大量的充填材料和排水费用，从而增加了矿井的投资和生产成本。

5. 离层带高压注入泥浆技术

井下采煤破坏了地下原岩应力平衡，引起采场围岩活动。随着开采面积的增大，岩层移动逐步向上发展直至地表，岩层间形成不同程度的离层。通过向开采煤层上覆岩层的离层带内钻孔，并向其空隙中高压注入泥浆，可以减缓地表下沉。充填材料可利用电厂粉煤灰，使废物得到利用，并减轻粉煤灰排放的污染。采用该技术要求合适的煤层地质条件，并需配备必要的附加设备。

五、塌陷矿坑回填复垦

井工开采浅部煤层引起的地表塌陷，常呈漏斗状或台阶状断裂塌陷坑。开采深部煤层，塌陷呈大范围平缓下沉盆地，塌陷面积是煤层开采面积的 1.2 倍左右，塌陷盆地边坡可达 $1°\sim5°$ 左右的坡度。下沉盆地中央塌陷深度若超过潜水位时，地下潜水会造成积水，常年积水区使原有农田不能耕种，季节性积水区则会造成农业减产。

塌陷矿坑采用矸石充填或电厂粉煤灰分层充填加高，逐层压实，表层可覆土造地。当矸石复垦的土地用作农林种植，充填层下部应密实，上部疏松，以利保水保肥，表层覆土厚应大于 0.5m。建筑用地覆土 $0.2\sim0.5$m。

露天矿坑边坡，可采用平整土地和改造成梯田或梯田绿化带的方法复垦；矿坑可用煤层上覆的剥离物回填造地。如山西平朔安太堡露天矿，陕西、内蒙交界处的神东煤炭公司露天矿矿坑，均用剥离物和矸石回填，种植经济作物和林木，取得良好的经济和环境效益。露天矿坑排土复垦作业示意图见图 16-8 所示。

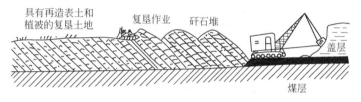

图 16-8　露天矿坑排土复垦作业示意

思 考 题

1. 煤炭清洁开采的主要途径和目的是什么？
2. 简述煤炭开采活动对环境造成的污染和破坏。
3. 矿井水资源化利用途径和技术有哪几方面？
4. 减轻煤矿区沉陷的主要开采技术有哪些？

参 考 文 献

[1] M. A. 埃利澳特. 煤利用化学. 范辅弼, 屠益生等译. 北京: 化学工业出版社, 1991.
[2] H. A. Bames, J. F. Hutton 等. 流变学导引. 吴大诚, 古大治译. 北京: 中国石油出版社, 1992.
[3] 李昌贤, 秦廷武. 煤质活性炭. 北京: 煤炭工业出版社, 1993.
[4] 曾凡, 胡永平. 矿物加工颗粒学. 北京: 中国矿业大学出版社, 1995.
[5] 陈文敏, 李文华, 徐振刚. 洁净煤技术基础. 北京: 煤炭工业出版社, 1997.
[6] 岑可法等. 煤浆燃烧、流动、传热和气化的理论与应用技术. 杭州: 浙江大学出版社, 1997.
[7] 李芳芹. 煤的燃烧与气化手册. 北京: 化学工业出版社, 1997.
[8] 谢海. 山西能源发展报告. 太原: 山西经济出版社, 1998.
[9] 杨金和, 陈文敏, 段云龙. 煤炭化验手册. 北京: 煤炭工业出版社, 1998.
[10] 毛健雄, 毛健全, 赵树民. 煤的洁净燃烧. 北京: 科学出版社, 1998.
[11] 曹征彦. 中国洁净煤技术. 北京: 中国物资出版社, 1998.
[12] 李金柱. 煤炭工业可持续发展的开发与利用技术. 北京: 煤炭工业出版社, 1998.
[13] 张振勇. 煤的配合加工与利用. 徐州: 中国矿业大学出版社, 2000.
[14] 祝平. 山西 21 世纪能源发展战略. 山西能源与节能, 2000, (2): 27~29.
[15] 李瑛, 王林山. 燃料电池. 北京: 冶金工业出版社, 2000.
[16] 陈鹏. 中国煤炭性质、分类和应用. 北京: 化学工业出版社, 2001.
[17] 王庆一. 中国 21 世纪能源展望. 山西能源与节能, 2000, (1): 9~11.
[18] 王敦曾. 水煤浆技术研究与应用. 水煤浆技术研讨会论文集, 2001.
[19] 谢广元. 选矿学. 徐州: 中国矿业大学出版社, 2001.
[20] 徐振刚, 刘随芹. 型煤技术. 北京: 煤炭工业出版社, 2001.
[21] 濮洪九. 洁净煤技术产业化与我国能源结构优化. 煤炭学报, 2002, (27): 1.
[22] 阎维平. 洁净煤发电技术. 北京: 中国电力出版社, 2002.
[23] 郑其庚. 活性炭的应用. 上海: 华东理工大学出版社, 2002.
[24] [日本] 立本英机, 安部郁夫. 活性炭的应用技术. 高尚愚译. 南京: 东南大学出版社, 2002.
[25] 谢克昌. 煤的结构与反应性. 北京: 科学出版社, 2002.
[26] 刘过兵. 采矿新技术. 北京: 煤炭工业出版社, 2002.
[27] 吴式瑜, 岳胜云. 选煤基本知识. 北京: 煤炭工业出版社, 2003.
[28] 舒歌平. 煤炭液化技术. 北京: 煤炭工业出版社, 2003.
[29] 郝临山, 彭建喜. 水煤浆制备与应用技术. 北京: 煤炭工业出版社, 2003.
[30] 赵跃民. 煤炭资源综合利用手册. 北京: 科学出版社, 2004.
[31] 俞珠峰. 洁净煤技术发展及应用. 北京: 化学工业出版社, 2004.
[32] 贺永德. 现代煤化工技术手册. 北京: 化学工业出版社, 2004.
[33] 骆仲泱, 王勤辉等. 煤的热电气多联产技术及工程实例. 北京: 化学工业出版社, 2004.
[34] 桂和荣, 郝临山. 煤矿地质. 北京: 煤炭工业出版社, 2004.
[35] 张德栋, 陈继福. 煤矿实用地质. 北京: 化学工业出版社, 2007.
[36] 李赞忠, 乌云. 煤液化生产技术. 北京: 化学工业出版社, 2009.
[37] 付长亮. 现代煤化工生产技术. 北京: 化学工业出版社, 2009.